COMO CRIAR UMA MENTE

RAY KURZWEIL

COMO CRIAR UMA MENTE

OS SEGREDOS DO PENSAMENTO HUMANO

TRADUÇÃO
Marcello Borges

goya

COMO CRIAR UMA MENTE

TÍTULO ORIGINAL:
How to Create a Mind

COORDENAÇÃO EDITORIAL:
Opus Editorial

COPIDESQUE:
Rogério Bettoni

CAPA:
Oga Mendonça

REVISÃO:
Maria Silvia Mourão Netto
Hebe Ester Lucas

PROJETO GRÁFICO E DIAGRAMAÇÃO:
Join Bureau

DADOS INTERNACIONAIS DE CATALOGAÇÃO NA PUBLICAÇÃO (CIP)
DE ACORDO COM ISBD

K96c   Kurzweil, Ray
Como criar uma mente: os segredos do pensamento humano / Ray Kurzweil ; traduzido por Marcello Borges. - 2. ed. - São Paulo : Goya, 2024.
400 p. ; 16cm x 23cm.

Tradução de: How to Create a Mind: The Secret of Human Thought Revealed
Inclui índice.
ISBN: 978-85-7657-666-2

1. Autoconsciência. 2. Cérebro. 3. Inteligência artificial. I. Borges, Marcello. II. Título.

2024-1869   CDD 612.82
                     CDU 612.82

Elaborado por Odilio Hilario Moreira Junior - CRB-8/9949

ÍNDICES PARA CATÁLOGO SISTEMÁTICO:
1. Cérebro 612.82
2. Cérebro 612.82

COPYRIGHT © RAY KURZWEIL, 2012
COPYRIGHT © EDITORA ALEPH, 2014, 2024

TODOS OS DIREITOS RESERVADOS.
PROIBIDA A REPRODUÇÃO, NO TODO OU EM PARTE, ATRAVÉS DE QUAISQUER MEIOS.
PUBLICADO MEDIANTE ACORDO COM VIKING, UMA DIVISÃO DA PENGUIN GROUP (USA) INC.

CRÉDITO DOS TEXTOS
"VERMELHO", AMOO OLUSEUN. REPRODUZIDO COM AUTORIZAÇÃO DO AUTOR.
"O CENÁRIO ESTÁ BEM FEIO, SENHORES......" DE *THE FAR SIDE*, POR GARY LARSON (7 DE NOVEMBRO DE 1985). REPRODUZIDO COM AUTORIZAÇÃO DE CREATORS SYNDICATE.

CRÉDITOS DAS ILUSTRAÇÕES
PÁGINA 23: CRIADA POR WOLFGANG BEYER (CREATIVE COMMONS ATTRIBUTION – SHARE ALIKE 3.0 LICENSE).
PÁGINA 36: FOTO DE TIMELINE (CREATIVE COMMONS ATTRIBUTION – SHARE ALIKE 3.0 LICENSE).
PÁGINA 111 E 112 (ALTO): RETIRADAS DE "THE GEOMETRIC STRUCTURE OF THE BRAIN FIBER PATHWAYS", POR VAN J. WEDEEN, DOUGLAS L. ROSENE, RUOPENE WANG, GUANGPING DAI, FARZAD MORTAZAVI, PATRIC HAGMANN, JON H. KAAS E WEN-YIH I. TSENG, *SCIENCE*, 30 DE MARÇO DE 2012. REPRODUZIDAS COM AUTORIZAÇÃO DA AAAS (AMERICAN ASSOCIATION FOR THE ADVANCEMENT OF SCIENCE).
PÁGINA 112 (BAIXO): FOTO FORNECIDA POR YEATESH (CREATIVE COMMONS ATTRIBUTION – SHARE ALIKE 3.0 LICENSE).
PÁGINA 168 (DUAS IMAGENS): ILUSTRAÇÕES POR MARVIN MINSKY. REPRODUZIDAS COM AUTORIZAÇÃO DE MARVIN MINSKY.
ALGUNS CRÉDITOS SÃO CITADOS IMEDIATAMENTE AO LADO DAS RESPECTIVAS IMAGENS.
OUTRAS ILUSTRAÇÕES FORAM IDEALIZADAS POR RAY KURZWEIL E ILUSTRADAS POR LAKSMAN FRANK.

é um selo da Editora Aleph Ltda.

Rua Bento Freitas, 306, cj. 71
01220-000 – São Paulo – SP – Brasil
Tel.: 11 3743-3202

WWW.EDITORAGOYA.COM.BR

@editoragoya

*Para Leo Oscar Kurzweil.
Você está adentrando um mundo extraordinário.*

• Sumário •

Agradecimentos 9

Introdução 13

Capítulo 1
    • Experimentos mentais pelo mundo 27

Capítulo 2
    • Experimentos mentais sobre o pensamento 41

Capítulo 3
    • Um modelo do neocórtex: a teoria da mente
      baseada em reconhecimento de padrões 53

Capítulo 4
    • O neocórtex biológico 101

Capítulo 5
- O cérebro primitivo 121

Capítulo 6
- Habilidades transcendentes 139

Capítulo 7
- O neocórtex digital inspirado na biologia 153

Capítulo 8
- A mente como computador...................... 219

Capítulo 9
- Experimentos mentais sobre a mente 243

Capítulo 10
- A lei dos retornos acelerados aplicada ao cérebro.... 299

Capítulo 11
- Objeções 319

Epílogo 333

Notas 341

Índice remissivo 383

• Agradecimentos •

Gostaria de expressar minha gratidão à minha esposa, Sonya, por sua paciência amorosa através das vicissitudes do processo criativo;

Aos meus filhos, Ethan e Amy; à minha nora, Rebecca; à minha irmã, Enid; e ao meu neto, Leo, por seu amor e inspiração;

À minha mãe, Hannah, por apoiar minhas primeiras ideias e invenções, por me deixar experimentar livremente em minha juventude, e por cuidar de meu pai durante toda a sua longa doença;

Ao meu editor vitalício na Viking, Rick Kot, por sua liderança, seus conselhos perspicazes e ponderados, e por sua habilidade excepcional;

A Loretta Barrett, minha agente literária há 20 anos, por sua orientação astuta e entusiasmada;

A Aaron Kleiner, meu parceiro de negócios de longa data, por sua devotada colaboração durante os últimos 40 anos;

A Amara Angelica, pela pesquisa de apoio, sempre dedicada e excepcional;

A Sarah Black, por seu incrível *insight* nas pesquisas e nas ideias;

A Laksman Frank, por suas ilustrações excelentes;

A Sarah Reed, pelo apoio e entusiasmo na organização;

A Nanda Barker-Hook, por sua experiência ao organizar meus eventos públicos sobre este e muitos outros assuntos;

A Amy Kurzweil, por sua orientação no ofício de escritor;

A Cindy Mason, pela pesquisa de apoio e pelas ideias sobre AI e a conexão mente-corpo;

A Dileep George, pelas conversas via e-mail e outras formas de comunicação, por suas ideias criteriosas e argumentações perspicazes;

A Martine Rothblatt, por sua dedicação a todas as tecnologias que discuto neste livro e por nossa colaboração no desenvolvimento de tecnologias nessas áreas;

À equipe do KurzweilAI.net, que realizou pesquisas e um apoio logístico inigualáveis para este projeto, incluindo Aaron Kleiner, Amara Angelica, Bob Beal, Casey Beal, Celia Black-Brooks, Cindy Mason, Denise Scutellaro, Joan Walsh, Giulio Prisco, Ken Linde, Laksman Frank, Maria Ellis, Nanda Barker-Hook, Sandi Dube, Sarah Black, Sarah Brangan e Sarah Reed;

À equipe dedicada da Viking Penguin, por sua experiência atenciosa, incluindo Clare Ferraro (presidente), Carolyn Coleburn (diretora de publicidade), Yen Cheong e Langan Kingsley (agentes de publicidade), Nancy Sheppard (diretora de marketing), Bruce Giffords (editor de produção), Kyle Davis (assistente editorial), Fabiana Van Arsdell (diretora de produção), Roland Ottewell (copidesque), Daniel Lagin (designer) e Julia Thomas (designer da capa);

Aos meus colegas da Singularity University, por suas ideias, seu entusiasmo e sua energia produtiva;

Aos colegas que me forneceram ideias inspiradoras, refletidas neste volume, incluindo Barry Ptolemy, Ben Goertzel, David Dalrymple, Dileep George, Felicia Ptolemy, Francis Ganong, George Gilder, Larry Janowitch, Laura Deming, Lloyd Watts, Martine Rothblatt, Marvin Minsky, Mickey Singer, Peter Diamandis, Raj Reddy, Terry Grossman, Tomaso Poggio e Vlad Sejnoha;

Aos meus pares e leitores especialistas, incluindo Ben Goertzel, David Gamez, Dean Kamen, Dileep George, Douglas Katz, Harry George, Lloyd Watts, Martine Rothblatt, Marvin Minsky, Paul Linsay, Rafael Reif, Raj Reddy, Randal Koene, Dr. Stephen Wolfram e Tomaso Poggio;

Aos meus leitores da editora e leigos, cujos nomes acabo de citar;

E, finalmente, a todos os pensadores criativos do mundo, os quais me inspiram todos os dias.

• Introdução •

A mente é bem mais ampla do que o céu –
Se lado a lado os tens –
Com folga este naquela caberá –
Cabendo-te também –
A mente é mais profunda do que o mar –
De azul a azul – verás –
Tal como a esponja – o balde – irá conter –
A mente o absorverá –
A mente é tão pesada quanto Deus –
Se na balança os pões –
Serão iguais – ou quase – tal e qual
A sílaba e o som

*Emily Dickinson**

Como fenômeno mais importante do universo, a inteligência é capaz de transcender as limitações naturais e de transformar o mundo à sua própria imagem. Em mãos humanas, nossa

---
* Extraído de LIRA, José. A invenção da rima na tradução de Emily Dickinson. *Cadernos de Tradução*, v. 2, n. 6, 2000, p. 85. Disponível em: <http://www.periodicos.ufsc.br/index.php/traducao/issue/view/429>. [N. de T.]

inteligência nos permitiu superar as restrições de nossa herança biológica, mudando-nos ao longo desse processo. Somos a única espécie que faz isso.

A história da inteligência humana começa com um universo capaz de codificar informações. Esse foi o fator que permitiu que a evolução acontecesse. Como o universo se tornou assim já é uma história interessante. O modelo-padrão da física tem dezenas de constantes que precisam ser precisamente o que são, do contrário os átomos não teriam sido possíveis e não existiriam estrelas, planetas, cérebros e livros sobre cérebros. O fato de as leis da física serem afinadas com tanta precisão a ponto de permitirem a evolução da informação parece incrivelmente improvável. Contudo, pelo princípio antrópico, não estaríamos falando sobre ela se não fosse esse o caso. Onde algumas pessoas veem a mão divina, outras veem um multiverso gerando uma evolução de universos, em que aqueles mais enfadonhos (que não produzem informação) vão morrendo. Mas, independentemente de como nosso universo se tornou como é, podemos começar nossa história com um mundo baseado em informações.

A história da evolução se desenvolve em níveis crescentes de abstração. Átomos – especialmente átomos de carbono, capazes de criar ricas estruturas de informação ao se ligarem em quatro direções diferentes – formaram moléculas cada vez mais complexas. Como resultado, a física deu origem à química.

Um bilhão de anos depois, houve a evolução de uma molécula complexa chamada DNA, que conseguia codificar com precisão extensos filamentos de informação e gerar organismos descritos por esses "programas". Como resultado, a química deu origem à biologia.

Num ritmo incrivelmente rápido, organismos desenvolveram redes de comunicação e decisão chamadas sistemas nervosos, capazes de coordenar as partes cada vez mais complexas de seus corpos, bem como os comportamentos que facilitavam sua sobrevivência. Os neurônios que formavam sistemas nervosos agregaram-se em cérebros capazes de comportamentos cada vez mais inteligentes. Desse modo, a biologia deu origem à neurologia, pois agora os cérebros eram a vanguarda do armazenamento e da manipulação da informação. Logo, passamos de átomos para moléculas, para DNA e para cérebros. O passo seguinte foi singularmente humano.

O cérebro dos mamíferos tem uma aptidão distinta que não é encontrada em nenhuma outra classe animal. Somos capazes de pensamento *hierárquico*, de compreender uma estrutura formada por elementos distintos e dispostos num padrão, de representar essa disposição por meio de um símbolo e, depois, de usar esse símbolo como um elemento de uma configuração ainda mais complexa. Essa capacidade acontece numa estrutura cerebral chamada neocórtex que, nos humanos, atingiu um grau tão elevado de sofisticação e de capacidade que somos capazes de chamar esses padrões de *ideias*. Através de um processo recursivo incessante, somos capazes de elaborar ideias cada vez mais complexas. Damos a essa vasta gama de ideias recursivamente associadas o nome de *conhecimento*. Só o *Homo sapiens* tem uma base de conhecimentos que se desenvolve, cresce exponencialmente e é passada de uma geração para outra.

Nossos cérebros deram origem a mais um nível de abstração, pois usamos a inteligência deles aliada a outro fator de capacitação: uma extremidade de oposição – o polegar – para manipular o ambiente e construir ferramentas. Essas ferramentas representaram uma nova forma de evolução, pois a neurologia deu origem à tecnologia. Nossa base de conhecimentos só conseguiu crescer sem limites em função de nossas ferramentas.

Nossa primeira invenção foi a história: a linguagem falada, que nos permitiu representar ideias por meio de manifestações orais distintas. Com a invenção subsequente da linguagem escrita, desenvolvemos formas diferentes para simbolizar nossas ideias. Bibliotecas de linguagem escrita ampliaram a capacidade de nossos cérebros desassistidos para reter e aumentar nossa base de conhecimentos à base de ideias recursivamente estruturadas.

Ainda se discute se outras espécies, como os chimpanzés, têm a capacidade de expressar ideias hierárquicas por meio da linguagem. Os chimpanzés são capazes de aprender um conjunto limitado de símbolos da linguagem de sinais, que eles usam para se comunicar com seus treinadores humanos. Fica claro, porém, que há limites distintos para a complexidade das estruturas de conhecimento com as quais os chimpanzés são capazes de lidar. As frases que conseguem expressar limitam-se a sequências simples de substantivos e verbos; eles não são capazes de manifestar a vastidão indefinida da complexidade, característica dos humanos. Para ter um exemplo divertido da complexidade da linguagem gerada pelos humanos, leia uma das espetaculares frases com várias páginas de extensão numa história ou romance de Gabriel García Márquez – sua história de seis páginas, "A Última Viagem do Fantasma", é uma única frase, e funciona bem tanto em espanhol como na tradução em inglês.[1]

A ideia principal em meus três livros anteriores sobre tecnologia (*The age of intelligent machines*, escrito na década de 1980 e publicado em 1989; *A era das máquinas espirituais*, escrito entre meados e final da década de 1990 e publicado em 1999; e *The singularity is near*, escrito no início da década de 2000 e publicado em 2005) é que um processo evolutivo se acelera intrinsecamente (em função de níveis cada vez mais abstratos) e que seus produtos crescem exponencialmente em complexidade e capacidade. Chamo este fenômeno de Lei dos Retornos Acelerados (LRA), que pertence tanto à evolução biológica como à tecnológica. O exemplo mais drástico da LRA é o crescimento eminentemente previsível na capacidade, no preço e no desempenho das tecnologias da informação. O processo evolutivo da tecnologia levou inevitavelmente ao computador, que, por sua vez, permitiu uma vasta expansão de nossa base de conhecimentos, facilitando muitos vínculos entre uma área de conhecimentos e outra. A Web é, em si, um exemplo poderoso e adequado da capacidade de um sistema hierárquico de abranger uma vasta gama de conhecimentos, preservando sua estrutura inerente. O próprio mundo é intrinsecamente hierárquicos: árvores contêm galhos; galhos contêm folhas; folhas contêm veios. Prédios contêm andares; andares contêm cômodos; cômodos contêm portas, janelas, paredes e pisos.

Também desenvolvemos ferramentas que agora nos permitem compreender nossa própria biologia em termos precisos. Estamos realizando rapidamente a engenharia reversa dos processos de informação subjacentes à biologia, inclusive a de nossos cérebros. Agora, possuímos o código objetivo da vida na forma do genoma humano, uma realização que, em si, já foi um exemplo extraordinário de crescimento exponencial, uma vez que a quantidade de dados genéticos que o mundo sequenciou tem quase dobrado a cada ano, nos últimos 20 anos.[2] Agora, temos a capacidade de simular em computadores o modo como as sequências de pares de bases dão origem a sequências de aminoácidos que se desdobram em proteínas tridimensionais, a partir das quais toda a biologia é construída. A complexidade das proteínas para as quais podemos simular desdobramentos tem aumentado constantemente, na medida em que os recursos computacionais continuam a crescer exponencialmente.[3] Também podemos simular o modo como as proteínas interagem umas com as outras numa complexa dança tridimensional de forças atômicas. Nosso conhecimento crescente da biologia é uma importante faceta da descoberta dos segredos inteligentes que a evolução nos conferiu, bem como o uso desses paradigmas de inspiração biológica para criar tecnologias cada vez mais inteligentes.

Atualmente, há um grande projeto em andamento que envolve muitos milhares de cientistas e engenheiros, trabalhando para conhecer o melhor exemplo que temos de um processo inteligente: o cérebro humano. Indiscutivelmente, é o mais importante esforço na história da civilização homem-máquina. Em *The singularity is near*, defendi a ideia de que um corolário da lei dos retornos acelerados é que é provável que não existam outras espécies inteligentes. Para resumir meu argumento, se elas existissem, nós as teríamos notado, tendo em vista o tempo relativamente breve decorrente entre a posse de uma tecnologia tosca por uma civilização (lembre-se de que em 1850 o meio mais rápido de enviar informações nos EUA era o Pony Express) e a posse de uma tecnologia que pode transcender seu próprio planeta.[4] Segundo essa perspectiva, a engenharia reversa do cérebro humano pode ser considerado o projeto mais importante do universo.

A meta do projeto é compreender exatamente como o cérebro humano funciona, usando depois esses métodos revelados para nos compreendermos melhor, para consertar o cérebro quando necessário e – o que é muito relevante para o tema deste livro – para criar máquinas ainda mais inteligentes. Leve em conta o fato de que amplificar bastante um fenômeno natural é exatamente o que a engenharia é capaz de fazer. Como exemplo, pense no fenômeno um tanto sutil do princípio de Bernoulli, que afirma que a pressão sobre uma superfície curva móvel é levemente menor do que sobre uma superfície plana móvel. A matemática que explica como o princípio de Bernoulli produz o erguimento de uma asa ainda não foi plenamente entendida pelos cientistas, mas a engenharia acolheu essa delicada percepção, concentrou-se em seus poderes e criou todo o universo da aviação.

Neste livro, apresento uma tese que chamei de teoria da mente baseada em reconhecimento de padrões (TMRP), que, segundo exponho, descreve o algoritmo básico do neocórtex (a região do cérebro responsável pela percepção, pela memória e pelo pensamento crítico). Nos capítulos a seguir, descrevo como as pesquisas neurocientíficas mais recentes, bem como nossos próprios experimentos mentais, levam à inevitável conclusão de que esse método é usado consistentemente pelo neocórtex. A implicação da TMRP, combinado com a LRA, é que seremos capazes de criar a engenharia para esses princípios, ampliando imensamente os poderes de nossa própria inteligência.

Na verdade, esse processo já se encontra em andamento. Há centenas de tarefas e de atividades que antes eram exclusivamente da alçada da inteligência humana e que hoje podem ser realizadas por computadores, geralmente com precisão maior e numa escala amplamente maior. Todas as vezes que você envia um e-mail ou faz uma chamada pelo celular, algoritmos inteligentes direcionam a informação de forma otimizada. Submeta-se a um eletrocardiograma e ele virá com um diagnóstico informatizado que rivaliza com o dos médicos. O mesmo se aplica a imagens de células sanguíneas. Algoritmos inteligentes detectam automaticamente fraudes em cartões de crédito, fazem aviões decolar e pousar, guiam sistemas de armas inteligentes, ajudam a idealizar produtos com design inteligente auxiliado por computador, mantêm o controle de níveis de estoque em tempo real, montam produtos em fábricas robotizadas, e jogam jogos como xadrez e até o sutil jogo de Go, em níveis magistrais.

Milhões de pessoas viram o computador da IBM chamado Watson jogar o jogo de linguagem natural chamado *Jeopardy!* e obter um resultado melhor do que a soma dos resultados dos dois melhores jogadores humanos do mundo. Devo ressaltar que Watson não só leu e "compreendeu" a linguagem sutil das perguntas de *Jeopardy!* (que incluem fenômenos como trocadilhos e metáforas), mas também adquiriu por conta própria o conhecimento de que necessitava para produzir uma resposta mediante a compreensão de centenas de milhões de documentos em linguagem natural, inclusive Wikipédia e outras enciclopédias. Ele precisou dominar praticamente todas as áreas da atividade intelectual humana, inclusive história, ciência, literatura, artes, cultura e outras. Agora, a IBM está trabalhando com a Nuance Speech Technologies (antes chamada Kurzweil Computer Products, minha primeira empresa) numa nova versão de Watson que lerá literatura médica (basicamente todas as revistas médicas e os principais blogs médicos) para se tornar um mestre em diagnósticos e em consultas médicas, usando tecnologias de compreensão de linguagem clínica da Nuance. Alguns observadores dizem que Watson não "compreende" de fato as perguntas de *Jeopardy!* e nem as enciclopédias que lê porque está apenas fazendo uma "análise estatística". Um ponto-chave que vou descrever aqui é que as técnicas matemáticas que foram desenvolvidas no campo da inteligência artificial (como aquelas usadas no Watson e no Siri, o assistente do iPhone) são muito similares em termos matemáticos aos métodos pelos quais a biologia evoluiu na forma do neocórtex. Se compreender uma linguagem e outros fenômenos por meio de análises estatísticas não conta como entendimento real, então os seres humanos também não têm entendimento.

A capacidade de Watson para dominar inteligentemente o conhecimento em documentos redigidos em linguagem natural logo estará chegando aos mecanismos de pesquisa. As pessoas já conversam com seus telefones em linguagem natural (via Siri, por exemplo, também uma contribuição da Nuance). Esses assistentes de linguagem natural rapidamente se tornarão mais inteligentes à medida que métodos semelhantes aos de Watson forem mais usados e conforme o próprio Watson continuar a evoluir.

Os carros do Google que se dirigem sozinhos já percorreram mais de 320 mil quilômetros nas congestionadas metrópoles e cidades da Califórnia (um número que, sem dúvida, estará bem maior quando este livro chegar às prateleiras reais e virtuais). Há muitos outros exemplos de inteligência artificial no mundo de hoje, e muitos outros no horizonte.

Como exemplos adicionais da LRA, a resolução espacial da varredura cerebral e a quantidade de dados que estamos reunindo sobre o cérebro estão dobrando a cada ano. Estamos demonstrando ainda que podemos transformar esses dados em modelos funcionais e simulações das regiões cerebrais. Tivemos sucesso em fazer a engenharia reversa de funções importantes do córtex auditivo, no qual processamos informações sobre os sons; do córtex visual, no qual processamos informações da visão; e do cerebelo, no qual formamos parte de nossas habilidades (como a de pegar uma bola no ar).

A vanguarda do projeto para compreender, modelar e simular o cérebro humano é a engenharia reversa do neocórtex cerebral, no qual realizamos o pensamento hierárquico recursivo. O córtex cerebral, responsável por 80% do cérebro humano, é composto de uma estrutura altamente repetitiva, permitindo que os humanos criem arbitrariamente estruturas de ideias complexas.

Na teoria da mente baseada em reconhecimento de padrões, descrevo um modelo de como o cérebro humano adquire essa capacidade crítica, usando uma estrutura muito inteligente, definida pela evolução biológica. Há detalhes nesse mecanismo cortical que ainda não entendemos plenamente, mas conhecemos o suficiente sobre as funções que ele necessita realizar para podermos projetar algoritmos que satisfazem o mesmo propósito. Ao começarmos a compreender o neocórtex, colocamo-nos em posição de ampliar bastante seus poderes, assim como o mundo da aviação ampliou muito os poderes do princípio de Bernoulli. O princípio operacional do neocórtex é, indubitavelmente, a ideia mais importante do mundo, pois é capaz de representar qualquer conhecimento e habilidade, além de criar novos conhecimentos. Afinal, o neocórtex foi o responsável por cada romance, cada melodia, cada quadro, cada descoberta científica, além de tantos outros produtos do pensamento humano.

Há uma grande necessidade, no campo da neurociência, de uma teoria que una as observações extremamente disparatadas e extensas que nos são relatadas diariamente. Uma teoria unificada é uma necessidade crucial em todas as grandes áreas da ciência. No capítulo 1, descrevo como dois sonhadores unificaram a biologia e a física, áreas que antes pareciam irremediavelmente desorganizadas e variadas, e depois falo sobre como tal teoria pode ser aplicada ao cenário do cérebro.

Hoje, é comum encontrarmos grandes celebrações sobre a complexidade do cérebro humano. O Google apresenta cerca de 30 milhões de resultados para uma pesquisa sobre citações referentes a esse tema. (É impossível traduzir isso num número exato de citações encontradas, pois alguns dos sites têm diversas citações e alguns não têm nenhuma.) O próprio James D. Watson escreveu em 1992 que "o cérebro é a última e a maior das fronteiras biológicas, a coisa mais complexa que já descobrimos em nosso universo". O autor explica por que acredita que "ele contém centenas de bilhões de células interligadas através de trilhões de conexões. O cérebro é surpreendente"[5].

Concordo com a opinião de Watson sobre o fato de o cérebro ser a maior fronteira biológica, mas o fato de que contém muitos bilhões de células e trilhões de conexões não torna necessariamente complexo o seu método primário, se conseguirmos identificar padrões facilmente compreensíveis (e recriáveis) nessas células e conexões, em especial aqueles maciçamente redundantes.

Vamos pensar no que significa ser complexo. Podemos nos perguntar: uma floresta é complexa? A resposta depende da perspectiva que você escolhe adotar. Você poderia perceber que a floresta contém vários milhares de árvores, e que cada uma é diferente. Depois, você poderia notar que cada árvore tem milhares de galhos e que cada galho é completamente diferente. Depois, você poderia descrever as excêntricas ramificações de cada galho. Sua conclusão pode ser que a floresta tem uma complexidade além de nossos devaneios mais alucinantes.

Mas essa abordagem seria, literalmente, o mesmo que não enxergar a floresta por causa dos galhos. É claro que há muita variação fractal entre árvores e galhos, mas, para compreender corretamente os princípios de uma floresta, seria melhor começar identificando os padrões distintos de redundância com variação estocástica (ou seja, aleatória) encontrados nela. Seria justo dizer que o conceito de uma floresta é mais simples do que o conceito de uma árvore.

Assim é com o cérebro, que tem uma enorme redundância similar, especialmente no neocórtex. Como descrevo neste livro, seria justo dizer que há mais complexidade num único neurônio do que em toda a estrutura do neocórtex.

Minha meta neste livro, definitivamente, não é acrescentar mais uma citação aos milhões que já existem, atestando como o cérebro é complexo, mas impressionar o leitor com o poder da simplicidade do cérebro. Para isso, descrevo como um mecanismo básico e engenhoso para identificação, recordação e previsão de um padrão, repetido no neocórtex centenas de milhões de vezes, explica a grande diversidade do nosso pensamento. Assim como uma diversidade espantosa de organismos provém das diferentes combinações de valores do código genético encontrado no DNA nuclear e mitocondrial, uma fantástica variedade de ideias, pensamentos e habilidades forma-se com base nos valores dos padrões (de conexões e de forças sinápticas) encontrados nos nossos identificadores de padrão neocorticais e entre eles. Como disse Sebastian Seung, neurocientista do MIT, "a identidade não está em nossos genes, mas nas conexões entre nossas células cerebrais"[6].

Visão do conjunto de Mandelbrot, uma fórmula simples aplicada iterativamente. Quando é ampliada na tela, as imagens mudam constantemente, de maneiras aparentemente complexas

Precisamos distinguir entre a verdadeira complexidade do desenho e a complexidade aparente. Veja o caso do famoso conjunto de Mandelbrot, cuja imagem há muito tem sido um símbolo da complexidade. Para apreciar sua aparente complicação, é interessante fazer um *zoom* em sua imagem (que pode ser acessada através dos links mencionados nesta nota).[7] Há complexidades dentro de complexidades ao infinito, e elas sempre são diferentes. Mas a fórmula – ou desenho – do conjunto de Mandelbrot não poderia ser mais simples. Ela tem seis caracteres: $Z = Z^2 + C$, sendo que Z é um número "complexo" (o que significa um par de números) e C é uma constante.

Não é necessário compreender plenamente a função de Mandelbrot para ver que ela é simples. Essa fórmula é aplicada iterativamente e em cada nível de uma hierarquia. O mesmo vale para o cérebro. Sua estrutura repetitiva não é tão simples quanto a da fórmula do conjunto de Mandelbrot com seis caracteres, mas nem de longe é tão complexa quanto poderiam sugerir os milhões de citações sobre a complexidade do cérebro. Esse desenho do neocórtex se repete em todos os níveis da hierarquia conceitual representada pelo neocórtex. As metas que tenho neste livro foram muito bem sistematizadas por Einstein quando ele diz que "qualquer tolo inteligente pode fazer com que as coisas fiquem maiores e mais complexas [...] mas é preciso [...] muita coragem para seguir na direção contrária".

Até agora, estive falando do cérebro. Mas e a mente? Por exemplo, como um neocórtex que resolve problemas obtém consciência? E, já que estamos no assunto, quantas mentes conscientes temos em nosso cérebro? Há evidências que sugerem que pode haver mais de uma. Outra questão pertinente sobre a mente é: o que é livre-arbítrio? Nós o temos? Há experimentos que parecem mostrar que começamos a articular nossas decisões antes mesmo de estarmos cientes de que as tomamos. Isso implica que o livre-arbítrio é uma ilusão?

Finalmente, que atributos de nosso cérebro são responsáveis pela formação de nossa identidade? Serei eu a mesma pessoa que era há seis meses? É claro que não sou exatamente o mesmo que eu era, mas terei a mesma identidade? Vamos analisar as implicações da teoria da mente baseada em reconhecimento de padrões para essas questões antiquíssimas.

• **Capítulo 1** •

Experimentos mentais pelo mundo

A teoria darwiniana da seleção natural apareceu muito tarde na história do pensamento.

Teria sido retardada porque se opunha à verdade revelada, porque era um assunto inteiramente novo na história da ciência, porque só era característica de seres vivos, ou porque lidava com propósitos e causas finais sem postular um ato de criação? Creio que não. Darwin simplesmente descobriu o papel da seleção, uma espécie de causalidade muito diferente dos mecanismos do tipo puxa-empurra que a ciência adotara até então. A origem de uma variedade fantástica de coisas vivas poderia ser explicada pela contribuição dada por novas características, possivelmente de origem aleatória, para a sobrevivência. As ciências físicas ou biológicas não apresentavam nada ou quase nada que prenunciasse a seleção como princípio causal.

– B. F. Skinner

Nada é sagrado, em última análise, exceto a integridade
de sua própria mente.

– Ralph Waldo Emerson

Uma metáfora da geologia

No final do século 19, os geólogos se dedicaram a uma questão fundamental. Grandes cavernas e cânions, como o Grand Canyon nos Estados Unidos e a Garganta Vikos na Grécia (supostamente o cânion mais profundo da Terra), existiam por todo o planeta. Como surgiram essas formações majestosas?

Invariavelmente, houve um curso de água que se aproveitou da oportunidade de percorrer essas estruturas naturais, mas, antes de meados do século 19, parecia absurdo supor que esses suaves riachos poderiam ser os criadores de vales e penhascos tão grandes. O geólogo britânico Charles Lyell (1797-1875), porém, propôs que foi mesmo o movimento da água que escavou essas importantes modificações geológicas ao longo de grandes períodos de tempo, essencialmente um grão de pedra por vez. Essa proposta foi recebida inicialmente com ironia, mas em duas décadas a tese de Lyell adquiriu a aceitação da maioria.

Uma das pessoas que observou cuidadosamente a resposta da comunidade científica à tese radical de Lyell foi o naturalista inglês Charles Darwin (1809-1882). Pense na situação da biologia por volta de 1850. O campo era de uma complexidade sem fim, diante das incontáveis espécies de animais e plantas, cada uma muito complicada. Pior, a maioria dos cientistas resistia a qualquer tentativa de apresentar uma teoria unificada sobre a extraordinária variação da natureza. Essa diversidade servia de testamento à glória da criação de Deus, para não falar da inteligência dos cientistas capazes de dominá-la.

Darwin abordou o problema da idealização de uma teoria geral das espécies mediante uma analogia com a tese de Lyell para justificar as mudanças graduais nas características das espécies ao longo de muitas gerações. Ele combinou essa percepção com seus próprios experimentos mentais e observações em sua famosa *A viagem do Beagle*. Darwin argumentou que, a cada geração, os indivíduos mais capazes de sobreviver em seu nicho ecológico seriam os indivíduos que criariam a geração seguinte.

Em 22 de novembro de 1859, o livro de Darwin, *A origem das espécies*, foi posto à venda, e nele o autor deixou clara sua dívida para com Lyell:

> Estou ciente de que esta doutrina da seleção natural, exemplificada pelos casos imaginários supracitados, está aberta às mesmas objeções que a princípio foram opostas às nobres posições de *sir* Charles Lyell sobre "as mudanças modernas da terra, ilustrativas da geologia"; mas hoje raramente ouvimos falar que a ação das ondas costeiras, por exemplo, seja trivial e insignificante se aplicada à escavação de vales gigantescos ou à formação de longas linhas de dunas interiores. A seleção natural só pode operar pela conservação e acumulação de modificações hereditárias infinitesimalmente pequenas, cada uma proveitosa ao indivíduo preservado; e assim como a geologia moderna praticamente baniu explicações como a escavação de um grande vale apenas por uma única onda diluviana, a seleção natural, se for um princípio verdadeiro, bane a crença na criação continuada de novos seres orgânicos, ou de qualquer modificação importante e repentina em sua estrutura.[1]

Há sempre várias razões para a resistência a novas e grandes ideias, e não é difícil identificá-las no caso de Darwin. Que descendíamos não de Deus, mas de macacos e, antes disso, de vermes, não era algo que agradava a diversos críticos. A implicação de que nosso cãozinho de estimação era nosso primo, bem como

Charles Darwin, autor de *A origem das espécies*, que definiu a ideia da evolução biológica

a lagarta, para não mencionar a planta sobre a qual caminhávamos (prima em milionésimo ou bilionésimo grau, mas ainda assim uma parenta), parecia uma blasfêmia para muita gente.

Mas a ideia se espalhou rapidamente porque dava coerência ao que antes era uma vasta gama de observações sem relação aparente. Por volta de 1872, com a publicação da sexta edição de *A origem das espécies*, Darwin acrescentou esta passagem: "Como registro de um estado de coisas anterior, mantive nos parágrafos seguintes [...] diversas frases que indicam que os naturalistas acreditam na criação separada de cada espécie; e tenho sido muito censurado por ter me expressado assim. Sem dúvida, porém, foi esta a crença geral quando a primeira edição da presente obra foi lançada... Agora, as coisas mudaram completamente, e quase todo naturalista admite o grande princípio da evolução"[2].

No século seguinte, a ideia unificadora de Darwin foi aprofundada. Em 1869, apenas uma década após a publicação original de *A origem das espécies*, o médico suíço Friedrich Miescher (1844-1895) descobriu, no núcleo das células, uma substância que ele chamou de "nucleína", que era o DNA.[3] Em 1927, o biólogo russo Nikolai Koltsov (1872-1940) descobriu o que ele chamou de uma "gigantesca molécula hereditária" que, disse, seria composta de "duas fitas especulares que se replicariam de maneira semiconservadora usando cada fita como gabarito". Sua descoberta também foi condenada por muitos. Os comunistas consideraram-na propaganda fascista, e sua morte súbita e inesperada foi atribuída à polícia secreta da União Soviética.[4] Em 1953, quase um século após a publicação do livro seminal de Darwin, o biólogo norte-americano James D. Watson (nascido em 1928) e o biólogo inglês Francis Crick (1916-2004) apresentaram a primeira caracterização precisa da estrutura do DNA, descrevendo-o como uma dupla

Rosalind Franklin tirou a foto crítica do DNA (usando cristalografia de raios X) que permitiu que Watson e Crick descrevessem com precisão a estrutura do DNA pela primeira vez

hélice com duas longas moléculas enroladas.[5] É interessante comentar que sua descoberta baseou-se naquela que hoje é conhecida como "foto 51", tirada por sua colega Rosalind Franklin usando cristalografia de raios X, que foi a primeira representação que mostrou a hélice dupla. Tendo em vista as descobertas derivadas da imagem de Franklin, houve sugestões de que ela deveria ter compartilhado o Prêmio Nobel com Watson e Crick.[6]

Com a descrição de uma molécula que podia codificar o programa da biologia, agora se assentava firmemente uma teoria unificadora da biologia, que proporcionava uma base simples e elegante para a vida. Dependendo apenas dos valores dos pares de bases que formavam as fitas de DNA do núcleo (e, em menor grau, da mitocôndria), um organismo poderia crescer como uma folha de grama ou um ser humano. Essa comprovação não eliminou a deliciosa diversidade da natureza, mas agora compreendemos que a extraordinária diversidade natural deriva do grande sortimento de estruturas que podem estar codificadas nessa molécula universal.

Viajando num feixe de luz

No começo do século 20, o mundo da física foi abalado por outra série de experimentos mentais. Em 1879, nasceu um menino, filho de um engenheiro alemão e de uma dona de casa. Ele só começou a falar aos 3 anos de idade, e há relatos de que teve problemas na escola aos 9 anos. Aos 16, devaneava com a ideia de montar num raio de luar.

Esse garoto conhecia o experimento realizado pelo matemático inglês Thomas Young (1773-1829), que determinou que a luz é composta de ondas. A conclusão, na época, foi que as ondas luminosas devem viajar através de algum tipo de meio; afinal, as ondas oceânicas viajavam pela água e as ondas sonoras viajavam pelo ar e por outros materiais. Os cientistas deram ao meio pelo qual as ondas luminosas viajavam o nome de "éter". O garoto também conhecia o experimento realizado em 1887 pelos cientistas norte-americanos Albert Michelson (1852-1931) e Edward Morley (1838-1923), que tentou confirmar a existência do éter. Esse experimento baseou-se na analogia de ir correnteza abaixo ou acima, num rio. Se você está remando numa velocidade fixa, então sua velocidade, medida desde a margem, será maior se você estiver remando a favor da corrente do que contra ela. Michelson e Morley presumiram que a luz viajava pelo éter numa velocidade constante (ou seja, a velocidade da luz). Eles argumentaram que a velocidade da luz do Sol quando a Terra está se dirigindo ao Sol em sua órbita (medida do ponto de vista da Terra) *versus* sua velocidade aparente quando a Terra está se afastando do Sol deve ser diferente (da ordem de duas vezes a velocidade da Terra). Provar isso confirmaria a existência do éter. No entanto, o que eles descobriram é que não havia diferença na velocidade da luz do Sol passando pela Terra, independentemente do ponto em que a Terra estivesse em sua órbita. Suas descobertas negaram a ideia do "éter", mas o que aconteceria, então? Isso continuou a ser um mistério durante quase duas décadas.

Quando esse adolescente alemão imaginou-se montado numa onda de luz, ele pensou que deveria estar vendo as ondas luminosas congeladas, tal como um trem parece não se mover caso você viaje ao lado dele à mesma velocidade que o trem. Mas ele percebeu que isso seria impossível, pois se supõe que a velocidade da luz seja constante, independentemente de seu próprio movimento. Por isso, ele imaginou que estaria viajando ao lado do feixe de luz, mas a uma velocidade um pouco inferior. E se ele viajasse a 90% da velocidade da luz? Se os feixes de luz são como trens, argumentou, então ele deveria ver o feixe de luz viajando à frente dele a 10% da velocidade da luz. De fato, teria de ser isso que os observadores na Terra veriam. Mas sabemos que a velocidade da luz é uma constante, conforme mostrara o experimento de Michelson-Morley. Logo, ele veria necessariamente o feixe de luz viajando à frente dele na velocidade plena da luz. Isso parecia uma contradição – como era possível?

A resposta ficou evidente para o rapaz alemão, cujo nome, por falar nisso, era Albert Einstein (1879-1955), na época em que completou 26 anos. Obviamente – para o jovem mestre Einstein – *o próprio tempo deve ter desacelerado para ele*. Ele explica seu raciocínio num texto publicado em 1905.[7] Se os observadores na Terra fossem observar o relógio do jovem, eles o veriam batendo dez vezes mais devagar. Com efeito, quando ele voltasse para a Terra, seu relógio mostraria que apenas 10% do tempo ter-se-ia passado (ignorando, por enquanto, aceleração e desaceleração). Do seu ponto de vista, porém, o relógio estaria funcionando normalmente, e o feixe de luz ao seu lado estaria viajando à velocidade da luz. A redução na própria velocidade do tempo, da ordem de dez vezes (em relação aos relógios da Terra), explica plenamente as aparentes discrepâncias de perspectiva. Num extremo, a redução na passagem do tempo chegaria a zero assim que a velocidade da viagem atingisse a velocidade da luz; por isso, seria impossível viajar junto com o feixe de luz. Embora fosse impossível viajar à velocidade da luz, descobriu-se que não era impossível, em termos teóricos, mover-se *mais depressa* do que o feixe de luz. Nesse caso, o tempo mover-se-ia para trás.

Essa solução pareceu absurda para muitos dos primeiros críticos. Como é que o próprio tempo poderia reduzir seu ritmo, apenas com base na velocidade de movimento de alguém? Com efeito, durante 18 anos (desde a época do experimento de Michelson-Morley), outros pensadores foram incapazes de enxergar uma conclusão que para o mestre Einstein era tão óbvia. Muitos dos outros que analisaram esse problema no final do século 19 "caíram do cavalo" em termos de dar prosseguimento às implicações de um princípio, apegando-se, no lugar disso, a noções preconcebidas do funcionamento da realidade. (Talvez eu deva mudar essa metáfora para "caíram do feixe de luz".)

O segundo experimento mental de Einstein consistiu em imaginar que ele e o irmão voavam pelo espaço. Eles estão a 300 mil quilômetros de distância. Einstein quer ir mais depressa, mas também quer manter constante a distância entre eles. Assim, ele sinaliza a seu irmão com uma lanterna cada vez que deseja acelerar. Como ele sabe que vai levar um segundo até que o sinal chegue ao irmão, ele espera um segundo (após enviar o sinal) para começar sua própria aceleração. Cada vez que o irmão recebe o sinal, ele acelera imediatamente. Desse modo, os dois irmãos aceleram exatamente no mesmo momento, mantendo, portanto, uma distância constante entre eles.

Agora, porém, vamos pensar no que veríamos se estivéssemos em pé na Terra. Se os dois irmãos estivessem se afastando de nós (com Albert à frente), pareceria levar menos de um segundo para que a luz chegasse até o irmão, porque ele está viajando no sentido da luz. Além disso, veríamos o relógio do irmão de Albert desacelerando (pois sua velocidade aumenta quando ele está mais perto de nós). Por esses dois motivos, veríamos os dois irmãos se aproximando cada vez mais, até acabarem colidindo. Mas, do ponto de vista dos dois irmãos, eles manteriam uma distância constante de 300 mil quilômetros.

Como isso é possível? A resposta, *obviamente*, é que as distâncias se contraem no sentido paralelo ao do movimento (mas não no sentido perpendicular a ele). Logo, os dois irmãos Einstein vão ficando menores (presumindo que estão voando com a cabeça à frente) à medida em que vão ficando mais rápidos. Essa conclusão bizarra deve ter feito Einstein perder mais fãs no começo da carreira do que a diferença na passagem do tempo.

No mesmo ano, Einstein analisou a relação entre matéria e energia com outro experimento mental. O físico escocês James Clerk Maxwell tinha demonstrado, na década de 1850, que partículas de luz chamadas fótons não tinham massa, mas mesmo assim tinham momento. Quando criança, eu tinha um aparelho chamado radiômetro de Crookes[8], que consistia num bulbo de lâmpada hermeticamente selado contendo um vácuo parcial e quatro pás que giravam sobre um pivô. As pás eram brancas de um lado e pretas do outro. O lado branco de cada pá refletia a luz, e o lado preto absorvia a luz. (É por isso que se sente menos calor usando uma camiseta branca num dia quente do que uma preta.) Quando se lançava luz sobre o aparato, as pás giravam e as faces pretas se afastavam da luz. Essa é uma demonstração direta de que os fótons têm momento suficiente para fazer com que as pás do radiômetro se movam.[9]

A questão que Einstein enfrentou é que o momento é uma função da massa: o momento é o produto da massa pela velocidade. Logo, uma locomotiva que viaja a 50 quilômetros por hora tem um momento bem maior, digamos, do que um inseto que viaja à mesma velocidade. Como, então, uma partícula com massa zero pode ter um momento positivo?

Radiômetro de Crookes – a ventoinha com quatro pás gira quando a luz a ilumina

O experimento mental de Einstein consistiu numa caixa flutuando no espaço. Emite-se um fóton dentro da caixa, do lado esquerdo para o direito. O momento total do sistema precisa ser conservado, e por isso a caixa teria de recuar para a esquerda quando o fóton fosse emitido. Após algum tempo, o fóton colide com a face direita da caixa, transferindo novamente seu momento para a caixa. O momento total do sistema é preservado novamente e a caixa para de se movimentar.

Até aqui, tudo bem. Mas pense no ponto de vista do sr. Einstein, que está vendo a caixa do lado de fora. Ele não percebe nenhuma influência externa sobre a caixa: nenhuma partícula – com ou sem massa – a atinge, e nada sai dela. Contudo, o sr. Einstein, segundo o cenário acima, vê a caixa movendo-se temporariamente para a esquerda e parando depois. Segundo nossa análise, cada fóton deveria mover permanentemente a caixa para a esquerda. Como não houve efeitos externos sobre a caixa ou da caixa, seu centro de massa deve permanecer no mesmo lugar. Mas o fóton dentro da caixa, que se move da esquerda para a direita, não pode mudar o centro de massa, pois não possui massa.

Ou será que possui? A conclusão de Einstein foi que, como evidentemente o fóton tem energia e tem momento, também deve ter um equivalente em massa. A energia do fóton móvel é inteiramente equivalente a uma massa móvel. Podemos calcular o que é essa equivalência aceitando que o centro de massa do sistema deve manter-se estacionário durante o movimento do fóton. Por meio de cálculos, Einstein mostrou que massa e energia são equivalentes, relacionados por uma constante simples. Contudo, havia uma pegadinha: a constante poderia ser simples, mas era enorme; era a velocidade da luz ao quadrado (cerca de $1,7 \times 10^{17}$ m^2/s^2 – ou seja, 17 seguido de 16 zeros). Assim, temos a famosa fórmula de Einstein, $E = mc^2$.[10] Com isso, uma onça (28 gramas) de massa equivale a 600 mil toneladas de TNT. A carta de Einstein datada de 2 de agosto de 1939 e endereçada ao presidente Roosevelt informando-o do potencial para uma bomba atômica baseada nesta fórmula inaugurou a era atômica.[11]

Você pode pensar que isso já devia ser óbvio antes, tendo em vista que os experimentadores perceberam que a massa de substâncias radiativas decresce como resultado da radiação ao longo do tempo. Presumiu-se, porém, que as substâncias radiativas continham algum tipo especial de combustível de alta energia que estaria queimando. Essa suposição não é totalmente errônea; é que o combustível sendo "queimado" era simplesmente a massa.

Há vários motivos para eu ter começado este livro com os experimentos mentais de Darwin e de Einstein. Antes de tudo, eles revelam o extraordinário poder do cérebro humano. Sem qualquer equipamento exceto uma caneta e papel para desenhar as figuras de palitinhos desses simples experimentos mentais e para escrever as equações razoavelmente simples que resultavam deles, Einstein conseguiu derrubar a compreensão do mundo físico que datava de dois séculos, influenciando profundamente o curso da história (inclusive a Segunda Guerra Mundial) e prenunciando a era nuclear.

É verdade que Einstein se baseou em algumas descobertas experimentais do século 19, embora esses experimentos também não tenham usado equipamentos sofisticados. Também é verdade que a validação experimental subsequente das teorias de Einstein tenha se valido de tecnologias avançadas, e se estas não tivessem sido desenvolvidas, não teríamos tido a validação que hoje temos – que as ideias de Einstein são autênticas e significativas. Contudo, esses fatores não diminuem o fato de que esses famosos experimentos mentais revelam o poder do pensamento humano em seu mais elevado grau.

Einstein é geralmente considerado o principal cientista do século 20 (e Darwin seria um bom candidato para esse título no século 19), mas a matemática envolvida em suas teorias, em última análise, não é muito complicada. Os próprios experimentos mentais eram simples e diretos. Assim, poderíamos nos perguntar de que forma Einstein poderia ser considerado particularmente sagaz. Vamos discutir depois exatamente o que ele fazia com o próprio cérebro quando idealizou suas teorias, e onde se localiza essa qualidade.

Por outro lado, essa história também demonstra as limitações do pensamento humano. Einstein conseguiu montar em seu feixe de luz sem cair (embora tenha concluído que era impossível montar de fato num feixe de luz), mas quantos milhares de observadores e pensadores foram totalmente incapazes de imaginar esses exercícios notavelmente simples? Uma falha comum é a dificuldade que a maioria das pessoas tem para descartar e transcender as ideias e as perspectivas de seus pares. Há ainda outros desajustes, que veremos com mais detalhes após termos examinado o funcionamento do neocórtex.

Um modelo unificado do neocórtex

O motivo mais importante para que eu compartilhe aqueles que devem ser os experimentos mentais mais famosos da história é o fato de eu tê-los usado como introdução para a mesma abordagem em relação ao cérebro. Como você verá, podemos avançar bastante no entendimento do funcionamento da inteligência humana graças a alguns experimentos mentais simples que nós mesmos podemos fazer. Levando em conta o assunto em questão, os experimentos mentais podem ser um método bem apropriado.

Se as divagações de um jovem e o fato de não usar equipamento, exceto caneta e papel, foram suficientes para revolucionar nossa compreensão da física, então deveríamos ser capazes de fazer um progresso razoável num fenômeno com o qual estamos muito mais familiarizados. Afinal, lidamos com nossos pensamentos em todos os nossos momentos de vigília – e também nos momentos de sono.

Após termos construído um modelo do funcionamento do pensamento através desse processo de autorreflexão, vamos examinar até que ponto podemos confirmá-lo por meio das observações mais recentes de cérebros físicos e do que há de mais moderno para recriar esses processos nas máquinas.

• **Capítulo 2** •

Experimentos mentais sobre o pensamento

Raramente penso em palavras. O pensamento surge, e talvez eu tente expressá-lo em palavras depois.
– Albert Einstein

O cérebro é uma massa de quase um quilo e meio que podemos segurar nas mãos e que pode conceber um universo com cem bilhões de anos-luz de extensão.
– Marian Diamond

O que parece espantoso é que um mero objeto com pouco mais de um quilo e trezentos gramas, feito dos mesmos átomos que constituem tudo o mais que há sob o Sol, seja capaz de dirigir praticamente tudo aquilo que os humanos fizeram: voar à Lua e rebater setenta *home runs*[*], escrever *Hamlet* e construir o Taj Mahal – e até desvendar os segredos do próprio cérebro.
– Joel Havemann

---
[*] Principal ponto no beisebol. [N. de T.]

Comecei a pensar sobre o pensamento por volta de 1960, o mesmo ano em que descobri o computador. Hoje seria bem difícil encontrar um garoto de 12 anos que não usa um computador, mas na época havia apenas um punhado deles na minha cidade natal, Nova York. Naturalmente, esses primeiros aparelhos não cabiam na mão, e o primeiro ao qual tive acesso ocupava uma sala grande. No início da década de 1960, programei um IBM 1620 para realizar uma análise de variância (um teste estatístico) em dados que tinham sido coletados estudando um programa para educação de crianças pequenas, um precursor do Head Start.* Por isso, esse esforço era consideravelmente drástico, pois o destino dessa iniciativa educacional de âmbito nacional dependia de nosso trabalho. Os algoritmos e os dados que analisávamos eram complexos a ponto de não sermos capazes de antever as respostas que o computador daria. Evidentemente, as respostas seriam determinadas pelos dados, mas não eram previsíveis. Acontece que a diferença entre ser *determinada* e ser *previsível* é importante, e voltarei depois a ela.

Lembro-me de como foi emocionante ver as luzes do painel frontal diminuírem de intensidade pouco antes de o algoritmo terminar suas deliberações, como se o computador estivesse mergulhado em pensamentos. Quando as pessoas se aproximavam, ansiosas por obterem o próximo conjunto de resultados, eu apontava para as luzes piscando delicadamente e dizia: "Ele está pensando". Era uma piada e não era – ele *parecia* mesmo estar contemplando as respostas –, e os membros da equipe começaram a atribuir uma personalidade à máquina. Talvez fosse uma antropomorfização, mas me fez começar a levar seriamente em conta o relacionamento entre o pensamento e a computação.

Para avaliar até que ponto meu próprio cérebro era similar aos programas de computador com os quais eu estava familiarizado, comecei a pensar no que meu cérebro deveria estar fazendo

---

* *Head Start*: um programa social desenvolvido pelo governo dos Estados Unidos dedicado a crianças em idade pré-escolar de famílias de baixa renda, criado em 1965. [N. de T.]

ao processar informações. Faz 50 anos que investigo isso. O que vou descrever a seguir a respeito do funcionamento do cérebro vai parecer bem diferente do que aquilo que entendemos normalmente como um computador. Fundamentalmente, porém, o cérebro armazena e processa informações, e, por causa da universalidade da computação – um conceito ao qual também vou retornar –, há um paralelo entre cérebros e computadores maior do que pode parecer.

Todas as vezes que faço alguma coisa – ou penso em alguma coisa –, seja escovar os dentes, praticar num teclado musical ou ter uma nova ideia, reflito sobre como fui capaz de fazer aquilo. Penso ainda mais, acima de tudo, nas coisas que não sou capaz de fazer, pois as limitações do pensamento humano proporcionam um conjunto de pistas igualmente importante. Pensar tanto sobre o pensamento pode até me deixar mais lento, mas tenho a esperança de que esses exercícios de autorreflexão me permitirão aprimorar meus métodos mentais.

Para aumentar nossa percepção do funcionamento do cérebro, vamos estudar uma série de experimentos mentais.

Experimente fazer o seguinte: *recite o alfabeto*.

É provável que você se lembre dele desde a infância e consiga recitá-lo com facilidade.

Agora, experimente o seguinte: *recite o alfabeto de trás para frente*.

A menos que você tenha estudado o alfabeto nessa ordem, é provável que você ache impossível recitá-lo ao contrário. É possível que alguém que tenha passado um bom tempo na sala de aula do primário onde o alfabeto fica à mostra consiga evocar sua memória visual e lê-lo de trás para a frente. Porém, até isso é difícil porque, na verdade, não nos lembramos de imagens inteiras. Recitar o alfabeto de trás para a frente deveria ser uma tarefa simples, pois requer exatamente as mesmas informações necessárias para recitá-lo na ordem normal, mas geralmente não conseguimos fazê-lo.

Você se lembra do número de seu CPF? Se você se lembra, consegue recitá-lo de trás para a frente sem escrevê-lo antes num papel? E a canção infantil "Nana, neném"? Os computadores conseguem fazer isso de maneira trivial. Mas nós não conseguimos, a menos que estudemos especificamente a sequência invertida como uma nova série. Isso nos diz alguma coisa sobre a forma como a memória humana é organizada.

Claro, seremos capazes de realizar essa tarefa com facilidade se anotarmos a sequência e depois a lermos de trás para a frente. Ao fazê-lo, estamos usando uma tecnologia – a linguagem escrita – para compensar uma das limitações de nosso pensamento desassistido, embora seja uma ferramenta bem antiga. (Foi nossa segunda invenção; a primeira foi a linguagem falada.) É por isso que inventamos ferramentas: para compensar nossas deficiências.

Isso sugere que **nossas memórias são sequenciais e ordenadas. Elas podem ser acessadas na ordem em que são lembradas. Não somos capazes de inverter diretamente a sequência de uma memória**.

Também temos dificuldade para iniciar uma memória no meio de uma sequência. Se aprendo a tocar uma peça musical no piano, geralmente não consigo começar num ponto arbitrário, como na metade. Há alguns pontos para os quais consigo pular, porque minha memória sequencial da peça é organizada em segmentos. Se eu tentar começar no meio de um segmento, porém, vou precisar voltar a fazer a leitura visual até minha memória sequencial começar a funcionar.

A seguir, tente fazer o seguinte: *recorde-se de uma caminhada que você fez no dia anterior, por exemplo. Do que você consegue se lembrar?*

Esse experimento mental funciona melhor se você fez uma caminhada bem recentemente, como hoje pela manhã, ou ontem. (Você também pode substituir por um passeio de carro ou por qualquer atividade durante a qual tenha se deslocado por um terreno.)

É provável que você não se lembre muito bem da experiência. Quem foi a quinta pessoa que você encontrou (sem incluir as pessoas que você conhece)? Você viu um carvalho? Uma caixa dos correios? O que você viu ao dobrar a primeira esquina? Se você passou por algumas lojas, o que havia na segunda vitrine? Talvez você consiga reconstruir as respostas para algumas dessas perguntas a partir das poucas pistas de que consiga se lembrar, mas é provável que se lembre de um número relativamente pequeno de detalhes, embora seja uma experiência bem recente.

Se você caminha regularmente, pense na primeira caminhada que fez no mês passado (ou na primeira ida ao seu local de trabalho no mês passado, caso trabalhe fora de casa). Provavelmente, você não vai se lembrar da caminhada ou do trajeto específico, e, mesmo que se lembre, sem dúvida a quantidade de detalhes lembrada será bem menor que a da caminhada de hoje.

Mais adiante vou discutir a questão da consciência e defender a tese de que temos a tendência a equiparar a consciência com nossa memória de eventos. A principal razão para acreditarmos que não estamos conscientes quando anestesiados é que não nos lembramos de nada desse período (embora haja exceções intrigantes – e perturbadoras – a isso). Logo, com relação à caminhada que fiz nesta manhã, eu não estive consciente na maior parte dela? É uma pergunta razoável, dado que não me lembro de quase nada que vi ou sequer no que estava pensando.

Há, porém, algumas coisas de que me lembro da caminhada desta manhã. Lembro-me de ter pensado neste livro, mas não saberia dizer exatamente quais foram esses pensamentos. Lembro-me ainda de ter passado por uma mulher com um carrinho de bebê. Lembro que a mulher era atraente e que o bebê era bonitinho. Recordo-me de dois pensamentos que tive relacionados a essa experiência: *Esse bebê é adorável, como meu neto recém--nascido,* e *O que esse bebê estará percebendo em seu ambiente visual?* Não consigo me lembrar da roupa que vestiam nem da cor de seus cabelos. (Minha mulher vai dizer que isso é típico.) Embora eu não seja capaz de descrever nada específico sobre a aparência da mãe, tenho a sensação inefável de como ela se parecia, e acredito que conseguiria identificar seu retrato em meio ao de várias mulheres. Portanto, embora talvez eu tenha retido na memória algum elemento de sua aparência, se penso na mulher, no carrinho e no bebê, não consigo visualizá-lo. Não existe fotografia ou vídeo desse evento em minha mente. É difícil descrever exatamente o que há em minha mente sobre essa experiência.

Também me lembro de ter passado por outra mulher com um carrinho de bebê numa caminhada feita algumas semanas antes. Nesse caso, creio que nem conseguiria identificar o retrato dessa mulher. Hoje, essa lembrança está muito mais tênue do que deveria estar logo depois dessa caminhada.

A seguir, pense em pessoas que você encontrou uma ou duas vezes apenas. Consegue visualizá-las com clareza? Se você for um artista visual, talvez tenha aprendido essa técnica de observação, mas normalmente não somos capazes de visualizar pessoas com as quais cruzamos por acaso a ponto de desenhá-las ou descrevê-las suficientemente, mas teríamos pouca dificuldade para reconhecer uma foto delas.

Isso sugere que **não há imagens, vídeos ou registros sonoros armazenados no cérebro. Nossas memórias são armazenadas como sequências de padrões. Memórias que não são acessadas se desfazem com o tempo**. Quando os desenhistas da polícia entrevistam uma vítima de crime, eles não perguntam "Qual a aparência das sobrancelhas do autor do delito?". Eles mostram uma série de imagens de sobrancelhas e pedem que a vítima escolha a correta. O conjunto correto de sobrancelhas vai ativar a identificação do mesmo padrão que está armazenado na memória da vítima.

Agora, vamos estudar rostos que você conhece bem. *Você consegue identificar alguma destas pessoas?*

Sem dúvida, você conseguiu reconhecer essas personalidades familiares, apesar de estarem parcialmente cobertas ou distorcidas. Isso representa um talento importante da percepção humana: **somos capazes de identificar um padrão, mesmo que apenas parte dele seja percebida (vista, ouvida, sentida), e mesmo que contenha alterações. Aparentemente, nossa capacidade de identificação pode detectar características invariáveis de um padrão – características que sobrevivem a variações do mundo real.** As evidentes distorções de uma caricatura ou de certas formas de arte, como o impressionismo, enfatizam os padrões de uma imagem (pessoa, objeto) que identificamos, mudando outros detalhes. Na verdade, o mundo das artes está à frente do mundo da ciência quanto a reconhecer o poder do sistema perceptivo humano. Usamos a mesma abordagem quando identificamos uma melodia a partir de poucas notas.

Agora, estude esta imagem:

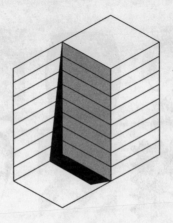

A imagem é ambígua – o canto indicado pela região escura pode ser um canto interno ou externo. No princípio, é possível que você veja esse canto como interno ou externo, embora, com algum esforço, consiga mudar sua percepção para a interpretação alternativa. Depois que sua mente fixa um entendimento, porém, pode ser difícil enxergar a outra perspectiva. (Isso também se aplica a perspectivas intelectuais.) A interpretação que seu cérebro faz da imagem na verdade influencia efetivamente aquilo que você experimenta em relação a ela. Quando o canto parece ser interno, seu cérebro interpreta a região cinzenta como uma sombra, e por isso ela não parece tão escura quando você interpreta o canto como externo.

Portanto, **a experiência consciente de nossas percepções é efetivamente alterada por nossas interpretações.**

Considere que vemos aquilo que esperamos _ _ _.

Tenho certeza de que você conseguiu completar a frase acima.

Se eu tivesse escrito a última palavra, você teria precisado apenas de um vislumbre momentâneo para confirmar que ela era aquela que você esperava.

Isso implica que estamos **constantemente prevendo o futuro e levantando hipóteses sobre aquilo que vamos experimentar. Essa expectativa influencia aquilo que vemos de fato.** Prever o futuro é, na verdade, a principal razão para termos um cérebro.

Pense numa experiência pela qual todos passam regularmente: uma memória de anos atrás aparece inexplicavelmente na cabeça.

Geralmente, será a lembrança de uma pessoa ou de um evento no qual você não pensava há um bom tempo. É evidente que alguma coisa provocou essa lembrança. A sequência de pensamentos que a provocou pode ser aparente, alguma coisa que você é capaz de expressar. Noutras ocasiões, você pode ter noção da sequência de pensamentos que levou até essa memória, mas teria dificuldades para expressá-la. No mais das vezes, o gatilho se perde rapidamente e a lembrança parece ter surgido do nada. Costumo ter essas memórias aleatórias quando faço alguma coisa rotineira, como escovar os dentes. Às vezes, percebo a conexão – a pasta escorrendo da escova pode me lembrar da tinta caindo de um pincel numa aula de pintura que tive na escola. Às vezes, tenho apenas uma vaga sensação da conexão, ou nenhuma.

Um fenômeno correlato pelo qual todos passam com frequência é a tentativa de se lembrar de um nome ou de uma palavra. O procedimento que usamos nessa circunstância é tentar nos lembrar de gatilhos que podem destravar a memória. (Por exemplo: *Quem fez o papel da Rainha Padmé em* A Vingança dos Sith? *Vejamos, é a mesma atriz que fez um filme sombrio e recente sobre dança,* Cisne Negro, *ah, sim, Natalie Portman.*) Às vezes, adotamos métodos mnemônicos idiossincráticos para conseguirmos lembrar. (Por exemplo: *Ela é sempre esguia, não é grande como uma porta, ah, sim, Portman, Natalie Portman.*) Algumas de nossas memórias são robustas o suficiente para podermos passar diretamente da pergunta (como *quem fez o papel da Rainha Amidala*) para a resposta; normalmente, precisamos passar por uma série de gatilhos até encontrar um que funcione. É bem parecido com saber o link certo na Internet. As memórias podem, de fato, perder-se como aquela página da Internet com a qual nenhuma outra página tem um link (pelo menos, nenhuma página que possamos descobrir).

Ao realizar procedimentos rotineiros – como o ato de vestir uma camisa –, observe a própria ação e analise até que ponto você segue a mesma sequência de etapas a cada vez. Segundo minha própria observação (e, como mencionei, estou sempre tentando me observar), é provável que você execute praticamente os mesmos gestos todas as vezes em que realiza determinada tarefa rotineira, mesmo que adicione alguns módulos extras. Por exemplo, a maioria das minhas camisas não precisa de abotoaduras, mas, quando tenho de usá-las, isso envolve uma série adicional de tarefas.

As listas de etapas na minha mente estão organizadas em hierarquias. Sigo um procedimento rotineiro antes de dormir. A primeira etapa consiste em escovar os dentes. Mas essa ação, por sua vez, é dividida numa série menor de etapas, e a primeira delas é colocar pasta na escova. Essa etapa, por sua vez, é formada por etapas ainda menores, como encontrar a pasta, tirar a tampa e assim por diante. A etapa de encontrar a pasta também tem etapas, e a primeira é abrir o armário do banheiro. Essa etapa, por sua vez, exige etapas, e a primeira delas é segurar a porta do armário. Essa rede continua numa série muito sutil de movimentos, e por isso há, literalmente, milhares de pequenas ações formando minha rotina noturna. Embora eu possa ter dificuldade para me lembrar dos detalhes de uma caminhada que fiz há apenas algumas horas, não tenho dificuldade para me lembrar de todas essas pequenas etapas ao me preparar para dormir – a ponto de poder pensar em outras coisas enquanto realizo todos esses procedimentos. É importante frisar que essa lista não está armazenada como uma longa relação com milhares de etapas; **de fato, cada um de nossos procedimentos de rotina é lembrado como uma complexa hierarquia de atividades em camadas.**

O mesmo tipo de hierarquia está envolvido em nossa capacidade de reconhecer objetos e situações. Identificamos os rostos das pessoas que conhecemos bem e também percebemos que esses rostos contêm olhos, nariz, boca e assim por diante – uma hierarquia de padrões que usamos tanto em nossas percepções como em nossas ações. O uso de hierarquias nos permite tornar a usar padrões. Por exemplo, não precisamos reaprender o conceito de nariz e de boca todas as vezes que um novo rosto nos é apresentado.

No próximo capítulo, vamos reunir os resultados desses experimentos mentais numa teoria que mostra como o neocórtex deve funcionar. Vou mostrar que eles revelam atributos essenciais e uniformes do pensamento, desde a localização da pasta de dentes até a criação de um poema.

• Capítulo 3 •

Um modelo do neocórtex: a teoria da mente baseada em reconhecimento de padrões

O cérebro é um tecido. É um tecido complicado, com uma trama intricada, como nada do que conhecemos no universo, mas é composto de células, como qualquer tecido. Evidentemente, são células altamente especializadas, mas elas funcionam segundo as leis que governam quaisquer outras células. Seus sinais elétricos e químicos podem ser detectados, registrados e interpretados, e seus componentes químicos podem ser identificados; as conexões que constituem a rede fibrosa do cérebro podem ser mapeadas. Em suma, o cérebro pode ser estudado, assim como o rim.

– David H. Hubel, neurocientista

Suponha que existe uma máquina cuja estrutura produz pensamento, sentimento e percepção; imagine essa máquina ampliada, mas preservando as mesmas proporções, para que possamos entrar nela como se fosse um moinho. Supondo isso, podemos visitar seu interior; mas o que observaríamos nele? Nada, exceto partes que se empurram e se movem mutuamente, e nunca alguma coisa que pudesse explicar a percepção.

– Gottfried Wilhelm Leibniz

Uma hierarquia de padrões

Repeti milhares de vezes, em inúmeros contextos, as observações e os experimentos simples descritos no capítulo anterior. As conclusões dessas observações limitam necessariamente minha explicação sobre aquilo que o cérebro deve estar fazendo, assim como os experimentos simples sobre tempo, espaço e massa realizados no começo e no final do século 19 limitaram necessariamente as reflexões do jovem mestre Einstein sobre o modo de funcionamento do universo. Nas discussões a seguir, vou acrescentar mais algumas observações bem básicas da neurociência, tentando evitar os diversos detalhes ainda sujeitos a controvérsias.

Primeiro, permitam-me explicar por que esta seção discute especificamente o neocórtex (do latim, significando "nova camada"). Sabemos que o neocórtex é o responsável por nossa capacidade de lidar com padrões de informação, fazendo-o de forma hierárquica. Animais sem neocórtex (basicamente os que não são mamíferos) não são muito capazes de compreender hierarquias.[1] Compreender a natureza intrinsecamente hierárquica da realidade e tirar proveito dela é uma característica unicamente mamífera, e resulta do fato de que apenas os mamíferos possuem essa estrutura cerebral, que é recente em termos evolutivos. O neocórtex é o responsável pela percepção sensorial, pela identificação de tudo (desde objetos visuais até conceitos abstratos), pelo controle de movimentos, pelo raciocínio (desde a orientação espacial até o pensamento racional) e pela linguagem – basicamente, por aquilo que consideramos ser o "pensar".

O neocórtex humano, a camada mais externa do cérebro, é uma estrutura fina, basicamente bidimensional, com uma espessura de cerca de 2,5 milímetros. Nos roedores, ele tem o tamanho de um selo postal e é liso. Uma inovação evolutiva nos primatas é que ele ficou intricadamente acomodado sobre o restante do cérebro, com profundas ranhuras, recônditos e rugas para aumentar a área de sua superfície. Devido às suas dobras complexas, o neocórtex forma a maior parte do cérebro humano, sendo responsável por 80% de seu peso. O *Homo sapiens* desenvolveu uma testa grande para acomodar um neocórtex ainda maior; em particular, temos um lobo frontal onde lidamos com padrões mais abstratos relacionados a conceitos de alto nível.

Esta estrutura fina é formada basicamente por seis camadas, numeradas de I (a mais externa) a VI. Os axônios que emergem dos neurônios nas camadas II e III projetam-se para outras partes do neocórtex. Os axônios (*output*) das camadas V e VI ligam-se principalmente ao exterior do neocórtex, com o tálamo, o tronco encefálico e a medula espinhal. Os neurônios da camada IV recebem conexões sinápticas (*input*) de neurônios situados fora do neocórtex, especialmente no tálamo. O número de camadas varia levemente de região para região. A camada IV é muito fina no córtex motor, pois nessa área ele não recebe muitos estímulos do tálamo, do tronco encefálico ou da medula espinhal. Por outro lado, no lobo occipital (a parte do neocórtex que geralmente é responsável pelo processamento visual), há três subcamadas adicionais que podem ser vistas na camada IV, devido aos consideráveis estímulos que fluem para essa região, inclusive do tálamo.

Uma observação criticamente importante sobre o neocórtex é a extraordinária uniformidade de sua estrutura fundamental. O primeiro a perceber isso foi o neurocientista norte-americano Vernon Mountcastle (nascido em 1918). Em 1957, Mountcastle descobriu a organização colunar do neocórtex. Em 1978, ele fez uma observação que é tão importante para a neurociência quanto foi para a física o experimento de Michelson-Morley em 1887 negando o éter. Nesse ano, ele descreveu a organização notavelmente invariável do neocórtex, levantando a hipótese de que ele era formado por um único mecanismo repetido diversas vezes[2], e propondo a coluna cortical como essa unidade básica. As diferenças na altura de certas camadas nas várias regiões indicadas acima são simplesmente diferenças na quantidade de interconexões por cujo tratamento essas regiões são responsáveis.

Mountcastle levantou a hipótese da existência de minicolunas dentro das colunas, mas essa teoria tornou-se controversa porque não havia demarcações visíveis de tais estruturas menores. Contudo, experimentos detalhados revelaram que há, de fato, unidades que se repetem dentro da estrutura de neurônios de cada coluna. Acredito que a unidade básica seja um identificador de padrões e que este constitui o componente fundamental do neocórtex. Em contraste com a noção de uma minicoluna sugerida por Mountcastle, não existe um limite físico específico entre esses identificadores, pois eles se situam próximos um do outro de maneira entretecida, fazendo da coluna cortical simplesmente um agregado formado por um grande número deles. Esses identificadores são capazes de se ligar sozinhos uns com os outros ao longo de uma existência, de forma que a complexa conectividade (entre módulos) que vemos no neocórtex não está pré-especificada no código genético, sendo criada para refletir os padrões que efetivamente aprendemos ao longo do tempo. Vou explicar esta tese mais detalhadamente, mas afirmo que é assim que o neocórtex deve se organizar.

Devemos notar, antes de avançarmos na estrutura do neocórtex, que é importante criar modelos de sistemas no nível correto. Embora teoricamente a química seja baseada na física e possa ser derivada inteiramente da física, na prática essa tarefa seria complicada e inviável, tanto que a química estabeleceu suas próprias regras e modelos. De modo análogo, deveríamos poder deduzir as leis da termodinâmica da física, mas quando temos uma quantidade suficiente de partículas para chamá-las de gás e não apenas de um punhado de partículas, resolver as equações da física relativas a cada interação de partículas torna-se desesperador, ao passo que as leis da termodinâmica funcionam muito bem. Da mesma forma, a biologia tem suas próprias regras e modelos. Uma única célula da ilhota pancreática é imensamente complicada, especialmente se a modelarmos no nível das moléculas; modelar aquilo que o pâncreas faz em termos da regulagem do nível de insulina e das enzimas digestivas é uma tarefa bem menos complexa.

O mesmo princípio se aplica aos níveis de modelagem e de compreensão no cérebro. Claro que é útil e necessário fazer a engenharia reversa do cérebro para modelar suas interações no nível molecular, mas a meta de nosso esforço aqui é, basicamente, aprimorar nosso modelo para explicar como o cérebro processa informações para produzir significado cognitivo.

O cientista norte-americano Herbert A. Simon (1916-2001), considerado um dos fundadores do campo da inteligência artificial, escreveu eloquentemente sobre a questão de compreender sistemas complexos no nível correto de abstração. Ao descrever um programa de IA que ele idealizou chamado EPAM (sigla em inglês para perceptor e memorizador elementar), ele escreveu, em 1973: "Suponha que você tenha decidido compreender o misterioso programa EPAM que eu tenho. Eu poderia lhe apresentar duas versões dele. Uma seria [...] a forma na qual ele foi efetivamente escrito – com toda a sua estrutura de rotinas e sub-rotinas [...] Por outro lado, eu poderia lhe apresentar a versão em linguagem de máquina do EPAM após a tradução ter sido realizada – após ele ter sido achatado, por assim dizer [...] Creio que não preciso entrar em detalhes sobre qual dessas duas versões proporcionaria a descrição mais parcimoniosa, mais significativa, mais legítima [...] Nem vou lhe propor a terceira [...] de não lhe apresentar nenhum programa, mas sim as equações eletromagnéticas e as condições limítrofes a que o computador, visto como um sistema físico, teria de obedecer enquanto se comportasse como EPAM. Isso seria o apogeu da redução e da incompreensibilidade".[3]

Há mais ou menos meio milhão de colunas corticais num neocórtex humano, cada uma ocupando um espaço com cerca de 2 milímetros de altura e 0,5 milímetro de largura, contendo cerca de 60 mil neurônios (resultando num total aproximado de 30 bilhões de neurônios no neocórtex). Uma estimativa aproximada é que cada identificador de padrões dentro de uma coluna cortical contenha cerca de cem neurônios; assim, há ao todo cerca de 300 milhões de identificadores de padrões no neocórtex.

Para analisarmos o funcionamento desses identificadores de padrões, vou começar dizendo que é difícil saber precisamente por onde começar. Tudo acontece simultaneamente no neocórtex, de modo que seus processos não têm começo, nem fim. Vou precisar me referir com frequência a fenômenos que ainda não expliquei, mas aos quais planejo voltar; por isso, seja paciente com essas referências antecipadas.

Os seres humanos têm uma capacidade reduzida para processar a lógica, mas uma capacidade muito profunda e central pare reconhecer padrões. Para pensar de maneira lógica, precisamos usar o neocórtex, basicamente um grande identificador de padrões. Ele não é o mecanismo ideal para a realização de transformações lógicas, mas é o único aparato de que dispomos para essa tarefa. Compare, por exemplo, o modo como um ser humano joga xadrez ao modo como funciona um programa típico de xadrez para computador. O Deep Blue, computador que em 1997 derrotou Garry Kasparov, o campeão mundial humano de xadrez, era capaz de analisar as implicações lógicas de 200 milhões de posições no tabuleiro (representando diferentes sequências de movimento e contramovimento) por segundo. (Por falar nisso, alguns computadores pessoais são capazes de fazer isso hoje em dia.) Perguntaram a Kasparov quantas posições ele conseguia analisar a cada segundo, e ele respondeu que era menos do que uma. Como, então, ele foi capaz de chegar a enfrentar o Deep Blue? A resposta é a grande capacidade humana de reconhecimento de padrões. Entretanto, precisamos treinar esse talento, razão pela qual nem todos conseguem jogar xadrez no nível de um mestre.

Kasparov aprendeu cerca de 100 mil posições do tabuleiro. Esse é um número real – determinamos que um mestre humano num campo específico dominou cerca de 100 mil parcelas de conhecimento. Shakespeare escreveu suas peças com uns 100 mil sentidos de palavras (usando cerca de 29 mil palavras diferentes, a maioria delas de diversas maneiras). Sistemas médicos especializados, construídos para representar o conhecimento de um médico humano, mostraram que um especialista médico humano típico dominou cerca de 100 mil conceitos em sua especialidade. Identificar uma parcela de conhecimento nessa abundância não é algo objetivo, pois um item específico vai se apresentar de maneira um pouco diferente cada vez que nos defrontamos com ele.

Munido desse conhecimento, Kasparov observa o tabuleiro e compara os padrões que ele vê com todas as 100 mil situações de tabuleiro que ele dominou, e faz todas as 100 mil comparações simultaneamente. Há um consenso quanto a isso: todos os nossos neurônios estão processando – levando em conta os padrões – ao mesmo tempo. Isso não significa que todos estão disparando simultaneamente (provavelmente, cairíamos no chão se isso acontecesse), mas, enquanto realizam seu processamento, levam em conta a possibilidade de disparar.

Quantos padrões o neocórtex consegue armazenar? Precisamos considerar o fenômeno da redundância. O rosto de um ente querido, por exemplo, não está armazenado uma vez, mas milhares de vezes. Algumas dessas repetições são, principalmente, a mesma imagem do rosto, enquanto muitas mostram diferentes perspectivas dele, sob iluminação diferente, com expressões diferentes, e assim por diante. Nenhum desses padrões repetidos é armazenado como uma imagem por si só (ou seja, como grupos bidimensionais de pixels). Com efeito, são armazenados como listas de características, sendo que os elementos constitutivos de um padrão também são padrões. Mais adiante, vamos descrever com mais precisão a aparência dessas hierarquias de características e como elas se organizam.

Se considerarmos que o conhecimento central de um especialista consiste em aproximadamente 100 mil "pedaços" de conhecimento (ou seja, padrões), com uma redundância estimada em 100 para 1, isso nos dá um requisito de 10 milhões de padrões. Esse conhecimento especializado central é formado a partir de conhecimentos profissionais mais genéricos e amplos, e por isso podemos aumentar a ordem de grandeza dos padrões para 30 a 50 milhões. Nosso conhecimento de "senso comum" como ser humano é maior ainda; a "sabedoria das ruas", na verdade, exige bem mais do nosso neocórtex do que a "sabedoria dos livros". Se a incluirmos, nossa estimativa excederá bastante 100 milhões de padrões, levando em conta o fator de redundância de cerca de 100. Perceba que o fator de redundância está longe de ser fixo: padrões muito comuns terão um fator de redundância da ordem de milhares, enquanto um fenômeno extremamente recente pode ter um fator de redundância menor do que 10.

Como explico a seguir, nossos procedimentos e ações também compreendem padrões, e, do mesmo modo, estão armazenados em regiões do córtex; por isso minha estimativa da capacidade total do neocórtex humano é da ordem de poucas centenas de milhões de padrões. Essa conta aproximada correlaciona-se bem com o número de identificadores de padrões que estimei antes, 300 milhões, de modo que é uma conclusão razoável supor que a função de cada identificador de padrões neocortical é processar uma iteração de um padrão (ou seja, um exemplar em meio a tantos exemplares redundantes da maioria dos padrões no neocórtex). Nossas estimativas do número de padrões com que um cérebro humano é capaz de lidar (incluindo a necessária redundância) e o número de identificadores físicos de padrões têm a mesma ordem de grandeza. Devemos observar que quando me refiro ao "processamento" de um padrão, estou me referindo a todas as coisas que somos capazes de fazer com um padrão:

aprendê-lo, prevê-lo (inclusive partes dele), reconhecê-lo e implementá-lo (seja pensando mais nele, seja por meio de um padrão de movimento físico).

Trezentos milhões de processadores de padrões pode parecer um número grande, e de fato foi suficiente para permitir que o *Homo sapiens* desenvolvesse a linguagem verbal e escrita, todas as nossas ferramentas e tantas outras criações. Essas invenções se fizeram com base umas nas outras, dando origem ao crescimento exponencial do conteúdo informativo de tecnologias, conforme descrevo na minha lei dos retornos acelerados. Nenhuma outra espécie conseguiu isso. Como disse, umas poucas espécies, como os chimpanzés, parecem ter uma capacidade rudimentar para compreender e formar linguagem e para usar ferramentas primitivas. Afinal, eles também têm um neocórtex, mas sua capacidade é limitada em virtude de seu tamanho menor, especialmente do lobo frontal. O tamanho de nosso próprio neocórtex excedeu um nível que permitiu que nossa espécie desenvolvesse ferramentas cada vez mais poderosas, inclusive ferramentas que agora nos permitem compreender nossa própria inteligência. Em última análise, o cérebro humano, combinado à tecnologia produzida por ele, permitirá que criemos um neocórtex sintético que conterá bem mais do que meros 300 milhões de processadores de padrões. E por que não um bilhão? Ou um trilhão?

A estrutura de um padrão

A teoria da mente baseada em reconhecimento de padrões que apresento aqui fundamenta-se no reconhecimento de padrões por meio de módulos de reconhecimento de padrões no neocórtex. Esses padrões (e os módulos) organizam-se em hierarquias. Logo adiante, discuto as raízes intelectuais dessa ideia, inclusive meu próprio trabalho com o reconhecimento de padrões hierárquicos, nas décadas de 1980 e 1990, e o modelo do neocórtex no

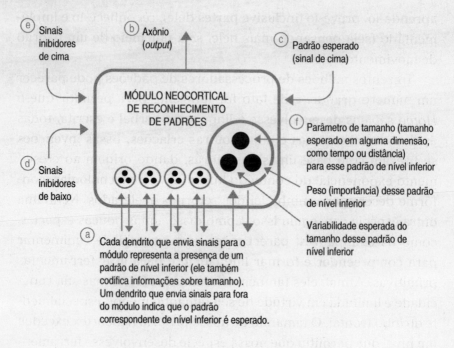

Módulo neocortical de reconhecimento de padrões

começo da década de 2000, proposto por Jeff Hawkins (nascido em 1957) e Dileep George (nascido em 1977).

Cada padrão (reconhecido por um identificador, numa estimativa de 300 milhões de identificadores de padrões do neocórtex) é composto de três partes. A primeira parte é o *input,* que consiste nos padrões de nível inferior que compõem o padrão principal. As descrições para cada um desses padrões de nível inferior não precisam ser repetidas para cada padrão de nível superior que se referencia com eles. Por exemplo, muitos padrões de palavras incluem a letra "A". Cada um desses padrões não precisa repetir a descrição da letra "A", mas vai usar a mesma descrição. Pense nele como o endereço de um site. Existe uma página da Internet (ou seja, um padrão) para a letra "A", e todas as outras páginas (padrões) da Internet para palavras que incluem "A" terão um link

• Um modelo do neocórtex • 63

com a página "A" (com o padrão "A"). Em vez de links da Internet, o neocórtex usa conexões neurais reais. Existe um axônio do identificador do padrão "A" que se conecta com diversos dendritos, um para cada palavra que usa "A". Leve em conta ainda o fator de redundância: há mais de um identificador de padrão para a letra "A". Cada um desses diversos identificadores de padrão "A" pode mandar um sinal para os identificadores de padrão que incorporam "A".

A segunda parte de cada padrão é o nome do padrão. No mundo da linguagem, esse padrão de nível superior é simplesmente a palavra "apple" (maçã). Embora usemos diretamente nosso neocórtex para compreender e processar todos os níveis de linguagem, a maioria dos padrões que ela contém não são padrões de linguagem em si. No neocórtex, o "nome" de um padrão é simplesmente o axônio que emerge de cada processador de pa-

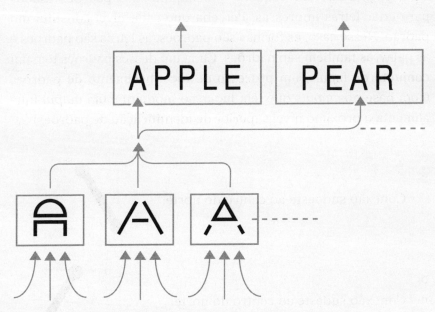

Três padrões redundantes (mas levemente diferentes) para "A" alimentando padrões de nível superior que incorporam "A"

drões; quando aquele axônio dispara, seu padrão correspondente foi percebido. O disparo do axônio é o identificador de padrões gritando o nome do padrão: "Ei, amigos, acabei de ver a palavra escrita 'apple'".

A terceira e última parte de cada padrão é o conjunto de padrões de nível superior de que ele, por sua vez, faz parte. Para a letra "A", ele é a totalidade das palavras que incluem "A". Mais uma vez, são como links da Internet. Cada padrão percebido num nível informa o nível seguinte de que parte daquele padrão de nível superior está presente. No neocórtex, esses links são representados por dendritos físicos que fluem para os neurônios em cada identificador de padrões cortical. Leve em conta o fato de que cada neurônio pode receber *inputs* de diversos dendritos, produzindo um único *output* para um axônio. Este axônio, porém, pode transmitir para diversos dendritos.

Para usar alguns exemplos simples, os padrões simples da próxima página são um pequeno subconjunto dos padrões usados para criar letras impressas. Perceba que cada nível constitui um padrão. Nesse caso, as formas são padrões, as letras são padrões e as palavras também são padrões. Cada um desses padrões tem um conjunto de *inputs*, um processo de reconhecimento de padrões (com base nos *inputs* que têm lugar no módulo) e um *output* (que alimenta o próximo nível superior de identificação de padrões).

Conexão sudoeste ao centro do norte:

Conexão sudeste ao centro do norte:

Barra transversal horizontal:

Linha vertical da extremidade esquerda:

Concavidade voltada para o sul:

Linha horizontal inferior:

Linha horizontal superior:

Linha horizontal do meio:

Circuito formando a região superior:

Os padrões anteriores são os elementos constitutivos do próximo nível superior de padrões, que é uma categoria chamada de letras impressas (mas não existe tal categoria formal dentro do neocórtex; na verdade, não há categorias formais).

"A":

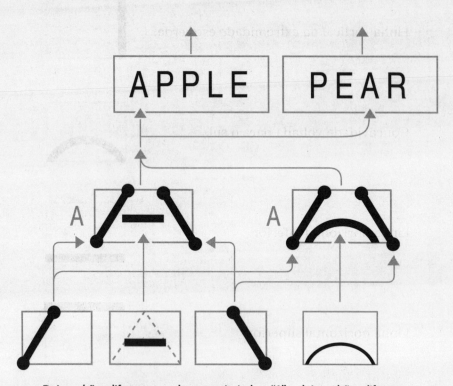

Dois padrões diferentes, ambos constituindo o "A", e dois padrões diferentes num nível superior ("APPLE" e "PEAR", ou pera), dos quais "A" é uma parte

"P":

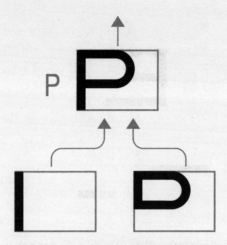

Padrões que fazem parte do padrão "P" de nível superior

"L":

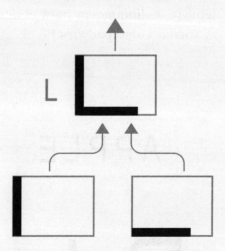

Padrões que fazem parte do padrão "L" de nível superior

"E":

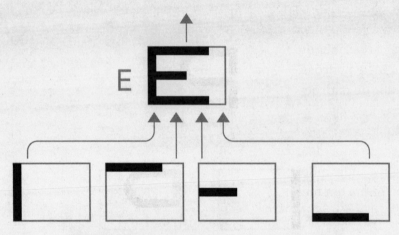

Padrões que fazem parte do padrão "E" de nível superior

Esses padrões de letras alimentam um padrão de nível ainda mais elevado, numa categoria chamada palavras. (A palavra "palavras" é nossa categoria de linguagem para esse conceito, mas o neocórtex trata-as apenas como padrões.)

"APPLE":

Numa parte diferente do córtex, há uma hierarquia comparável de identificadores de padrões que processam as próprias *imagens* dos objetos (e não das letras impressas). Se você olhar para uma maçã real, identificadores de baixo nível vão detectar extremidades curvas e padrões de cor da superfície que levam para um identificador de padrões que aciona seu axônio e diz: "Ei, pessoal, acabei de ver uma maçã de verdade". E outros identificadores de padrões vão detectar combinações de frequências sonoras que levam a um identificador de padrões no córtex auditivo que pode acionar seu axônio indicando: "Acabei de ouvir a palavra falada 'maçã'".

Tenha em mente o fator de redundância – não temos um identificador único de padrões para a "maçã" em cada uma de suas formas (escrita, falada, visual). É provável que centenas desses identificadores estejam disparando, se não mais. Não só a redundância aumenta a chance de identificarmos com sucesso cada surgimento de maçã, como lida com as variações nas maçãs do mundo real. No caso dos objetos maçãs, haverá identificadores de padrões que lidam com as formas mais variadas de maçãs: ângulos, cores, tonalidades, formas e variedades diferentes.

Além disso, lembre-se de que a hierarquia mostrada acima é uma hierarquia de *conceitos*. Esses identificadores não se situam fisicamente uns sobre os outros; em virtude da pequena espessura do neocórtex, ele tem a altura de apenas um identificador de padrões. A hierarquia conceitual é criada pelas conexões entre os diversos identificadores de padrões.

Um atributo importante da TMRP é o modo como a identificação se dá dentro de cada módulo de identificação de padrões. Há, nesse módulo, um peso para cada *input* de dendrito, indicando a importância desse *input* para a identificação. O identificador de padrões tem um limiar de disparo (que indica que esse identificador de padrões identificou com sucesso o padrão pelo qual ele é responsável). Nem todo padrão de *input* precisa estar presente para que o identificador dispare. O identificador pode disparar se faltar um *input* de pouco peso, mas é menos provável que dispare se faltar um impulso importante. Quando dispara, o identificador de padrões está dizendo basicamente isto: "É provável que o padrão pelo qual sou responsável esteja presente".

A identificação bem-sucedida de seu padrão por um módulo vai além da simples contagem dos *inputs* ativados (até numa conta na qual o parâmetro de importância está presente). O tamanho (de cada *input*) é importante. Há outro parâmetro (para cada *input*) indicando o tamanho esperado do *input*, e mais um indicando a variação desse tamanho. Para entender como isso funciona, suponha que temos um identificador de padrões responsável pela identificação da palavra, falada em inglês, "steep" ("íngreme", que se pronuncia *stiip*). Essa palavra falada tem quatro sons: [s], [t], [E] e [p]. O fonema [t] é conhecido como "consoante dental", o que significa que é criado pela língua que gera uma explosão de ruído quando o ar interrompe seu contato com os dentes superiores. É praticamente impossível articular o fonema [t] lentamente. O fonema [p] é considerado uma "consoante plosiva", ou "oral oclusiva", o que significa que é criado quando o trato vocal é bloqueado subitamente (pelos lábios no caso do [p]), de modo que o ar não passa mais por eles. Ele também é necessariamente rápido. A vogal [E] é causada pela ressonância das cordas vocais e da boca aberta. É considerada uma "vogal longa", o que significa que persiste por um tempo muito maior do que consoantes como [t] e [p]; no entanto, sua duração pode variar bastante. O fonema [s] é conhecido como "consoante sibilante", sendo causado pela passagem do ar contra as arestas dos dentes mantidos juntos. Sua duração costuma ser menor do que a de uma vogal longa como [E], mas também é variável (noutras palavras, o [s] pode ser pronunciado rapidamente, ou pode ser arrastado).

Em nosso trabalho com o reconhecimento de fala, descobrimos que é necessário codificar esse tipo de informação a fim de identificar padrões de fala. Por exemplo, as palavras "step" ("passo") e "steep" são muito similares. Embora o fonema [e] em "step" e o [E] de "steep" sejam vogais com sons um pouco diferentes (pelo fato de terem diferentes frequências de ressonância), não é confiável distinguir essas duas palavras com base nesses sons de vogais, que normalmente são confundidos. É muito mais confiável considerar a observação de que o [e] de "step" é relativamente breve em comparação com o [E] de "steep".

Podemos codificar este tipo de informação com dois números para cada *input*: o tamanho esperado e o grau de variabilidade desse tamanho. No exemplo do "steep", [t] e [p] teriam uma breve duração esperada, bem como uma pequena variabilidade esperada (ou seja, não esperamos ouvir tt e pp longos). O som [s] teria uma duração esperada breve, mas uma variabilidade maior, pois é possível arrastá-lo. O som [E] tem uma duração esperada longa, bem como um elevado grau de variabilidade.

Em nossos exemplos de fala, o parâmetro "tamanho" refere-se à duração, mas o tempo é apenas uma dimensão possível. Em nosso trabalho com o reconhecimento de caracteres, descobrimos que informações especiais comparáveis eram importantes a fim de identificar letras impressas (por exemplo, espera-se que o pingo sobre a letra "i" seja bem menor do que a porção sob o pingo). Em níveis bem mais elevados de abstração, o neocórtex vai lidar com padrões com toda espécie de *continuum*, como níveis de atratividade, ironia, felicidade, frustração e milhares de outros. Podemos traçar semelhanças entre *continua* bem distintos, como Darwin fez ao relacionar o tamanho físico dos cânions geológicos com o grau de diferenciação entre espécies.

Num cérebro biológico, a fonte desses parâmetros provém da própria experiência do cérebro. Não nascemos com um conhecimento inato de fonemas; na verdade, cada língua tem conjuntos de sons bem diferentes. Isso implica que exemplos múltiplos de um padrão são codificados nos parâmetros aprendidos de cada identificador de padrões (uma vez que é preciso haver diversas ocorrências de um padrão para auferir a distribuição esperada das magnitudes dos *inputs* que chegam ao padrão). Em alguns sistemas de IA, parâmetros desses tipos são codificados à mão por especialistas (por exemplo, linguistas que podem nos informar a duração esperada de cada fonema, como dito antes). Em meu trabalho nessa área, descobrimos que fazer com que um sistema de IA descubra esses parâmetros por si só a partir de dados de treinamento (tal como faz o cérebro) era uma abordagem preferível. Às vezes, usamos uma abordagem híbrida; ou seja, preparamos o sistema com a intuição dos especialistas humanos (formando as configurações iniciais dos parâmetros) e depois fizemos com que o sistema de IA aprimorasse automaticamente essas estimativas usando um processo de aprendizado baseado em exemplos reais de fala.

Aquilo que o módulo de identificação de padrões está fazendo é computar a probabilidade (com base em toda sua experiência prévia) de que o padrão por cuja identificação ele é responsável está sendo de fato representado no momento por seus *inputs* ativos. Cada *input* específico que vai para o módulo estará ativo se o identificador de padrões de nível inferior correspondente estiver disparando (o que significa que o padrão de nível inferior foi identificado). Cada *input* codifica ainda o tamanho observado (numa dimensão apropriada, como duração, magnitude física ou outro *continuum* qualquer), de modo que o tamanho pode ser comparado pelo módulo (com os parâmetros de tamanho já armazenados para cada *input*), calculando a probabilidade geral do padrão.

Como o cérebro (e um sistema de IA) pode computar a probabilidade geral de que o padrão (que o módulo tem a responsabilidade de identificar) está presente, tendo em vista (1) os *inputs* (cada um com um tamanho observado), (2) os parâmetros de tamanho armazenados (o tamanho esperado e a variabilidade de tamanho) de cada *input* e (3) os parâmetros de importância de cada *input*? Nas décadas de 1980 e 1990, eu e outros promovemos um método matemático chamado Modelos Hierárquicos Ocultos de Markov para aprender esses parâmetros e depois usá-los para identificar padrões hierárquicos. Usamos essa técnica para o reconhecimento da fala humana, bem como para compreender a linguagem natural. Descrevo mais detalhadamente essa abordagem no capítulo 7.

Voltando ao fluxo de identificação entre um nível de identificadores de padrões e o seguinte, no exemplo acima vemos a informação ascendendo pela hierarquia conceitual, desde características básicas das letras, passando para as letras e destas para as palavras. A identificação vai continuar a subir daí para frases e depois para estruturas de linguagem mais complexas. Se subirmos por dezenas de níveis adicionais, chegaremos a conceitos de nível superior, como ironia e inveja. Apesar de todos os identificadores de padrões trabalharem simultaneamente, leva algum tempo para que a identificação suba nessa hierarquia conceitual. A passagem pelos níveis leva desde alguns centésimos até alguns décimos de segundo para ser processada. Experimentos mostraram que um padrão de nível moderadamente elevado, como um rosto, toma um décimo de segundo, no mínimo. Pode chegar a um segundo, caso haja distorções significativas. Se o cérebro fosse sequencial (como os computadores convencionais) e realizasse cada reconhecimento de padrões em sequência, ele precisaria levar em conta todos os possíveis padrões de nível inferior antes de passar para o nível seguinte. Logo, levaria muitos milhões de ciclos só para subir um nível. É exatamente o que acontece quando simulamos esses processos num computador. Mas lembre-se, porém, de que os computadores processam informações numa velocidade milhões de vezes maior que a de nossos circuitos biológicos.

Um ponto muito importante a se destacar aqui é que a informação flui pela hierarquia conceitual de forma tanto descendente como ascendente. Com efeito, o fluxo descendente é até mais significativo. Se, por exemplo, estamos lendo da esquerda para a direita e já vimos e identificamos as letras "A", "P", "P" e "L", o identificador de "APPLE" vai prever que é provável que se encontre um "E" na posição seguinte. Ele vai enviar um sinal *para baixo* ao identificador de "E", dizendo algo como "Por favor, saiba que existe a grande possibilidade de que você veja seu padrão 'E' muito em breve, por isso fique atento". Então, o identificador de "E" ajusta seu limiar de tal modo que ele aumenta a possibilidade de identificar um "E". Se aparecer a seguir uma imagem vagamente parecida com um "E", mas borrada a ponto de não poder ser identificada como um "E" em circunstâncias normais, o identificador de "E" pode, ainda assim, indicar que ele viu de fato um "E", pois este era esperado.

O neocórtex, portanto, está prevendo aquilo que espera encontrar. Vislumbrar o futuro é uma das principais razões para termos um neocórtex. No nível conceitual mais elevado, estamos sempre fazendo predições – quem vai passar depois pela porta, o que alguém deve dizer em seguida, o que esperamos ver ao dobrar a esquina, os resultados mais prováveis de nossas próprias ações e assim por diante. Essas predições acontecem sempre em todos os níveis da hierarquia do neocórtex. Geralmente, deixamos de reconhecer pessoas, coisas e palavras porque nosso limiar para a confirmação de um padrão esperado é baixo demais.

Além de sinais positivos, há ainda sinais negativos ou inibidores que indicam que é pouco provável que exista um padrão determinado. Eles podem vir de níveis conceituais inferiores (como a identificação de um bigode que inibe a probabilidade de que a pessoa que vejo na fila do caixa seja a minha esposa) ou de um nível superior (sei, por exemplo, que minha esposa está viajando, e por isso a pessoa na fila do caixa não pode ser ela). Quando um identificador de padrões recebe um sinal inibidor, ele eleva o limiar de identificação, mas ainda existe a possibilidade de o padrão disparar (de modo que se a pessoa na fila for mesmo minha esposa, eu ainda poderei reconhecê-la).

A natureza dos dados que fluem para um Identificador de Padrões Neocortical

Vamos compreender melhor a aparência dos dados de um padrão. Se o padrão for um rosto, os dados existem, no mínimo, em duas dimensões. Não podemos dizer que os olhos vêm necessariamente antes, seguidos pelo nariz e assim por diante. O mesmo se aplica à maioria dos sons. Uma peça musical tem duas dimensões, no mínimo. Pode haver mais de um instrumento e/ou voz fazendo sons ao mesmo tempo. Além disso, uma única nota de um instrumento complexo como o piano consiste em diversas frequências. Uma única voz humana consiste em diversos níveis de energia em dezenas de faixas de frequência simultaneamente. Por isso, um padrão sonoro pode ser complexo num momento qualquer, e esses momentos complexos se estendem no tempo. *Inputs* táteis também são bidimensionais, pois a pele é um órgão bidimensional dos sentidos, e tais padrões podem mudar ao longo da terceira dimensão, o tempo.

Logo, tem-se a impressão de que o *input* que vai para um processador de padrões neocortical deve abranger padrões bidimensionais, ou mesmo tridimensionais. No entanto, podemos ver na estrutura do neocórtex que os *inputs* de padrões são apenas listas unidimensionais. Todo o nosso trabalho no campo da criação de sistemas artificiais de identificação de padrões (como sistemas de reconhecimento visual e de fala) demonstra que podemos representar (e representamos) fenômenos bidimensionais e tridimensionais com essas listas unidimensionais. Vou descrever o funcionamento de tais métodos no capítulo 7, mas por enquanto podemos seguir adiante com o entendimento de que o *input* para cada processador de padrões é uma lista unidimensional, mesmo que o padrão em si possa refletir intrinsecamente mais de uma dimensão.

Neste ponto, devemos levar em conta o *insight* de que os padrões que aprendemos a identificar (por exemplo, um cão específico ou a ideia genérica de um "cão", uma nota musical ou uma peça musical) são exatamente o mesmo mecanismo que serve de base para nossas memórias. Na verdade, nossas memórias são padrões organizados como listas (sendo que cada item de cada lista é outro padrão na hierarquia cortical) que aprendemos e depois reconhecemos quando recebemos o estímulo apropriado. Com efeito, as memórias existem no neocórtex para serem identificadas.

A única exceção a isso está no mais baixo nível conceitual possível, em que os *inputs* de um padrão representam informações sensoriais específicas (por exemplo, dados de imagem provenientes do nervo óptico). Mesmo esse nível mais baixo de padrão, porém, já terá sido significativamente transformado em padrões simples antes de chegar ao córtex. As listas de padrões que constituem uma memória estão na ordem progressiva, e só podemos nos lembrar de nossas memórias nessa ordem, razão pela qual temos dificuldade para invertê-las.

Uma memória precisa ser ativada por outro pensamento/memória (estes são a mesma coisa). Podemos experimentar esse mecanismo de ativação quando identificamos um padrão. Quando identificamos "A", "P", "P" e "L", o padrão "A P P L E" predisse que veríamos um "E" e disparou o padrão "E", que agora é esperado. Portanto, nosso córtex está "pensando" em ver um "E" antes mesmo que o vejamos. Se essa interação específica em nosso córtex recebe nossa atenção, vamos pensar no "E" antes de vê-lo, ou mesmo que nunca o vejamos. Um mecanismo similar aciona antigas memórias. Geralmente, há toda uma cadeia desses links. Mesmo que tenhamos algum grau de percepção das memórias (ou seja, dos padrões) que evocaram a memória antiga, as memórias (padrões) não têm rótulos de linguagem ou de imagem. É por isso que memórias antigas parecem brotar repentinamente em nossa percepção. Tendo ficado enterradas e inativas até por anos, elas precisam de um gatilho, do mesmo modo que uma página da Internet precisa de um link para ser ativada. E assim como uma página da Internet pode ficar "órfã" porque nenhuma página tem links com ela, o mesmo pode acontecer com nossas memórias.

Nossos pensamentos são, na maioria, ativados num de dois modos: não direcionado e direcionado, ambos usando essas mesmas ligações corticais. No modo não direcionado, permitimos que as ligações se formem sozinhas, sem tentar movê-las para alguma direção específica. Algumas formas de meditação (como a Meditação

Transcendental, que eu pratico) baseiam-se em deixar a mente fazer exatamente isso. Os sonhos também possuem essa qualidade.

No pensamento direcionado, tentamos introduzir um processo mais organizado para evocar uma memória (uma história, por exemplo) ou solucionar um problema. Isso envolve ainda o estudo de listas do neocórtex, mas a agitação menos estruturada do pensamento não direcionado também vai acompanhar o processo. Portanto, o conteúdo completo de nosso pensamento é bem desordenado, um fenômeno que James Joyce destacou em seus romances como "fluxo de consciência".

Quando você pensa nas memórias, histórias ou padrões de sua vida, quer envolvam um encontro casual com uma mãe e seu bebê num carrinho durante uma caminhada, quer envolvam a importante narrativa sobre o modo como você conheceu sua esposa, suas memórias consistem numa sequência de padrões. Como esses padrões não são rotulados com palavras, sons, imagens ou vídeos, quando você tenta se recordar de um evento significativo, está basicamente reconstruindo as imagens na mente, pois as imagens em si não existem.

Se fôssemos "ler" a mente de alguém e espiar exatamente o que está acontecendo em seu neocórtex, seria muito difícil interpretar as memórias, quer observássemos os padrões que simplesmente estão armazenados no neocórtex aguardando para ser disparados, quer observássemos aqueles que foram disparados e que atualmente são vivenciados como pensamentos ativos. Aquilo que nós "veríamos" seria a ativação simultânea de milhões de identificadores de padrões. Um centésimo de segundo depois, veríamos um conjunto diferente, formado por um número comparável de identificadores de padrões ativados. Cada um dos padrões seria uma lista de outros padrões, e cada um desses padrões seria uma lista de outros padrões, e assim por diante, até atingirmos os padrões mais simples e elementares do nível mais baixo. Seria extremamente difícil interpretar o significado desses padrões de níveis superiores sem copiar efetivamente *todas* as informações em todos os níveis para nosso próprio córtex. Assim, cada padrão em nosso neocórtex só é significativo à luz de todas as informações carregadas nos níveis abaixo dele. Ademais, outros padrões no mesmo nível e em níveis mais elevados também são relevantes para a interpretação de um padrão em especial, pois eles proporcionam o contexto. A verdadeira leitura da mente, portanto, exigiria não apenas a detecção das ativações dos axônios relevantes no cérebro de uma pessoa, mas um exame de todo o seu neocórtex, com todas as suas memórias, para compreender essas ativações.

Quando vivenciamos nossos próprios pensamentos e memórias, "sabemos" o que significam, mas eles não existem como lembranças e pensamentos prontamente explicáveis. Se quisermos compartilhá-los com outras pessoas, será preciso traduzi-los numa linguagem. Essa tarefa também é realizada pelo neocórtex, usando identificadores de padrões treinados com padrões que aprendemos com a finalidade de usar a linguagem. A linguagem em si é altamente hierárquica e evoluiu para tirar proveito da natureza hierárquica do neocórtex, que, por sua vez, reflete a natureza hierárquica da realidade. A capacidade inata dos humanos para aprender as estruturas hierárquicas da linguagem sobre as quais Noam Chomsky escreveu reflete a estrutura do neocórtex. Num trabalho datado de 2002 do qual foi coautor, Chomsky cita o atributo da "recursão" como responsável pela singular faculdade da espécie humana para a linguagem.[4] Segundo Chomsky, recursão é a capacidade de reunir partes menores num todo maior, usando esse todo como parte de outra estrutura e continuando iterativamente com esse processo. Desse modo, podemos construir as complexas estruturas de frases e de parágrafos a partir de um conjunto limitado de palavras. Embora Chomsky não estivesse se referindo explicitamente nesse trabalho à estrutura do cérebro, a capacidade que ele está descrevendo é exatamente aquilo que o neocórtex faz.

Na maioria dos casos, espécies inferiores de mamíferos usam seu neocórtex para os desafios de seu estilo de vida particular.

A espécie humana adquiriu capacidades adicionais graças à formação de uma quantidade substancialmente maior de córtex para lidar com a linguagem falada e escrita. Algumas pessoas aprenderam tais habilidades melhor do que outras. Se contamos uma história específica diversas vezes, vamos, na verdade, começar a aprender a sequência de linguagem que descreve a história como uma série de sequências separadas. Mesmo neste caso, nossa memória não será uma sequência estrita de palavras, mas de estruturas de linguagem que precisaremos traduzir em sequências específicas de palavras todas as vezes que formos contar a história. É por isso que contamos uma história de forma um pouco diferente cada vez que a compartilhamos (a menos que saibamos da sequência exata de palavras como um padrão).

Para cada uma dessas descrições de processos mentais específicos, precisamos levar em conta a questão da redundância. Como mencionei, não temos um padrão único para representar as entidades importantes em nossas vidas, quer elas constituam categorias sensoriais, conceitos de linguagem ou memórias de eventos. Cada padrão importante – em todos os níveis – é repetido muitas vezes. Algumas dessas recorrências representam repetições simples, enquanto muitas representam pontos de vista ou perspectivas diferentes. Essa é a principal razão pela qual conseguimos identificar um rosto familiar sob diversos ângulos e várias condições de iluminação. A cada nível que se sobe na hierarquia, temos redundâncias substanciais, permitindo uma variabilidade suficiente e consistente com esse conceito.

Logo, se fôssemos imaginar um exame de nosso neocórtex enquanto estivéssemos olhando para determinado ente querido, veríamos uma grande quantidade de disparos dos axônios dos identificadores de padrões em todos os níveis, desde o nível básico dos padrões sensoriais primitivos até muitos padrões diferentes representando a imagem desse ente querido. Também veríamos uma quantidade gigantesca de disparos representando outros aspectos da situação, como os movimentos dessa pessoa, aquilo que

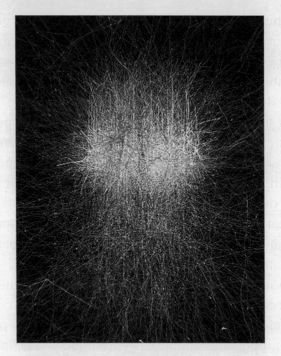

Simulação feita em computador dos disparos de muitos
identificadores de padrões simultâneos no neocórtex

ela está dizendo e assim por diante. Logo, se a experiência parece muito mais rica do que uma mera viagem organizada em ascensão através de uma hierarquia de características, é porque ela é.

Mas o mecanismo básico de ascensão por uma hierarquia de identificadores de padrões, na qual cada nível conceitual superior representa um conceito mais abstrato e mais integrado, permanece válido. O fluxo de informação descendente é maior ainda, pois cada nível ativado de padrão identificado envia predições para o identificador de padrões seguinte no nível inferior, dizendo o que ele pode encontrar a seguir. A aparente exuberância da experiência humana resulta do fato de que todas as centenas de milhões de identificadores de padrões de nosso neocórtex estão analisando seus *inputs* ao mesmo tempo.

No capítulo 5, vou discutir o fluxo de informações do tato, da visão, da audição e de outros órgãos sensoriais para o neocórtex. Esses *inputs* primários são processados por regiões corticais dedicadas a tipos relevantes de *input* sensorial (embora haja uma enorme plasticidade nas atribuições dessas regiões, refletindo a uniformidade básica de função no neocórtex). A hierarquia conceitual prossegue acima dos conceitos mais elevados em cada região sensorial do neocórtex. As áreas de associação cortical integram *inputs* dos diferentes *inputs* sensoriais. Quando ouvimos alguma coisa que pode se parecer com a voz do cônjuge, e vemos alguma coisa que pode indicar sua presença, não nos dedicamos a um complexo processo de dedução lógica; percebemos instantaneamente que nosso cônjuge está presente a partir da combinação dessas percepções sensoriais. Integramos todas as pistas sensoriais e perceptuais pertinentes – talvez até o cheiro de seu perfume ou colônia – como uma percepção em diversos níveis.

Num nível conceitual acima das áreas de associação sensorial cortical, somos capazes de lidar (perceber, lembrar e pensar) com conceitos ainda mais abstratos. No nível mais elevado, identificamos padrões como *isto é engraçado*, ou *ela é bonita*, ou *isto é irônico*, e assim por diante. Nossas memórias incluem também esses padrões abstratos de identificação. Por exemplo, podemos nos lembrar de que estávamos caminhando com uma pessoa e ela disse algo engraçado, e rimos, embora não nos lembremos da piada em si. A sequência da memória para essa recordação simplesmente registrou a percepção do humor, mas não o conteúdo exato daquilo que foi engraçado.

No capítulo anterior, comentei que geralmente podemos identificar um padrão mesmo que não o reconheçamos bem o suficiente para podermos descrevê-lo. Por exemplo, creio que eu poderia identificar uma foto da mulher com o carrinho de bebê que vi pela manhã em meio a um grupo de fotos de outras mulheres, apesar do fato de eu não conseguir efetivamente visualizá-la e de não poder descrever muitos detalhes sobre ela. Nesse caso, a lembrança que tenho dela é uma lista de certas características de nível superior. Essas características não possuem rótulos de linguagem ou de imagem associados a elas, e não são imagens com pixels; assim, embora possa pensar nela, não consigo descrevê-la. Mas se me apresentarem uma foto dela, posso processar a imagem, e com isso reconheço as mesmas características de nível superior que foram percebidas da primeira vez que a vi. Portanto, eu seria capaz de determinar que as características coincidem e escolheria a foto com confiança.

Apesar de ter visto essa mulher apenas uma vez durante uma caminhada, é provável que haja diversas cópias de seu padrão em meu neocórtex. No entanto, se eu não pensar nela por determinado período, esses identificadores de padrões serão redesignados para outros padrões. É por isso que as memórias vão esmaecendo com o tempo: a quantidade de redundância vai se reduzindo até essas memórias se extinguirem. Entretanto, agora que preservei a memória dessa mulher específica escrevendo aqui sobre ela, provavelmente não me esquecerei dela com tanta facilidade.

Autoassociação e invariância

No capítulo anterior, discuti como identificar um padrão, mesmo que o padrão total não esteja presente, e mesmo que esteja distorcido. A primeira capacidade é chamada de autoassociação: a habilidade de associar um padrão com uma parte dele mesmo. A estrutura de cada identificador de padrões apoia intrinsecamente essa capacidade.

À medida que cada *input* de um identificador de padrões de nível inferior sobe para outro de nível mais elevado, a conexão pode ganhar um "peso", indicando a importância desse elemento específico no padrão. Logo, os elementos mais importantes de um padrão terão um peso maior ao analisarmos se o padrão deve se acionar como "identificado". A barba de Lincoln, as costeletas de Elvis e a famosa careta de Einstein com a língua para fora devem ter um peso importante nos padrões que assimilamos sobre a aparência dessas figuras icônicas. O identificador de padrões calcula a probabilidade que leva em conta os parâmetros de importância. Logo, a probabilidade geral será mais baixa se faltar um elemento ou mais, embora o limiar de identificação possa ter sido atendido. Como disse, o cálculo da probabilidade geral (de que o padrão está presente) é mais complicado do que uma simples soma ponderada, pois os parâmetros de tamanho também precisam ser considerados.

Se o identificador de padrões recebeu um sinal de um identificador de nível superior informando que seu padrão é "esperado", então o limiar é baixado de fato (ou seja, é atingido com mais facilidade). Por outro lado, esse sinal pode simplesmente ser adicionado ao total de *inputs* ponderados, compensando assim um elemento faltante. Isso acontece em todos os níveis, de modo que um padrão como um rosto que esteja vários níveis acima da base pode ser identificado, mesmo que faltem diversas características.

A habilidade de identificar padrões mesmo quando seus aspectos foram transformados é chamada de invariância de características, e é tratada de quatro maneiras. Primeiro, há transformações globais que são realizadas antes que o neocórtex receba dados sensoriais. Vamos discutir a viagem dos dados sensoriais desde os olhos, ouvidos e pele na seção "O caminho sensorial", na página 122.

O segundo método tira proveito da redundância em nossa memória cortical de padrões. Para itens importantes, em especial, aprendemos muitos pontos de vista e ângulos diferentes para cada padrão. Assim, as diversas variações são armazenadas e processadas separadamente.

O terceiro método, e mais poderoso, é a habilidade de combinar duas listas. Uma lista pode ter um conjunto de transformações que aprendemos que podem se aplicar a certa categoria de padrão; o córtex vai aplicar essa mesma lista de mudanças possíveis noutro padrão. É assim que compreendemos fenômenos de linguagem como metáforas e comparações.

Aprendemos, por exemplo, que certos fonemas (os sons básicos da linguagem) podem faltar na linguagem falada (como "vamo").

Então, se aprendermos uma nova palavra falada (como "estamos"), seremos capazes de identificar essa palavra se um de seus fonemas estiver faltando, mesmo que nunca tenhamos visto essa palavra dessa forma antes, pois nos familiarizamos com o fenômeno geral da omissão de certos fonemas. Como exemplo adicional, podemos aprender que determinado artista gosta de enfatizar certos elementos de um rosto tornando-os maiores, como o nariz. Então, podemos identificar um rosto com o qual estamos familiarizados ao qual foram aplicadas modificações, mesmo que nunca tenhamos visto essa modificação nesse rosto. Certas modificações artísticas enfatizam as características que nosso neocórtex reconhece com base nos identificadores de padrões. Como disse, é exatamente essa a base das caricaturas.

O quarto método deriva dos parâmetros de tamanho que permitem que um único módulo codifique múltiplas ocorrências de um padrão. Por exemplo, ouvimos muitas vezes a palavra "steep". Um módulo específico de identificação de padrões que está reconhecendo essa palavra falada pode codificar esses diversos exemplos indicando que a duração de [E] tem uma elevada variabilidade esperada. Se todos os módulos para palavras que incluem [E] compartilharem um fenômeno similar, essa variabilidade poderia ser codificada nos modelos para o próprio [E]. Entretanto, palavras diferentes que incorporam [E] (ou vários outros fonemas) podem ter quantidades diferentes de variabilidade esperada. Por exemplo, é provável que a palavra "peak" ("pico") não tenha um fonema [E] tão prolongado quanto na palavra "steep".

Aprendizado

> Não estamos criando nossos sucessores na supremacia da Terra? Acrescentando algo diariamente à beleza e à delicadeza de sua organização, dando-lhes diariamente mais habilidade e fornecendo mais e mais daquele poder

> autorregulador e automotivador que será melhor do que qualquer intelecto?
>
> – Samuel Butler, 1871

> As principais atividades do cérebro estão produzindo mudanças nelas mesmas.
>
> – Marvin Minsky, *A sociedade da mente*

Até agora, examinamos o modo como identificamos padrões (sensoriais e perceptivos) e nos recordamos de sequências de padrões (nossas memórias de coisas, pessoas e eventos). Contudo, não nascemos com um neocórtex repleto de qualquer um desses padrões. Nosso neocórtex é um território virgem quando o cérebro é criado. Ele tem a capacidade de aprender e, portanto, de criar conexões entre seus identificadores de padrões, mas conquista essas conexões a partir da experiência.

Esse processo de aprendizado começa antes mesmo de nascermos, ocorrendo simultaneamente com o processo biológico do crescimento do cérebro. O feto já tem cérebro com um mês, embora seja essencialmente um cérebro reptiliano, pois o feto passa efetivamente por uma recriação em alta velocidade da evolução biológica no útero. O cérebro natal é claramente um cérebro humano com neocórtex humano na época em que atinge o terceiro trimestre de gravidez. Nesse momento, o feto está tendo experiências e o neocórtex está aprendendo. Ele pode ouvir sons, especialmente os batimentos cardíacos de sua mãe, uma das possíveis razões para que as qualidades rítmicas da música sejam universais na cultura humana. Toda civilização já descoberta teve a música como parte de sua cultura, o que não é o caso de outras formas de arte, como a pictórica. Além disso, o ritmo da música é comparável com nossos batimentos cardíacos. É claro que os ritmos musicais variam – do contrário, a música não manteria nosso interesse – mas os batimentos cardíacos também variam. Um batimento cardíaco excessivamente regular é, na verdade, sintoma de um coração doente. Os olhos de um feto abrem-se parcialmente 26 semanas após a concepção, e ficam totalmente abertos na maior parte do tempo, cerca de 28 semanas após a concepção. Talvez não haja tanta coisa para ser vista dentro do útero, mas há padrões de claro e escuro que o neocórtex começa a processar.

Assim, apesar de um bebê recém-nascido ter tido algumas experiências no útero, elas são claramente limitadas. O neocórtex também pode aprender com o cérebro primitivo (um assunto que trato no capítulo 5), mas, de modo geral, ao nascer, a criança tem muito para aprender – tudo, desde formas e sons primitivos básicos até metáforas e sarcasmos.

O aprendizado é crítico para a inteligência humana. Se fôssemos modelar e simular perfeitamente o neocórtex humano (como o Projeto Blue Brain está tentando fazer) e todas as outras regiões cerebrais que ele exige para funcionar (como o hipocampo e o tálamo), ele não conseguiria fazer muita coisa – assim como um bebê recém-nascido não consegue fazer muita coisa (além de ser engraçadinho, que é definitivamente uma importante adaptação para a sobrevivência).

Aprendizado e identificação ocorrem de maneira simultânea. Começamos a aprender imediatamente, e assim que aprendemos um padrão, começamos a reconhecê-lo também imediatamente. O neocórtex está sempre tentando entender os *inputs* que lhe são apresentados. Se um nível específico não consegue processar e reconhecer plenamente um padrão, ele o envia para o próximo nível superior. Se nenhum dos níveis conseguir identificar um padrão, ele será considerado um novo padrão. Classificar um padrão como novo não significa necessariamente que todos os seus aspectos são novos. Se estamos olhando para os quadros de um determinado artista e vemos a cara de um gato com a tromba de um elefante, seremos capazes de identificar cada uma das características distintas, mas vamos perceber que essa combinação de padrões é uma coisa nova, e provavelmente vamos nos lembrar dela. Níveis conceituais superiores do neocórtex, que compreendem contextos – por exemplo, a circunstância de que esse quadro é um exemplo do trabalho de determinado artista e que estamos assistindo à apresentação de novas obras desse artista – vão notar a combinação incomum de padrões nessa cara de gato-elefante, mas também vão incluir esses detalhes contextuais como padrões de memória adicionais.

Novas memórias, como a cara de gato-elefante, são armazenadas num identificador de padrões disponível. O hipocampo é fundamental nesse processo, e vamos discutir o que se conhece sobre os verdadeiros mecanismos biológicos no capítulo seguinte. No que concerne a nosso modelo do neocórtex, basta dizer que padrões que não são identificados são armazenados como novos padrões, sendo conectados apropriadamente aos padrões de nível inferior que os formam. A cara do gato-elefante, por exemplo, ficará armazenada de diversas maneiras distintas: a disposição inovadora das partes de rostos também será armazenada, bem como memórias contextuais que incluem o artista, a situação e talvez o fato de termos rido quando vimos a imagem pela primeira vez.

Memórias identificadas com sucesso também podem resultar na criação de um novo padrão para obter maior redundância. Se os padrões não forem identificados perfeitamente, é provável que sejam armazenados como um ponto de vista diferente do item que foi identificado.

Qual, então, é o método geral para determinar quais padrões são armazenados? Em termos matemáticos, o problema pode ser posto da seguinte maneira: usando os limites disponíveis de armazenamento de padrões, como representamos da melhor maneira possível os padrões de *inputs* apresentados até o momento? Embora pareça sensato permitir certa dose de redundância, não seria prático ocupar toda a área de armazenamento disponível (ou seja, todo o neocórtex) com padrões repetidos, pois isso não permitiria uma diversidade adequada de padrões. Um padrão como o fonema [E] em palavras escritas é algo que já encontramos inúmeras vezes. É um padrão simples de frequências sonoras, e, sem dúvida, desfruta de significativa redundância em nosso neocórtex. Poderíamos ocupar todo o neocórtex com padrões repetidos do fonema [E]. No entanto, existe um limite para a redundância útil, e um padrão comum como esse claramente o atingiu.

Existe uma solução matemática para esse problema de otimização, chamada programação linear, que obtém a melhor alocação possível de recursos limitados (neste caso, um número limitado de identificadores de padrões) que representariam todos os casos nos quais o sistema foi treinado. A programação linear destina-se a sistemas com *inputs* unidimensionais, outro motivo pelo qual é bom representar os *inputs* em cada módulo de identificação de padrões como uma série linear. Podemos usar essa abordagem matemática num sistema de software, e, embora o cérebro físico seja limitado pelas conexões físicas disponíveis que ele pode adaptar entre identificadores de padrões, ainda assim o método é similar.

Uma implicação importante dessa solução otimizada é que experiências rotineiras são identificadas, mas não resultam na criação de uma memória permanente. Com relação à minha caminhada, observei milhões de padrões em todos os níveis, desde arestas e sombras visuais básicas até objetos como postes, caixas de correio, pessoas, plantas e animais pelos quais passei. Quase nenhuma das coisas que observei foi única, e os padrões que identifiquei atingiram há muito seu nível ideal de redundância. O resultado é que não me lembro de quase nada dessa caminhada. Os poucos detalhes de que me lembro de fato deverão ter sido substituídos por novos padrões após mais algumas dezenas de caminhadas – exceto pelo fato de eu ter gravado essa caminhada em particular ao escrever sobre ela.

Um ponto importante que se aplica tanto a nosso neocórtex biológico como às tentativas de imitá-lo é que é difícil aprender muitos níveis conceituais ao mesmo tempo. Basicamente, podemos aprender um ou no máximo dois níveis conceituais de cada vez. Quando esse aprendizado estiver relativamente estável, podemos passar para o nível seguinte. Podemos continuar a aprimorar o aprendizado nos níveis inferiores, mas nosso foco de aprendizado estará no nível seguinte de abstração. Isso se aplica tanto ao começo da vida, quando os recém-nascidos lidam com formas básicas, como a mais tarde, quando nos esforçamos para aprender um assunto novo, um nível de complexidade de cada vez. Encontramos o mesmo fenômeno nas imitações do neocórtex feitas em máquinas. No entanto, se introduzirmos materiais cada vez mais abstratos, um nível de cada vez, as máquinas conseguem aprender como os humanos (embora ainda não o façam com tantos níveis conceituais).

O *output* de um padrão pode alimentar um padrão num nível inferior ou mesmo o próprio padrão, o que dá ao cérebro humano sua poderosa habilidade recursiva. Um elemento de um padrão pode ser um ponto de decisão baseado em outro padrão. Isso é particularmente útil para listas que compõem ações – por exemplo, comprar outro tubo de pasta de dentes caso o atual esteja vazio. Esses condicionantes existem em todos os níveis. Como bem sabe qualquer um que tenha tentado programar um procedimento num computador, os condicionantes são vitais para descrever um caminho de ação.

A linguagem do pensamento

> O sonho atua como uma válvula de segurança para o cérebro sobrecarregado.
> – Sigmund Freud, *A interpretação dos sonhos*, 1911

> Cérebro: um aparato com o qual pensamos que pensamos.
> – Ambrose Bierce, *The devil's dictionary*

Para sintetizar o que aprendemos até agora sobre o modo de funcionamento do neocórtex, consulte o diagrama do módulo cortical de identificação de padrões da página 62.

a) Os dendritos entram no módulo que representa o padrão. Embora os padrões possam aparentar qualidades bi ou tridimensionais, eles são representados por uma sequência unidimensional de sinais. O padrão precisa ser apresentado nessa ordem (sequencial) para que o identificador de padrões consiga reconhecê-lo. Cada um dos dendritos conecta-se, em última análise, a um ou mais axônios de identificadores de padrões num nível conceitual mais baixo, que identificou um padrão de nível inferior que constitui parte desse padrão. Para cada um desses padrões de *inputs*, pode haver muitos identificadores de padrões de nível inferior capazes de gerar o sinal de que o padrão de nível inferior foi identificado. O limiar necessário para identificar o padrão pode ser atingido mesmo que nem todos os *inputs* tenham sinalizado. O módulo calcula a probabilidade de que o padrão pelo qual é responsável esteja presente. Esse cálculo leva em conta os parâmetros de "importância" e de "tamanho" (ver [f] a seguir).

Perceba que alguns dendritos transmitem sinais para o módulo e alguns para fora do módulo. Se todos os *inputs* dos dendritos para esse identificador de padrões sinalizarem que seus padrões de nível inferior foram identificados, exceto um ou dois, então esse identificador de padrões vai enviar um sinal para o(s) identificador(es) de padrões inferiores reconhecendo os padrões de nível inferior que ainda não foram identificados, indicando que é bem provável que esse padrão seja reconhecido em breve e que o(s) identificador(es) de nível inferior deve(m) ficar alerta(s).

b) Quando esse identificador de padrões reconhece seu padrão (com base em todos ou na maioria dos sinais de *input* dos dendritos sendo ativados), o axônio (*output*) desse identificador de padrões vai se ativar. Este axônio, por sua vez, pode se conectar com toda uma rede de dendritos que se conecta com muitos identificadores de padrões de nível superior para os quais esse padrão é um *input*. Esse sinal vai transmitir informações de grandeza para que os identificadores de padrões do nível conceitual seguinte possam levá-lo em conta.

c) Se um identificador de padrões de nível superior está recebendo um sinal positivo de todos ou da maioria dos padrões que o constituem, exceto aquele representado por esse identificador de padrões, então esse identificador de nível superior pode enviar um sinal para baixo até esse identificador, indicando que seu padrão é esperado. Esse sinal faria com que o identificador de padrões reduzisse seu limiar, o que significa que ele provavelmente enviaria um sinal por seu axônio (indicando que se considera que seu padrão foi identificado), mesmo que faltem alguns *inputs* ou que estes não estejam claros.

d) Sinais inibidores vindo de baixo fariam com que fosse menos provável que esse identificador de padrões reconhecesse seu padrão. Isso pode resultar do reconhecimento de padrões de nível inferior inconsistentes com o padrão associado com esse identificador de padrões (para dar um exemplo, a identificação de um bigode por um identificador de nível inferior faria com que fosse menos provável que essa imagem fosse "minha esposa").

e) Sinais inibidores vindos de cima também reduzem a possibilidade de esse identificador de padrões reconhecer seu padrão. Isso pode ser o efeito de um contexto de nível superior inconsistente com o padrão associado a esse identificador.

f) Para cada *input*, há parâmetros armazenados de importância, tamanho esperado e variabilidade esperada de tamanho. O módulo calcula a probabilidade geral de que o padrão esteja presente com base em todos esses parâmetros e os sinais atuais indicando quais dos *inputs* estão presentes e quais são suas magnitudes. Um modo matematicamente ideal para fazer isso emprega uma técnica chamada Modelos Ocultos de Markov. Quando tais modelos são organizados numa hierarquia (tal como no neocórtex ou em tentativas de simular um neocórtex), chamamo-los Modelos Hierárquicos Ocultos de Markov.

Padrões ativados no neocórtex ativam outros padrões. Padrões parcialmente completos enviam sinais que descem pela hierarquia conceitual; padrões completos enviam sinais que sobem pela hierarquia conceitual. Esses padrões neocorticais são a linguagem do pensamento. Assim como a linguagem, eles são hierárquicos, mas não são a linguagem em si. Nossos pensamentos não são concebidos primeiramente por elementos de linguagem, apesar do fato de que, como a linguagem também existe como hierarquias de padrões em nosso neocórtex, podemos ter pensamentos baseados na linguagem. Em sua maioria, porém, os pensamentos são representados nesses padrões neocorticais.

Como disse antes, se pudéssemos detectar as ativações de padrões do neocórtex de alguém, teríamos pouca noção do significado dessas ativações se não tivéssemos acesso a toda a hierarquia de padrões acima e abaixo de cada padrão ativado. Para isso, seria preciso ter acesso a todo o neocórtex dessa pessoa. Já é difícil compreender o conteúdo de nossos próprios pensamentos; compreender o de outras pessoas exige que dominemos um neocórtex diferente do nosso. Naturalmente, não temos ainda acesso ao neocórtex de outra pessoa; precisamos, portanto, confiar em sua tentativa de expressar seus pensamentos por meio da linguagem (e por outros meios, como os gestos). Como as pessoas não têm uma capacidade completa de realizar essas tarefas de comunicação, adiciona-se outra camada de complexidade – desse modo, não é à toa que nos entendemos tão mal.

Temos dois modos de pensar. Um deles é o pensamento não direcionado, em que os pensamentos se ativam mutuamente, de forma não lógica. Quando surge subitamente uma lembrança de anos ou décadas atrás enquanto estamos fazendo alguma coisa, como varrer a calçada ou caminhar pela rua, a experiência é recordada – como todas as memórias – como uma sequência de padrões. Não visualizamos imediatamente a cena, a menos que possamos evocar várias outras memórias que nos permitam sintetizar uma lembrança mais robusta. Se visualizarmos a cena desse modo, nós a estaremos criando em nossa mente com pistas provenientes da época da recordação; a memória em si não fica armazenada na forma de imagens ou de visualizações. Como disse antes, os gatilhos que desencadeiam esse pensamento na nossa mente podem ou não ser evidentes. A sequência de pensamentos relevantes pode ter sido esquecida imediatamente. Mesmo que a lembremos, ela será uma sequência não linear e sinuosa de associações.

O segundo modo de pensar é o pensamento direcionado, que usamos quando tentamos solucionar um problema ou formular uma resposta organizada. Por exemplo, podemos ensaiar mentalmente alguma coisa que planejamos dizer para alguém, ou podemos formular um trecho que desejamos escrever (quem sabe, num livro sobre a mente). Quando pensamos em tarefas como essas, já as dividimos numa hierarquia de subtarefas. Escrever um livro, por exemplo, implica escrever capítulos; cada capítulo tem seções; cada seção tem parágrafos; cada parágrafo contém frases que expressam ideias; cada ideia tem sua configuração de elementos; cada elemento e cada relação entre elementos é uma ideia que precisa ser articulada; e assim por diante. Ao mesmo tempo, nossas estruturas neocorticais aprenderam certas regras que devem ser seguidas. Se a tarefa é escrever, então devemos tentar evitar repetições desnecessárias; deveríamos nos assegurar de que o leitor consegue acompanhar o que está sendo escrito; deveríamos tentar seguir as regras gramaticais e de estilo; e assim por diante. Portanto, o escritor precisa construir um modelo do leitor em sua mente, e essa construção também será hierárquica. Quando pensamos de forma direcionada, estamos percorrendo listas no neocórtex, e cada uma se expande em amplas hierarquias de sublistas, cada uma com suas próprias considerações. Lembre-se de que os elementos de uma lista de um padrão neocortical podem incluir condicionantes, de modo que nossos pensamentos e ações subsequentes vão depender de avaliações feitas enquanto passamos pelo processo.

Além disso, cada um desses pensamentos direcionados vai acionar hierarquias de pensamentos não direcionados. Uma tempestade constante de elucubrações cai sobre nossas experiências sensoriais e nossas tentativas de pensar de modo direcionado. Nossa experiência mental efetiva é complexa e confusa, constituída por essas tempestades de raios de padrões acionados, que mudam cerca de cem vezes por segundo.

A linguagem dos sonhos

Os sonhos são exemplos de pensamentos não direcionados. Eles fazem certo sentido, pois o fenômeno pelo qual um pensamento aciona outro baseia-se nos vínculos efetivos entre padrões em nosso neocórtex. Quando um sonho não faz sentido, tentamos corrigi-lo com nossa capacidade de confabular. Como vou descrever no capítulo 9, pacientes com cérebros partidos (cujo corpo caloso, que une os dois hemisférios cerebrais, foi danificado ou seccionado) confabulam (inventam) explicações com o hemisfério esquerdo – que controla o centro da fala – para explicar o que o hemisfério direito acabou de fazer com um *input* ao qual o hemisfério esquerdo não teve acesso. Confabulamos o tempo todo quando explicamos o resultado de eventos. Se quiser um bom exemplo disso, ligue a tevê no comentário diário sobre o movimento dos mercados financeiros. Qualquer que seja o desempenho do mercado, é sempre possível encontrar uma boa explicação para o que aconteceu, e esses comentários pós-fato são abundantes. Naturalmente, se esses comentaristas compreendessem de fato os mercados, não teriam de perder seu tempo fazendo comentários.

O ato de confabular, obviamente, também é feito no neocórtex, que é hábil para descobrir histórias e explicações que atendam a determinadas limitações. Fazemos isso sempre que contamos uma história. Para que a história faça mais sentido, acrescentamos detalhes que talvez não estejam disponíveis ou que tenhamos esquecido. É por isso que as histórias mudam com o tempo ao serem contadas repetidas vezes por novos contadores, que podem ter visões ou posições diferentes. Quando a linguagem falada levou à linguagem escrita, porém, conseguimos uma tecnologia que pôde registrar uma versão definitiva da história, impedindo esse tipo de variação.

O conteúdo efetivo de um sonho, até o ponto em que nos lembramos dele, também é uma sequência de padrões. Esses padrões representam limitações numa história; depois, confabulamos uma história que se encaixa nessas limitações. A versão do sonho que tornamos a contar (mesmo que o façamos para nós mesmos, em silêncio) é essa confabulação. Quando narramos novamente um sonho, acionamos cascatas de padrões que se encaixam no sonho real, tal como o experimentamos originalmente.

Existe uma diferença importante entre os pensamentos que temos nos sonhos e aquilo em que pensamos enquanto estamos acordados. Uma das lições que aprendemos na vida é que certas ações, até mesmo pensamentos, não são possíveis no mundo real. Aprendemos, por exemplo, que não podemos satisfazer imediatamente nossos desejos. Há regras contra pegar o dinheiro do caixa de uma loja, e há limitações na interação com uma pessoa pela qual sentimos atração física. Também aprendemos que certos pensamentos não são permitidos porque são proibidos por nossa cultura. Quando desenvolvemos nossos talentos profissionais, aprendemos os modos de pensar que são aceitos e recompensados em nossa profissão, e assim evitamos padrões de pensamento que podem trair os métodos e as normas dessa profissão. Muitos desses tabus são válidos, pois impõem a ordem social e consolidam o progresso. No entanto, também podem impedir o progresso por imporem uma ortodoxia improdutiva. Foi exatamente essa ortodoxia que Einstein deixou para trás ao tentar cavalgar um feixe de luz em seus experimentos mentais.

As regras culturais são postas em prática no neocórtex com a ajuda do cérebro primitivo, especialmente a amígdala. Todo pensamento que temos provoca outros pensamentos, e alguns deles estarão relacionados com certos perigos. Aprendemos, por exemplo, que romper uma norma cultural, mesmo em nossos pensamentos íntimos, pode nos levar ao ostracismo, que o neocórtex percebe como uma ameaça ao nosso bem-estar. Se temos pensamentos desse tipo, a amígdala é acionada e isso gera medo, o que acaba levando ao fim desse pensamento.

Nos sonhos, porém, os tabus são relaxados, e geralmente sonhamos com assuntos que são proibidos em termos culturais, sexuais ou profissionais. É como se o cérebro percebesse que enquanto sonhamos não estamos agindo no mundo. Freud escreveu sobre esse fenômeno, mas também observou que vamos disfarçar tais pensamentos perigosos, pelo menos quando tentamos recordá-los, para que o cérebro em vigília continue protegido deles.

Abrandar os tabus profissionais pode ser útil para a solução criativa de problemas. Uso uma técnica mental todas as noites em que penso num determinado problema antes de dormir. Ela aciona sequências de pensamentos que vão continuar nos meus sonhos. Assim que estiver sonhando, posso pensar – *sonhar* – com soluções para o problema sem o fardo das limitações profissionais que me acompanham durante o dia. Então, posso ter acesso a esses pensamentos oníricos de manhã, enquanto ainda me acho no estado intermediário entre o sonho e a vigília, algo que alguns chamam de "sonho lúcido"[5].

Freud também ficou famoso por escrever sobre a possibilidade de conseguir entender a psicologia de uma pessoa interpretando seus sonhos. Naturalmente, é vasta a literatura sobre todos os aspectos dessa teoria, mas o conceito fundamental de obter um *insight* sobre nós mesmos mediante o exame de nossos sonhos faz sentido. Nossos sonhos são criados pelo neocórtex, e por isso sua substância pode revelar o conteúdo e as conexões encontradas lá. O relaxamento das limitações de nossos pensamentos, que existem enquanto estamos acordados, também é útil para revelar conteúdos neocorticais que, do contrário, não conseguiríamos acessar diretamente. Também é razoável concluir que os padrões que acabam surgindo em nossos sonhos representam questões importantes para nós, sendo por isso pistas para compreendermos nossos desejos e medos não resolvidos.

As raízes do modelo

Como mencionei antes, nas décadas de 1980 e 1990 liderei uma equipe que desenvolveu a técnica dos Modelos Hierárquicos Ocultos de Markov para identificar a fala humana e compreender frases em linguagem natural. Esse trabalho foi o antecessor dos atuais sistemas comerciais amplamente utilizados para o reconhecimento e a compreensão daquilo que tentamos lhes dizer (sistemas de navegação para carros com os quais é possível conversar, Siri no iPhone, Google Voice Search e muitos outros). A técnica que desenvolvemos tinha basicamente todos os atributos que descrevo no TMRP. Ela inclui uma hierarquia de padrões, na qual cada nível mais elevado é conceitualmente mais abstrato do que aquele situado abaixo dele. Por exemplo, no reconhecimento de fala os níveis incluíam padrões básicos de frequência sonora no nível mais baixo, depois fonemas, depois palavras e frases (que volta e meia eram identificadas como sendo palavras). Alguns de nossos sistemas de reconhecimento de fala poderiam compreender o significado de comandos de linguagem natural, e por isso níveis ainda mais elevados incluíam estruturas como frases com substantivos e verbos. Cada módulo de identificação de padrões podia identificar uma sequência linear de padrões a partir de um nível conceitual inferior. Cada *input* tinha parâmetros relativos à importância, ao tamanho e à variabilidade de tamanho. Havia sinais "descendentes" indicando que era esperado um padrão de nível inferior. Trato dessa pesquisa com mais detalhes no capítulo 7.

Em 2003 e 2004, o inventor do PalmPilot, Jeff Hawkins, e Dileep George desenvolveram um modelo cortical hierárquico chamado memória temporal hierárquica. Com Sandra Blakeslee, autora de livros sobre ciência, Hawkins descreveu esse modelo de forma eloquente em seu livro *On intelligence*. Hawkins defende com vigor a uniformidade do algoritmo cortical e sua organização hierárquica e baseada em listas. Há algumas diferenças importantes entre o modelo apresentado em *On intelligence* e aquilo que apresento neste livro. Como o nome implica, Hawkins está enfatizando a natureza temporal (baseada no tempo) das listas constitutivas. Noutras palavras, a direção das listas sempre avança no tempo. Sua explicação para o modo como as características de um padrão bidimensional como a letra impressa "A" têm uma direção no tempo baseia-se no movimento do olho. Ele explica que visualizamos imagens usando sacadas, que são movimentos oculares muito rápidos e imperceptíveis. A informação que chega ao neocórtex, portanto, não é um conjunto bidimensional de características, mas uma lista organizada no tempo. Embora seja fato que nossos olhos realmente fazem movimentos muito rápidos, a sequência na qual eles veem as características de um padrão como a letra "A" nem sempre ocorre numa ordem temporal consistente. (Para dar um exemplo, as sacadas oculares nem sempre registram o vértice superior do "A" antes de sua concavidade inferior.) Além disso, podemos identificar um padrão visual apresentado apenas durante algumas dezenas de milissegundos, um período de tempo pequeno demais para que as sacadas oculares o observem. É fato que os identificadores de padrões armazenam um padrão como uma lista e que a lista é realmente organizada, mas a ordem não representa necessariamente o tempo. Geralmente, é esse o caso, mas ele pode representar também uma organização espacial ou conceitual de nível superior, como disse antes.

A diferença mais importante é o conjunto de parâmetros que incluí para cada *input* do módulo de identificação de padrões, especialmente os parâmetros de tamanho e de variabilidade de tamanho. Na década de 1980, chegamos a tentar reconhecer a voz humana sem esse tipo de informação. Isso foi motivado por linguistas que nos disseram que a informação da duração não era especialmente importante. Essa perspectiva é ilustrada por dicionários que escrevem a pronúncia de cada palavra como uma série de fonemas, como por exemplo a palavra "steep" como [s] [t] [E] [p], sem a indicação do tempo que se espera que cada fonema dure. A implicação é que se criamos programas para identificar fonemas e então encontramos esta sequência específica de quatro fonemas (de forma falada), deveríamos poder identificar essa palavra falada. O sistema que construímos usando esse método funcionou até certo ponto, mas não o suficiente para lidar com atributos como um vocabulário extenso, diversos falantes e palavras faladas continuamente, sem pausas. Quando usamos a técnica dos Modelos Hierárquicos Ocultos de Markov para incorporar a distribuição da grandeza de cada *input*, o desempenho melhorou muito.

• Capítulo 4 •

O neocórtex biológico

Assim como as coisas importantes têm uma caixa que as contêm, nós temos o crânio para o cérebro, um estojo de plástico para o pente e uma carteira para o dinheiro.
– George Costanza, no episódio
"The Reverse Peephole" de *Seinfeld*

Agora, pela primeira vez, estamos observando o cérebro em funcionamento de maneira global e com tanta clareza que deveríamos poder descobrir os programas gerais por trás de seus poderes magníficos.
– J. G. Taylor, B. Horwitz e K. J. Friston

A mente, em suma, trabalha com os dados que recebe de forma similar ao escultor com um bloco de pedra. De certo modo, a estátua estava lá desde a eternidade. Mas havia mil outras diferentes além dela, e só o escultor merece elogios por ter arrancado essa dentre as demais. Assim é o mundo de cada um de nós e, por mais que sejam diferentes nossas opiniões a seu respeito, todos estão embutidos no caos primordial de sensações que fornece com indiferença a mera *matéria* para o pensamento de cada um. Podemos, caso desejemos, retroagir com nossos raciocínios até aquela continuidade escura e indistinta de espaço, com nuvens móveis de átomos pululantes que a ciência chama de único mundo real. Mas nesse tempo todo o mundo que *nós* sentimos e no qual vivemos será esse que nossos ancestrais e nós, graças a escolhas lentamente cumulativas, arrancamos disso, como escultores, graças à simples rejeição de certas porções do que nos foi dado. Outros escultores, outras estátuas da mesma pedra! Outras mentes, outros mundos do mesmo monótono e inexpressivo caos! Meu mundo é apenas um num milhão de mundos igualmente embutidos, igualmente reais para quem possa abstraí-los. Quão diferentes devem ser os mundos nas consciências da formiga, da lula ou do caranguejo!

– William James

Será a inteligência a meta, ou mesmo *uma* meta, da evolução biológica? Steven Pinker escreveu: "Somos chauvinistas com relação ao nosso cérebro, pensando que é a meta da evolução"[1], e prossegue dizendo que "isso não faz sentido [...] A seleção natural não faz nada que sequer se aproxime da busca pela inteligência. O processo é motivado por diferenças nos índices de sobrevivência e de reprodução dos organismos que se reproduzem num ambiente específico. Com o tempo, os organismos adquirem desenhos que os adaptam para a sobrevivência e a reprodução nesse ambiente, ponto final; nada os atrai para qualquer direção além do sucesso naquele lugar e naquele momento". Pinker conclui que a "vida é um arbusto densamente ramificado, não um degrau ou uma escada, e os organismos vivos estão na ponta dos ramos, não nos galhos inferiores".

• O neocórtex biológico • 103

Com relação ao cérebro humano, ele questiona se "os benefícios superam os custos". Entre os custos, ele menciona que "o cérebro [é] volumoso. A pelve feminina mal acomoda a cabeça desproporcional do bebê. Esse desenho problemático mata muitas mulheres no parto e exige um modo de andar pivotado que torna as mulheres menos capazes de caminhar do que os homens, em

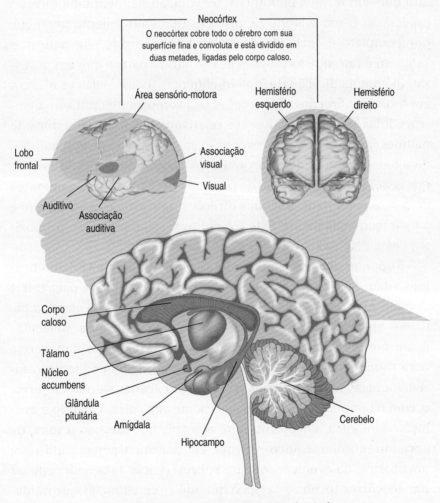

Distribuição física das principais regiões do cérebro

termos biomecânicos. Além disso, uma cabeça pesada balançando num pescoço torna-nos mais vulneráveis a ferimentos fatais em acidentes, como nas quedas". Ele prossegue relacionando vulnerabilidades adicionais, inclusive o consumo de energia do cérebro, seu tempo lento de reação e o extenso processo de aprendizado.

Embora cada uma dessas afirmações seja precisa à primeira vista (apesar de muitas de minhas amigas caminharem melhor do que eu), Pinker não percebeu a questão mais ampla em jogo. É fato que, em termos biológicos, a evolução não tem uma direção específica. É um método de procura que efetivamente preenche por completo o "arbusto densamente ramificado" da natureza. Também é fato que as mudanças evolutivas não se movem *necessariamente* na direção de uma inteligência maior – elas se movem em *todas* as direções. São muitos os exemplos de criaturas bem-sucedidas que se mantiveram relativamente imutáveis durante milhões de anos. (Os jacarés, por exemplo, datam de 200 milhões de anos, e muitos micro-organismos são muito mais antigos do que isso.) Mas no processo de preencher completamente milhares de ramos evolutivos, uma das direções nas quais elas se movem é a da inteligência maior. Este é o ponto relevante para os propósitos desta discussão.

Suponha que tenhamos um gás azul num jarro. Quando tiramos a tampa, não aparece uma mensagem distribuída para todas as moléculas do gás, dizendo: "Ei, amigos, o jarro está sem tampa; vamos até a abertura e saiamos para a liberdade". As moléculas ficam fazendo exatamente o que sempre fazem, que é mover-se para todos os lados sem direção aparente. Mas, enquanto o fazem, aquelas mais próximas da boca vão acabar saindo do jarro, e, com o tempo, a maioria vai fazer a mesma coisa. Quando a evolução biológica encontrou um mecanismo nervoso capaz de aprendizado hierárquico, viu que ele era imensamente útil para um objetivo da evolução, que é a sobrevivência. O benefício de ter um neocórtex tornou-se crítico quando circunstâncias que mudavam depressa favoreceram um aprendizado rápido. Espécimes de

• O neocórtex biológico • 105

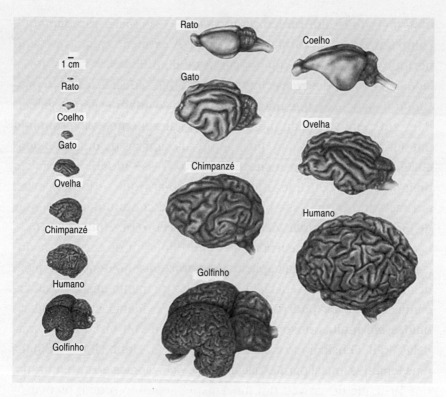

O neocórtex nos diferentes mamíferos

todos os tipos – plantas e animais – podem aprender a se adaptar a circunstâncias mutáveis ao longo do tempo, mas, sem um neocórtex, elas precisam usar o processo da evolução genética. Pode levar muitas gerações – milhares de anos – até uma espécie sem neocórtex aprender comportamentos novos e significativos (ou, no caso das plantas, outras estratégias de adaptação). A evidente vantagem para a sobrevivência do neocórtex foi a possibilidade de aprender numa questão de dias. Se uma espécie se defronta com circunstâncias drasticamente diferentes e um membro dessa espécie inventa, descobre ou simplesmente depara com (esses três métodos são variações da inovação) um modo de se adaptar a essa mudança, outros indivíduos vão notar, aprender e copiar esse método, e em pouco tempo ele se espalhará rapidamente, como um vírus, para toda a população. A extinção cataclísmica no período Cretáceo-Paleogeno, cerca de 65 milhões de anos atrás, levou ao rápido desaparecimento de muitas espécies que não possuíam neocórtex e que não conseguiram se adaptar com a velocidade suficiente a um ambiente alterado de repente. Isso assinalou um ponto de inflexão, em que mamíferos capazes de utilizar o neocórtex assumiram seu nicho ecológico. Desse modo, a evolução biológica percebeu que o aprendizado hierárquico do neocórtex era tão valioso que essa região do cérebro continuou a aumentar de tamanho até ocupar virtualmente o cérebro do *Homo sapiens*.

Descobertas da neurociência determinaram de forma convincente o papel crucial da capacidade hierárquica do neocórtex, além de apresentarem evidências para a teoria da mente baseada em reconhecimento de padrões (TMRP). Essas evidências estão distribuídas em muitas observações e análises, e vou discutir algumas delas aqui. O psicólogo canadense Donald O. Hebb (1904-1985) fez uma tentativa inicial para explicar a base neurológica do aprendizado. Em 1949, ele descreveu um mecanismo segundo o qual os neurônios mudam fisiologicamente com base em suas experiências, proporcionando assim uma base para o aprendizado e a plasticidade do cérebro: "Vamos presumir que a persistência ou a repetição de uma atividade reverberatória (ou 'traço') tende a induzir mudanças celulares duradouras que aumentam sua estabilidade... Quando um axônio da célula *A* está próximo o suficiente para excitar uma célula *B*, e participa repetida ou persistentemente de sua ativação, ocorre algum processo de crescimento ou uma mudança metabólica em uma ou ambas as células, de modo que a eficiência de *A*, como uma das células que ativa *B*, aumenta"[2]. Essa teoria foi apresentada como "células que se ativam juntas ficam juntas", e ficou conhecida como aprendizado hebbiano. Aspectos da teoria de Hebb foram confirmados, pois está claro que combinações cerebrais podem criar novas conexões e fortalecê-las, com base em sua própria atividade. Podemos de fato ver neurônios desenvolvendo essas conexões em varreduras cerebrais. "Redes neurais" artificiais baseiam-se no modelo de Hebb do aprendizado neuronal.

A suposição central da teoria de Hebb é que a unidade básica de aprendizado do neocórtex é o neurônio. A teoria da mente baseada em reconhecimento de padrões que apresento neste livro baseia-se numa unidade fundamental diferente: não o neurônio em si, mas um conjunto de neurônios, que estimo que sejam da ordem de uma centena. As conexões e a força sináptica *dentro* de cada unidade são relativamente estáveis e determinadas geneticamente; ou seja, a organização de cada módulo de identificação de padrões é determinada por desígnio genético. O aprendizado ocorre na criação de conexões *entre* essas unidades, não dentro delas, e provavelmente na força sináptica dessas conexões entre unidades.

Um apoio recente para o fato de o módulo básico de aprendizado ser um módulo de dezenas de neurônios vem do neurocientista suíço Henry Markram (nascido em 1962), cujo ambicioso Projeto Blue Brain para simular todo o cérebro humano está descrito no capítulo 7. Num texto de 2011, ele descreve como, ao fazer a varredura e a análise de neurônios do neocórtex de mamíferos, ele ficou à "procura de evidências de conjuntos hebbianos no nível mais elementar do córtex". O que ele descobriu no lugar disso, segundo escreve, foram "conjuntos fugazes [cuja] conectividade e peso sináptico são altamente previsíveis e limitados". Ele concluiu que "essas descobertas implicam que a experiência não pode moldar facilmente as conexões sinápticas desses conjuntos" e especula que "eles servem de blocos de construção inatos, como se fossem Lego, de conhecimento da percepção, e que a aquisição de memórias envolve a combinação desses blocos de construção em construtos complexos". E prossegue:

> Conjuntos neuronais funcionais têm sido relatados há décadas, mas as evidências diretas de agrupamentos de neurônios conectados sinapticamente [...] não estavam disponíveis [...]. Como todos esses conjuntos serão simi-

lares em topologia e em peso sináptico, não sendo moldados por nenhuma experiência específica, consideramo-los conjuntos inatos [...]. A experiência tem um pequeno papel na determinação de conexões sinápticas e pesos nesses conjuntos [...]. Nosso estudo encontrou evidências [de] conjuntos inatos, como se fossem de Lego, com apenas algumas dezenas de neurônios [...]. As conexões entre conjuntos podem combiná-los em superconjuntos numa camada neocortical, depois em conjuntos de ordem superior numa coluna cortical, em conjuntos de ordem ainda mais elevada numa região cerebral, e finalmente no conjunto da mais elevada ordem possível, representado pelo cérebro todo [...]. Adquirir memórias é bem similar a construir com Lego. Cada montagem equivale a um bloco de Lego que contém um pedaço de conhecimento inato e elementar sobre como processar, perceber e reagir ao mundo [...] Quando blocos diferentes se juntam, formam, portanto, uma combinação única dessas percepções inatas, representando o conhecimento e a experiência específica de um indivíduo.[3]

Os "blocos de Lego" que Markram propõe são plenamente consistentes com os módulos de identificação de padrões que descrevi. Numa comunicação por e-mail, Markram descreveu esses "blocos de Lego" como "conteúdo compartilhado e conhecimento inato".[4] Eu diria que o propósito desses módulos é identificar padrões, recordá-los e prevê-los com base em padrões parciais. Note-se que a estimativa de Markram para cada módulo, que conteria "várias dezenas de neurônios", baseia-se apenas na camada V do neocórtex. De fato, a camada V é rica em neurônios, mas, com base na proporção habitual de contagem de neurônios nas seis camadas, isso daria uma ordem de grandeza de uns cem neurônios por módulo, algo consistente com minhas estimativas.

As conexões consistentes e a modularidade aparente do neocórtex têm sido notadas há muitos anos, mas este estudo é o primeiro a demonstrar a estabilidade desses módulos quando o cérebro se submete a seus processos dinâmicos.

Outro estudo recente, este do Massachusetts General Hospital, financiado pelo National Institutes of Health e pela National Science Foundation, e publicado na edição de março de 2012 da revista *Science*, também mostra uma estrutura regular de conexões através do neocórtex.[5] O artigo descreve como as conexões do neocórtex seguem um padrão de grade, como as ruas de uma cidade projetada: "Basicamente, a estrutura geral do cérebro acaba se assemelhando a Manhattan, onde temos um plano em 2D das ruas e um terceiro eixo, um elevador que sobe na terceira dimensão", escreveu Van J. Wedeen, neurocientista e físico de Harvard e chefe desse estudo.

Num podcast da revista *Science*, Wedeen descreveu a importância da pesquisa: "Esta foi uma investigação da estrutura tridimensional dos caminhos do cérebro. Quando os cientistas começaram a pensar nos caminhos do cérebro, há uns cem anos, aproximadamente, a imagem ou o modelo típico que vem à mente é que esses caminhos podem se assemelhar a um prato de espaguete – caminhos separados que têm poucos padrões espaciais específicos em relação uns com os outros. Usando imagens de ressonância magnética, pudemos investigar experimentalmente essa questão. E o que descobrimos é que, em vez de serem caminhos dispostos ao acaso ou de forma independente, todos os caminhos do cérebro reunidos se ajustam numa única estrutura, extremamente simples. Basicamente, parecem-se com um cubo. Eles seguem três direções perpendiculares, e em cada uma dessas três direções os caminhos são bem paralelos uns com os outros, dispostos em matrizes. Assim, em vez de fios de espaguete independentes, vemos que a conectividade do cérebro é, de certo modo, uma única estrutura coerente".

Enquanto o estudo de Markram mostra um módulo de neurônios que se repete através do neocórtex, o estudo de Wedeen demonstra um padrão notavelmente organizado de conexões entre módulos. O cérebro começa com um grande número de "conexões em espera" às quais os módulos de identificação de padrões podem se conectar. Assim, se um determinado módulo deseja se conectar com outro, ele não precisa fazer crescer um axônio num deles e um dendrito no outro para cobrir toda a distância física entre eles. Ele pode simplesmente tomar uma dessas conexões de axônios "em espera" e ligar-se às extremidades da fibra. Como escrevem Wedeen e seus colegas, "os caminhos do cérebro seguem um plano básico estabelecido pela [...] embriogênese primordial. Logo, os caminhos do cérebro maduro apresentam uma imagem desses três gradientes primitivos, deformados fisicamente pelo desenvolvimento". Noutras palavras, à medida que aprendemos e temos experiências, os módulos de identificação de padrões do neocórtex vão se conectando a essas conexões preestabelecidas que foram criadas quando éramos embriões.

Existe um tipo de chip eletrônico chamado Arranjo de Portas Programável em Campo (com sigla em inglês FPGA) que se baseia num princípio similar. O chip contém milhões de módulos que implementam funções lógicas juntamente com conexões em espera. Na época do uso, essas conexões são ativadas ou desativadas (mediante sinais eletrônicos) para implementar uma capacidade específica.

No neocórtex, essas conexões de longa distância que não são usadas acabam sendo podadas, um dos motivos pelos quais a adaptação de uma região próxima do neocórtex para compensar aquela que foi danificada acaba não sendo tão eficiente quanto a região original. Segundo o estudo de Wedeen, as conexões iniciais são extremamente organizadas e repetitivas, assim como os próprios módulos, e seu padrão em grade é usado para "guiar a conectividade" no neocórtex. Esse padrão foi encontrado em todos os cérebros de primatas e de humanos estudados, e ficou evidente no neocórtex como um todo, desde as regiões que lidam com os primeiros padrões sensoriais até aquelas que tratam de emoções de nível superior. O artigo de Wedeen na revista *Science* concluiu que "a estrutura de grade dos caminhos cerebrais foi

• O neocórtex biológico • 111

A estrutura em grade altamente regular das conexões
iniciais do neocórtex, descoberta num estudo do
National Institutes of Health

difusa, coerente e contínua nos três eixos principais de desenvolvimento". Mais uma vez, isso remete a um algoritmo comum espalhado pelas funções neocorticais.

Há muito que se sabe que pelo menos algumas regiões determinadas do neocórtex são hierárquicas. A região mais bem estudada é o córtex visual, separado em áreas conhecidas como V1, V2 e MT (também conhecida como V5). Quando avançamos para áreas superiores dessa região ("superiores" no sentido de processamento conceitual, não em termos físicos, pois o neocórtex tem a espessura apenas de um identificador de padrões), as propriedades que podem ser identificadas tornam-se mais abstratas. V1 identifica extremidades muito básicas e formas primitivas. V2 pode identificar contornos, a disparidade das imagens apresentadas

Outra visão da estrutura regular de grade das conexões neocorticais

A estrutura de grade encontrada no neocórtex é notavelmente similar àquilo que se denominou comutação *crossbar*, usada em circuitos integrados e em placas de circuitos

pelos olhos, orientação espacial e se uma porção de uma imagem faz ou não parte de um objeto ou do fundo da cena.[6] Regiões de nível superior do neocórtex identificam conceitos como a identidade de objetos e rostos e seus movimentos. Além disso, há muito que se sabe que a comunicação através dessa hierarquia dá-se tanto para cima como para baixo, e que os sinais podem tanto ser excitantes como inibidores. Tomaso Poggio (nascido em 1947), neurocientista do MIT, estudou a fundo a visão no cérebro humano, e sua pesquisa dos últimos 35 anos tem sido fundamental para estabelecer o aprendizado hierárquico e a identificação de padrões nos níveis "iniciais" (mais baixos em termos conceituais) do neocórtex visual.[7]

Nosso entendimento dos níveis hierárquicos mais baixos do neocórtex visual é consistente com a TMRP que descrevi no capítulo anterior, e a observação da natureza hierárquica do processamento neocortical estendeu-se recentemente, superando esses níveis em ampla medida. Daniel J. Felleman, professor de neurobiologia da Universidade do Texas, e seus colegas, situaram a "organização hierárquica do córtex cerebral... [em] 25 áreas neocorticais", incluindo tanto áreas visuais como áreas de nível superior que combinam padrões de diversos sentidos. O que descobriram ao subir pela hierarquia neocortical foi que o processamento de padrões torna-se mais abstrato, abrange áreas espaciais maiores e envolve períodos de tempo mais extensos. Em cada conexão, encontraram comunicações ascendentes e descendentes na hierarquia.[8]

Pesquisas recentes permitiram-nos ampliar substancialmente essas observações para regiões bem além do córtex visual e até para as áreas associativas, que combinam *inputs* de diversos sentidos. Um estudo publicado em 2008 por Uri Hasson, professor de psicologia de Princeton, e seus colegas, demonstra que os fenômenos observados no córtex visual ocorrem ao longo de uma ampla variedade de áreas neocorticais: "Está bem estabelecido que os neurônios distribuídos ao longo dos caminhos corticais visuais têm campos receptivos espaciais cada vez maiores. Esse é um princípio organizador básico do sistema visual [...] Eventos do mundo real ocorrem não só em vastas regiões do espaço, como também em longos períodos de tempo. Portanto, lançamos a hipótese de que uma hierarquia análoga àquela encontrada para tamanhos de campos receptivos espaciais também deveria existir para as características de respostas temporais de diferentes regiões do cérebro". É exatamente isso que eles encontraram, o que lhes permitiu concluir que "similar à hierarquia cortical conhecida dos campos receptivos espaciais, existe uma hierarquia de janelas receptivas temporais progressivamente mais longas no cérebro humano"[9].

O argumento mais poderoso para a universalidade de processamento no neocórtex é a evidência onipresente da plasticidade (não apenas no aprendizado, mas na intercambiabilidade): noutras palavras, uma região consegue fazer o trabalho de outras regiões, implicando um algoritmo comum para todo o neocórtex. Boa parte da pesquisa neurocientífica tem focalizado a identificação das regiões do neocórtex responsáveis pelos diversos tipos de padrões. A técnica clássica para isso consiste em aproveitar danos ao cérebro causados por ferimentos ou por um acidente vascular cerebral (AVC), correlacionando as funções perdidas com regiões danificadas específicas. Assim, por exemplo, se percebemos que alguém com danos recém-sofridos na região do giro fusiforme começa subitamente a ter dificuldade para identificar rostos, mas ainda consegue reconhecer as pessoas por meio de suas vozes ou padrões de linguagem, podemos hipotetizar que essa região tem alguma coisa a ver com a identificação de rostos. A premissa subjacente foi a de que cada uma dessas regiões se destina a reconhecer e processar um tipo específico de padrão. Regiões físicas particulares foram associadas a tipos particulares de padrões, pois sob circunstâncias normais as informações fluem dessa maneira. Mas quando esse fluxo normal de informação é interrompido por algum motivo, outra região do neocórtex pode entrar em cena e assumir a função.

A plasticidade tem sido percebida pelos neurologistas, que observaram que pacientes com danos cerebrais causados por um ferimento ou um AVC podem tornar a aprender as mesmas habilidades noutra área do neocórtex. Provavelmente, o exemplo mais notável de plasticidade é um estudo feito em 2011 pela neurocientista norte-americana Marina Bedny e seus colegas sobre o que acontece com o córtex visual de pessoas cegas de nascença. Acreditava-se que as primeiras camadas do córtex visual, como a V1 e a V2, lidavam intrinsecamente com padrões de nível bem baixo (como arestas e curvas), enquanto o córtex frontal (uma região nova do córtex em termos evolutivos, que temos em nossas testas singularmente grandes) lidava inerentemente com os padrões bem mais complexos e sutis da linguagem e outros conceitos abstratos. Mas, como Bedny e seus colegas descobriram, "imagina-se que os seres humanos desenvolveram regiões do cérebro no córtex frontal esquerdo e no córtex temporal que são unicamente capazes de processar a linguagem. No entanto, cegos de nascença também ativam o córtex visual em algumas tarefas verbais. Apresentamos evidências de que essa atividade do córtex visual reflete, na verdade, um processamento de linguagem. Descobrimos que em indivíduos cegos de nascença, o córtex visual esquerdo comporta-se de modo similar às regiões clássicas da linguagem [...]. Concluímos que as regiões cerebrais que se acreditava que teriam evoluído para a visão podem assumir o processamento da linguagem como resultado de experiências na infância"[10].

Pense nas implicações desse estudo: isso significa que as regiões neocorticais que estão a uma distância física relativamente grande, e que também foram consideradas muito diferentes em termos conceituais (indicações visuais primitivas *versus* conceitos abstratos de linguagem), usam essencialmente o mesmo algoritmo. As regiões que processam esses tipos díspares de padrões podem se substituir mutuamente.

Daniel E. Feldman, neurocientista da Universidade da Califórnia em Berkeley, escreveu em 2009 uma análise abrangente sobre o que ele chamou de "mecanismos sinápticos de plasticidade no neocórtex", e encontrou evidências para esse tipo de plasticidade em todo o neocórtex. Ele escreve que "a plasticidade permite que o cérebro aprenda e recorde padrões no mundo sensorial, para aprimorar movimentos [...] e para recuperar funções após sofrer danos". Acrescenta que essa plasticidade é possível graças a "mudanças estruturais, inclusive formação, remoção e remodelagem morfológica de sinapses corticais e espinhas dendríticas"[11].

Outro exemplo espantoso de plasticidade neocortical (e portanto da uniformidade do algoritmo neocortical) foi demonstrada recentemente por cientistas da Universidade da Califórnia, em Berkeley. Eles conectaram arranjos de microeletrodos implantados para colher sinais cerebrais especificamente de uma região do córtex motor de camundongos que controla o movimento de seus bigodes. Eles montaram o experimento para que os camundongos recebessem uma recompensa se controlassem seus neurônios para disparar num certo padrão mental, mas sem mover os bigodes. O padrão exigido para obter a recompensa envolvia uma tarefa mental que normalmente é feita pelos neurônios frontais. Mesmo assim, os camundongos conseguiram realizar esse feito mental pensando com seus neurônios motores e desacoplando-os mentalmente do controle dos movimentos motores.[12] A conclusão é que o córtex motor, a região do neocórtex responsável pela coordenação dos movimentos musculares, também usa o algoritmo neocortical padrão.

Entretanto, há várias razões para que uma habilidade ou uma área de conhecimentos que tenha sido reaprendida usando uma nova área do neocórtex para substituir outra que foi danificada não seja necessariamente tão boa quanto a original. Primeiro, porque levou uma vida inteira para aprender e aperfeiçoar uma habilidade específica: reaprendê-la noutra área não vai gerar imediatamente os mesmos resultados. O mais importante é que essa nova área do neocórtex não estava parada, esperando agir como estepe para uma região danificada. Ela também estava realizando funções vitais, e por isso hesitará em abrir mão de seus padrões neocorticais para compensar a região lesionada. Ela pode começar abandonando algumas das cópias redundantes de seus padrões, mas ao fazê-lo vai degradar sutilmente suas habilidades já existentes, sem liberar o mesmo espaço cortical que as habilidades reaprendidas usavam originalmente.

Há uma terceira razão para que a plasticidade tenha seus limites. Como na maioria das pessoas tipos específicos de padrões fluem em regiões específicas (como os rostos, que são processados pelo giro fusiforme), essas regiões tornaram-se otimizadas (pela evolução biológica) para esses tipos de padrões. Como explico no capítulo 7, encontramos o mesmo resultado em nossos desenvolvimentos neocorticais digitais. Foi possível identificar a fala com sistemas de identificação de caracteres e vice-versa, mas os sistemas de fala estavam otimizados para a fala e, do mesmo modo, os sistemas de identificação de caracteres estavam otimizados para caracteres impressos, de modo que haveria alguma redução no desempenho se substituíssemos um pelo outro. Na verdade, usamos algoritmos evolutivos (genéticos) para conseguir essa otimização, uma simulação daquilo que a biologia faz naturalmente. Tendo em vista que na maioria das pessoas o giro fusiforme tem experimentado um fluxo de rostos há centenas de milhares de anos (ou mais), a evolução biológica teve tempo de desenvolver a capacidade de processar tais padrões nessa região. Ela usa o mesmo algoritmo básico, mas orientado para rostos. Como escreveu o neurocientista holandês Randal Koene, "o [neo]córtex é muito uniforme, e em princípio cada coluna ou minicoluna pode fazer o que qualquer outra faz".[13]

Pesquisas recentes e substanciais apoiam a observação de que os módulos de identificação de padrões se conectam com base nos padrões aos quais estão expostos. Veja o exemplo citado pela neurocientista Yi Zuo e seus colegas, que observaram quando novas "espinhas dendríticas" formaram conexões entre células nervosas quando camundongos aprenderam uma nova habilidade (esgueirar-se por uma fenda para pegar uma semente)[14]. Pesquisadores do Instituto Salk descobriram que essa autoconexão crítica dos módulos do neocórtex parece ser controlada por um pequeno grupo de genes. Esses genes e esse método de autoconexão também são uniformes através do neocórtex.[15]

Muitos outros estudos documentam esses atributos do neocórtex, mas vamos resumir o que podemos observar na literatura neurocientífica e em nossos próprios experimentos mentais. A unidade básica do neocórtex é um módulo de neurônios, que estimo como sendo da ordem de cem. Eles estão entremeados em cada coluna neocortical, de modo que cada módulo não fica visivelmente distinto. O padrão de conexões e de forças sinápticas em cada módulo é relativamente estável. As conexões e as forças sinápticas entre módulos é que representam o aprendizado.

O número de conexões no neocórtex é da ordem de um quatrilhão (10^{15}), mas só há uns 25 milhões de bytes de informação de desenho no genoma (após uma compressão sem perdas)[16], e por isso as conexões em si não podem ser predeterminadas geneticamente. É possível que parte desse aprendizado seja o produto da interrogação do cérebro primitivo pelo neocórtex, mas ainda assim representaria necessariamente apenas uma parcela de informação relativamente pequena. As conexões entre os módulos são criadas totalmente a partir da experiência (formação e não natureza).

O cérebro não tem flexibilidade suficiente para que cada módulo neocortical de identificação de padrões possa simplesmente se ligar a qualquer outro módulo (com a mesma facilidade como conseguimos fazer programas em nossos computadores ou na Internet) – é preciso que se forme uma conexão física real, composta de um axônio conectando-se a um dendrito. Cada um de nós começa com um amplo estoque de conexões neurais possíveis. Como mostra o estudo de Wedeen, essas conexões são organizadas de forma bastante repetitiva e organizada. A conexão terminal com esses axônios "de prontidão" ocorre com base nos padrões que cada identificador neocortical de padrões reconheceu. Conexões não utilizadas acabam sendo podadas. Essas conexões são construídas hierarquicamente, refletindo a ordem hierárquica natural da realidade. Essa é a principal força do neocórtex.

O algoritmo básico dos módulos neocorticais de identificação de padrões é equivalente em todo o neocórtex, desde os módulos de "nível inferior", que lidam com os padrões sensoriais mais básicos, até os módulos de "nível superior", que reconhecem os conceitos mais abstratos. A ampla evidência da plasticidade e a intercambiabilidade das regiões neocorticais atestam essa importante observação. Há alguma otimização das regiões que lidam com tipos universais de padrões, mas esse é um efeito de segundo escalão – o algoritmo fundamental é universal.

Os sinais sobem e descem pela hierarquia conceitual. Um sinal ascendente significa: "detectei um padrão". Um sinal descendente significa: "estou esperando a ocorrência do seu padrão", sendo basicamente uma previsão. Sinais ascendentes e descendentes podem ser tanto excitantes como inibidores.

Cada padrão é, em si, uma ordem específica, e não pode ser revertido facilmente. Mesmo que um padrão aparente tenha aspectos multidimensionais, ele é representado por uma sequência unidimensional de padrões de nível inferior. Um padrão é uma sequência ordenada de outros padrões, de modo que cada identificador é intrinsecamente recursivo. Pode haver muitos níveis hierárquicos.

Há uma boa dose de redundância nos padrões que aprendemos, especialmente nos mais importantes. A identificação de padrões (como objetos comuns e rostos) usa o mesmo mecanismo que nossas memórias, que são apenas padrões que aprendemos. Elas também são armazenadas como sequências de padrões – basicamente, são histórias. Esse mecanismo também é usado para o aprendizado e para a realização de movimentos físicos no mundo. A redundância de padrões é que nos permite identificar objetos, pessoas e ideias, mesmo quando têm variações e ocorrem em contextos diferentes. Os parâmetros de tamanho e de variabilidade do tamanho também permitem que o neocórtex codifique a variação na magnitude em dimensões diferentes (duração no caso do som). Um modo pelo qual esses parâmetros de magnitude podem ser codificados é simplesmente por meio de padrões múltiplos com números distintos de *inputs* repetidos. Assim, por exemplo, poderia haver padrões para a palavra falada "steep" com diversos números da vogal longa [E] repetida, cada uma com o parâmetro de importância ajustado num nível moderado, indicando que a repetição de [E] é variável. Essa abordagem não é equivalente em termos matemáticos a ter parâmetros de tamanho explícitos, e não funciona tão bem na prática, mas é uma abordagem para codificar a magnitude. A evidência mais forte que temos para esses parâmetros é que eles são necessários em nossos sistemas de IA para obtermos níveis de precisão que se aproximam dos níveis humanos.

O resumo acima constitui as conclusões que podemos tirar da amostragem de resultados de pesquisas que compartilhei antes, bem como da amostragem de experimentos mentais que discutimos anteriormente. Sustento que o modelo que apresentei é o único modelo possível que satisfaz todas as limitações estabelecidas pela pesquisa e por nossos experimentos mentais.

Finalmente, há mais uma evidência corroborativa. As técnicas que desenvolvemos nas últimas décadas no campo da inteligência artificial para identificar e processar inteligentemente fenômenos do mundo real (como a fala humana e a linguagem escrita) e para compreender documentos em linguagem natural mostraram-se similares, em termos matemáticos, ao modelo que apresentei acima. Elas também são exemplos de TMRP. O campo da IA não estava tentando copiar explicitamente o cérebro, mas, mesmo assim, chegou a técnicas essencialmente equivalentes.

• Capítulo 5 •

O cérebro primitivo

Tenho um cérebro primitivo, mas uma memória bárbara.
– Al Lewis

Cá estamos, no meio desse novo mundo com nosso cérebro primitivo, sintonizado com a vida simples das cavernas, com forças terríveis à nossa disposição, que somos espertos o suficiente para liberar, mas cujas consequências não podemos compreender.
– Albert Szent-Györgyi

Nosso cérebro primitivo – aquele que tínhamos antes de sermos mamíferos – não desapareceu. Na verdade, ele ainda proporciona boa parte de nossa motivação na procura de gratificação e de se evitar o perigo. Essas metas, porém, são moduladas pelo neocórtex, que domina o cérebro humano tanto em massa como em atividade.

Os animais costumavam viver e sobreviver sem um neocórtex, e, com efeito, todos os animais não mamíferos continuam ainda hoje sobrevivendo dessa maneira. Podemos entender o neocórtex humano como o grande sublimador – e por isso, nossa motivação primitiva para evitar um grande predador pode ser transformada hoje pelo neocórtex na conclusão de uma tarefa para impressionar o chefe; a grande caçada pode se tornar a redação de um livro – sobre a mente, por exemplo; e a procura da reprodução pode se transformar na obtenção do reconhecimento público ou na decoração de seu apartamento. (Bem, esta última motivação nem sempre está tão bem oculta.)

Do mesmo modo, o neocórtex é bom para nos ajudar a resolver problemas, pois ele pode fazer um modelo preciso do mundo, refletindo sua natureza verdadeiramente hierárquica. Mas é o cérebro primitivo que nos apresenta esses problemas. Naturalmente, como qualquer burocracia sagaz, o neocórtex costuma lidar com os problemas que lhe são destinados redefinindo-os. A esse respeito, vamos estudar o processamento da informação no cérebro primitivo.

O caminho sensorial

> Imagens, propagadas pelo movimento ao longo das fibras dos nervos ópticos no cérebro, são a causa da visão.
> – Isaac Newton

> Cada um de nós vive no universo – a prisão – de seu próprio cérebro. Há, projetando-se dele, milhões de frágeis fibras nervosas sensoriais, em grupos singularmente adaptados para avaliar os estados energéticos do mundo à nossa volta: calor, luz, força e composição química. Isso é tudo que conhecemos diretamente sobre ele; todo o resto são inferências lógicas.
> – Vernon Mountcastle[1]

Embora tenhamos a ilusão de receber imagens de alta resolução de nossos olhos, o que na verdade o nervo óptico envia para o cérebro é apenas uma série de perfis e de pistas sobre pontos de interesse de nosso campo visual. Depois, basicamente temos alucinações sobre o mundo a partir de lembranças corticais que interpretam uma série de filmes com índices de dados muito baixos, que chegam em canais paralelos. Num estudo publicado na revista *Nature*, Frank S. Werblin, professor de biologia molecular e celular da Universidade da Califórnia em Berkeley, e o doutorando Boton Roska, MD, mostraram que o nervo óptico contém de dez a doze *outputs*, cada um dos quais conduzindo apenas uma pequena quantidade de informações sobre uma cena específica.[2] Um grupo das chamadas células ganglionares envia informações

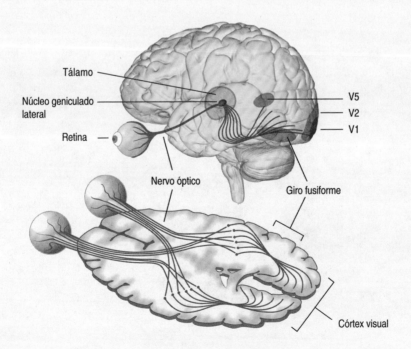

O caminho visual no cérebro

apenas sobre extremidades (mudanças de contraste). Outro grupo detecta apenas grandes áreas de cor uniforme, enquanto um terceiro grupo é sensível apenas aos cenários de fundo por trás de figuras de interesse.

"Apesar de pensarmos que vemos o mundo com tamanha plenitude, o que recebemos na verdade são apenas pistas, limites no tempo e no espaço", diz Werblin. "Essas 12 imagens do mundo constituem toda a informação que teremos sobre o que existe lá fora, e a partir dessas 12 imagens, que são tão esparsas, reconstruímos a riqueza do mundo visual. Tenho curiosidade de saber como a natureza selecionou esses 12 filmes simples e como podem ser suficientes para nos proporcionar todas as informações de que parecemos precisar."

Essa redução de dados é o que chamamos de "codificação esparsa" no campo da IA. Ao criar sistemas artificiais, descobrimos que jogar fora a maior parte das informações de *input* e reter ape-

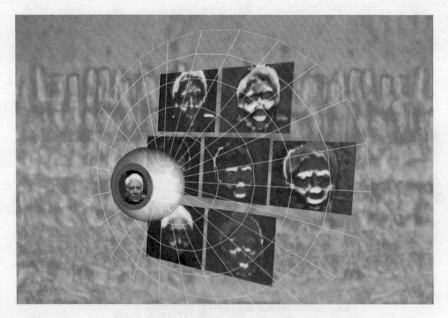

Sete dos doze "filmes" de baixa definição enviados pelo nervo óptico ao cérebro

nas os detalhes mais evidentes proporciona resultados superiores. Não sendo assim, a capacidade limitada de processamento de informações do neocórtex (biológico ou não) fica sobrecarregada.

O processamento de informações auditivas da cóclea humana através das regiões subcorticais e depois pelos primeiros estágios do neocórtex foi modelado meticulosamente por Lloyd Watts e sua equipe de pesquisa na Audience, Inc.[3] Eles desenvolveram uma tecnologia de pesquisa que extrai 600 faixas de frequência diferentes do som (60 por oitava). Isso se aproxima muito mais da estimativa de 3 mil faixas extraídas pela cóclea humana (compare com a identificação comercial da fala, que usa apenas de 16 a 32 faixas). Usando dois microfones e seu detalhado modelo de processamento auditivo (com alta resolução espectral), a Audience criou uma tecnologia comercial (com uma resolução espectral um pouco inferior à de seu sistema de

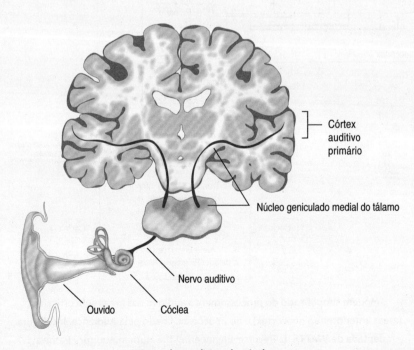

Caminho auditivo do cérebro

pesquisa) que remove efetivamente o ruído de fundo de conversas. Hoje, ela está sendo usada em muitos celulares populares e é um exemplo impressionante de um produto comercial baseado num entendimento sobre como o sistema humano de percepção auditiva é capaz de focalizar uma fonte sonora de interesse.

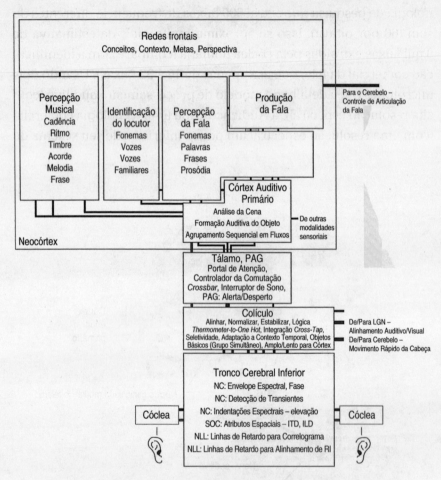

Modelo simplificado do processamento auditivo nas áreas subcorticais (áreas anteriores ao neocórtex) e no neocórtex, criado pela Audience, Inc. Figura adaptada de WATTS, L. Reverse-Engineering the Human Auditory Pathway. In LIU, J. et al (eds.). *WCCI 2012*. Berlim: Springer-Verlag, 2012, p. 49

Inputs do corpo (estimado em centenas de megabits por segundo), inclusive provenientes de nervos da pele, de músculos, órgãos e outras áreas, fluem pela medula espinhal superior. Essas mensagens envolvem mais do que uma mera comunicação sobre o tato; além disso, transportam informações sobre temperatura, níveis de acidez (como o de ácido lático nos músculos), o movimento de alimentos pelo trato gastrointestinal e muitos outros sinais. Esses dados são processados pelo tronco cerebral e pelo mesencéfalo. Células importantes, chamadas neurônios da lâmina I, criam um mapa do corpo, representando seu estado atual, algo não muito diferente dos monitores usados pelos controladores de voo para acompanhar os aviões. Dali, os dados sensoriais vão para uma região misteriosa chamada tálamo, o que nos leva a nosso próximo tópico.

O tálamo

> Todos sabem o que significa a atenção. É a tomada de posse por parte da mente, de maneira clara e nítida, de um entre aqueles que parecem ser diversos objetos ou sequências de pensamento simultaneamente possíveis. Focalização e concentração da consciência fazem parte de sua essência. Implicam o afastamento de algumas coisas a fim de se poder lidar efetivamente com outras.
> – William James

Do mesencéfalo, a informação sensorial flui através de uma região do tamanho de uma noz chamada núcleo ventromedial posterior (com sigla em inglês VMpo) do tálamo, que computa reações complexas como estados corporais, como "isto tem um gosto horrível", "que cheiro ruim" ou "esse toque luminoso é estimulante". A informação, cada vez mais processada, termina em duas regiões do neocórtex chamadas ínsulas. Essas estruturas, do tamanho de dedos pequenos, localizam-se dos lados esquerdo e direito do neocórtex. O dr. Arthur Craig, do Barrow Neurological Institute em Phoenix, descreve as duas regiões da ínsula como "um sistema que representa o eu material".[4]

Entre suas outras funções, o tálamo é considerado um portal para que as informações sensoriais pré-processadas entrem no neocórtex. Além das informações táteis que fluem pelo VMpo, informações processadas do nervo óptico (que, como dito antes, já foi transformado substancialmente) são enviadas para uma região do tálamo chamada núcleo geniculado lateral, que depois as envia para a região V1 do neocórtex. A informação do sentido da audi-

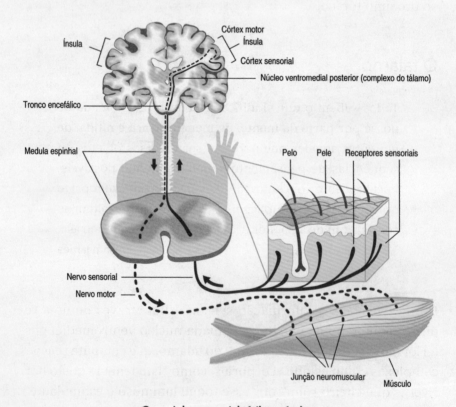

O caminho sensorial tátil no cérebro

ção é passada via o núcleo geniculado medial do tálamo a caminho das primeiras regiões auditivas do neocórtex. Todos os nossos dados sensoriais (exceto, aparentemente, o sistema olfativo, que usa o bulbo olfativo) passam por regiões específicas do tálamo.

O papel mais significativo do tálamo, porém, é sua comunicação contínua com o neocórtex. Os identificadores de padrão do neocórtex enviam resultados provisórios para o tálamo e recebem respostas principalmente utilizando sinais recíprocos excitantes e inibidores da camada VI de cada identificador. Lembre-se de que não são mensagens sem fio, e por isso é preciso uma quantidade extraordinária de fiação física (na forma de axônios) que liga todas as regiões do neocórtex ao tálamo. Pense na enorme quantidade de espaço (em termos da massa física de conexões necessárias) para que as centenas de milhões de identificadores de padrões do neocórtex fiquem constantemente em conferência com o tálamo.[5]

Bem, e sobre o que as centenas de milhões de identificadores de padrões neocorticais conversam com o tálamo? Aparentemente, é uma conversa importante porque danos profundos causados bilateralmente à principal região do tálamo podem levar a uma inconsciência prolongada. Uma pessoa com tálamo lesionado ainda pode ter atividade no neocórtex, uma vez que o pensamento autoprovocado por associação ainda pode funcionar. Mas o pensamento direcionado – do tipo que nos tira da cama, leva até o carro e nos põe diante da escrivaninha para trabalhar – não funciona sem tálamo. Num caso famoso, Karen Ann Quinlan, de 21 anos, sofreu um ataque cardíaco e insuficiência respiratória, e ficou vivendo num estado aparentemente vegetativo e irresponsivo durante dez anos. Ao morrer, sua autópsia revelou que seu neocórtex estava normal, mas seu tálamo havia sido destruído.

Para poder desempenhar seu papel crucial em nossa capacidade de direcionar a atenção, o tálamo apoia-se no conhecimento estruturado contido no neocórtex. Ele pode percorrer uma lista (armazenada no neocórtex), permitindo-nos seguir um fluxo mental ou acompanhar um plano de ação. Aparentemente, somos capazes de manter até quatro itens por vez em nossa memória operacional, dois por hemisfério, segundo pesquisas recentes realizadas no Picower Institute for Learning and Memory [Instituto Picower para o Aprendizado e a Memória] do MIT.[6] A dúvida sobre se o tálamo controla o neocórtex ou vice-versa está longe de ter sido resolvida, mas não somos capazes de funcionar sem os dois.

O hipocampo

Cada hemisfério cerebral contém um hipocampo, uma pequena região que se parece com um cavalo-marinho, situado no lobo temporal medial. Sua função primordial é a recordação de novos eventos. Como a informação sensorial flui através do neocórtex, cabe ao neocórtex determinar que uma experiência é nova a fim de apresentá-la ao hipocampo. Ele o faz ou ao deixar de identificar um conjunto de características específicas (como numa nova fisionomia, por exemplo) ou percebendo que uma situação que antes lhe era familiar passou a ter atributos únicos (como seu cônjuge usando um bigode postiço).

O hipocampo é capaz de recordar essas situações, apesar de parecer fazê-lo primariamente por meio de indicadores no neocórtex. Assim, as memórias no hipocampo também são armazenadas como padrões de nível inferior que antes foram identificados e armazenados no neocórtex. Para que animais sem neocórtex modulem experiências sensoriais, o hipocampo vai simplesmente recordar a informação a partir dos sentidos, embora ela tenha sofrido um pré-processamento sensorial (como as transformações realizadas pelo nervo óptico, por exemplo).

Embora o hipocampo faça uso do neocórtex (se um cérebro em particular tem um) como bloco de rascunho, sua memória (de indicadores no neocórtex) não é intrinsecamente hierárquica. Animais sem neocórtex podem, portanto, recordar-se de coisas usando o hipocampo, mas essas lembranças não serão hierárquicas.

A capacidade do hipocampo é limitada, e por isso sua memória é de curto prazo. Ele transfere uma sequência particular de padrões de sua memória de curto prazo para a memória hierárquica de longo prazo do neocórtex, repassando repetidas vezes essa sequência de memória para o neocórtex. Portanto, precisamos do hipocampo a fim de aprender novas memórias e habilidades (embora as habilidades estritamente motoras pareçam usar um mecanismo diferente). Alguém que tenha sofrido danos no hipocampo em ambos os hemisférios vai manter as memórias já existentes, mas não será capaz de formar novas.

Theodore Berger, neurocientista da Universidade do Sul da Califórnia, e seus colegas modelaram o hipocampo de um rato e fizeram experimentos bem-sucedidos com o implante de um hipocampo artificial. Num estudo publicado em 2011, os cientistas da USC bloquearam, por meio de drogas, comportamentos aprendidos específicos em ratos. Usando um hipocampo artificial, os ratos conseguiram tornar a aprender o comportamento rapidamente. "Ligue a chave e os ratos se lembram. Desligue-a e os ratos se esquecem", escreveu Berger, referindo-se à sua capacidade de controlar remotamente o implante neural. Noutro experimento, os cientistas permitiram que seu hipocampo artificial trabalhasse juntamente com o hipocampo natural dos ratos. O resultado foi que a capacidade dos ratos de aprender novos comportamentos foi fortalecida. "Esses estudos de modelos experimentais integrados mostram pela primeira vez que [...] uma prótese neural capaz de identificar e manipular em tempo real o processo de codificação pode restaurar e até melhorar os processos mnemônicos cognitivos"[7], explicou Berger. O hipocampo é uma das primeiras regiões danificadas pelo Mal de Alzheimer, e assim uma meta dessa pesquisa é desenvolver um implante neural para humanos que mitigue essa primeira fase de danos da doença.

O cerebelo

Existem dois métodos para pegar uma bola no ar. Podemos resolver as complexas equações diferenciais simultâneas que controlam o movimento da bola, bem como outras equações que governam nosso próprio ângulo de visão da bola, e depois calcular novas equações que tratam da maneira como devemos mover o corpo, o braço e a mão para estar no lugar certo na hora certa.

Mas não é esse o método adotado pelo nosso cérebro. Basicamente, ele simplifica o problema, reunindo diversas equações num modelo simples de tendências, levando em conta a tendência de onde a bola parece estar em nosso campo de visão e a rapidez com que ela se desloca nele. Ele faz a mesma coisa com nossa mão, simplesmente gerando predições lineares da posição aparente da bola em nosso campo de visão e a posição da mão. Naturalmente, a meta é assegurar que se encontrem no mesmo ponto no espaço e no tempo. Se a bola parece estar caindo depressa demais e nossa mão parece se mover com demasiada lentidão, nosso cérebro vai orientar a mão a se mover mais rapidamente, para que as tendências coincidam. Essa solução do "nó górdio" para algo que seria um problema matemático insolúvel é chamada função básica, e é realizada pelo cerebelo, uma região com a forma de um feijão, mas do tamanho de uma bola de beisebol, apoiada no tronco cerebral.[8]

O cerebelo é uma região do cérebro primitivo que antes controlava praticamente todos os movimentos dos hominídeos. Ele ainda contém metade dos neurônios do cérebro, embora a maioria seja relativamente pequena, e por isso a região representa apenas 10% do peso do cérebro. De modo análogo, o cerebelo representa outro exemplo de repetição maciça no desenho do cérebro. Há relativamente poucas informações sobre seu design no genoma, uma vez que sua estrutura é um padrão de diversos neurônios que se repete bilhões de vezes. Tal como ocorre com o neocórtex, sua estrutura é bem uniforme.[9]

A maior parte da função de controle dos músculos foi assumida pelo neocórtex, usando os mesmos algoritmos de reconhecimento de padrões que ele usa para percepção e cognição. No caso do movimento, podemos nos referir mais apropriadamente à função do neocórtex como sendo a implementação de padrões. O neocórtex utiliza a memória do cerebelo para registrar roteiros de movimento delicados; por exemplo, sua assinatura e certos floreios de expressão artística, como música e dança. Estudos do papel do cerebelo durante o aprendizado da escrita em crianças revelaram que as células Purkinje do cerebelo fazem uma amostragem da sequência de movimentos, sendo cada uma sensível a uma amostra específica.[10] Como a maior parte de nossos movimentos é controlada hoje pelo neocórtex, muitas pessoas vivem com uma incapacidade óbvia e relativamente modesta, mesmo com danos significativos ao cerebelo, só que seus movimentos podem se tornar menos graciosos.

O neocórtex também pode invocar o cerebelo para usar sua capacidade de computar funções básicas em tempo real a fim de prever os resultados de ações que estamos levando em conta, mas que ainda não realizamos (e que talvez nunca realizemos), bem como as ações ou possíveis ações de terceiros. É outro exemplo dos precisos preditores lineares inatos embutidos no cérebro.

Houve um progresso substancial na simulação do cerebelo em relação à capacidade de responder dinamicamente a pistas sensoriais usando as funções básicas que discuti acima, tanto em simulações de baixo para cima (baseadas em modelos bioquímicos) como em simulações de cima para baixo (baseadas em modelos matemáticos do modo como cada unidade repetidora do cerebelo opera).[11]

Prazer e medo

O medo é a principal fonte de superstição, e uma das principais fontes da crueldade. Dominar o medo é o começo da sabedoria.

– Bertrand Russell

> Sinta o medo, mas faça o que tem de fazer.
> – Susan Jeffers

Se o neocórtex é hábil para resolver problemas, então qual é o principal problema que estamos tentando resolver? O problema que a evolução sempre tentou resolver é a sobrevivência da espécie. Isso se traduz na sobrevivência do indivíduo, e cada um de nós usa seu próprio neocórtex para interpretar essa questão de milhares de formas. Para sobreviver, os animais precisam buscar sua próxima refeição, ao mesmo tempo em que evitam ser a refeição de outros. Eles também precisam se reproduzir. Os cérebros mais primitivos desenvolveram sistemas de prazer e de medo que recompensavam a satisfação dessas necessidades fundamentais, bem como os comportamentos básicos que as propiciavam. Com a mudança gradual dos ambientes e das espécies concorrentes, a evolução biológica fez alterações correspondentes. Com o advento do pensamento hierárquico, a satisfação de impulsos críticos tornou-se mais complexa, pois agora estava sujeita à vasta complexidade das ideias dentro de ideias. Mas apesar de sua considerável modulação pelo neocórtex, o cérebro primitivo ainda está vivo e ativo, motivando-nos com prazer e medo.

Uma região associada ao prazer é o núcleo accumbens. Em experimentos famosos realizados na década de 1950, ratos que conseguiam estimular diretamente essa pequena região (empurrando uma alavanca que ativava eletrodos implantados) preferiam fazê-lo em detrimento de qualquer outra coisa, inclusive sexo ou comida, acabando por se esgotarem e morrerem de fome.[12] Nos humanos, outras regiões também estão envolvidas no prazer, como o pálido ventral e, naturalmente, o próprio neocórtex.

O prazer também é regulado por substâncias químicas como a dopamina e a serotonina. Não cabe no escopo deste livro discutir detalhadamente esses sistemas, mas é importante perceber que herdamos esses mecanismos de nossos primos pré-mamíferos. A tarefa do neocórtex é permitir-nos ser senhores do prazer e do medo, e não seus escravos. Como estamos frequentemente sujeitos a comportamentos viciantes, o neocórtex nem sempre tem êxito nessa tarefa. A dopamina, em particular, é um neurotransmissor envolvido na experiência do prazer. Se alguma coisa boa acontece conosco – ganhar na loteria, obter o reconhecimento de nossos colegas, receber um abraço de um ente querido, ou mesmo realizações sutis, como fazer com que um amigo ria de uma piada –, recebemos uma liberação de dopamina. Às vezes, nós, como os ratos que morreram por causa do estímulo excessivo do núcleo accumbens, usamos um atalho para obter essas explosões de prazer, o que nem sempre é uma boa ideia.

O jogo, por exemplo, pode liberar dopamina, pelo menos quando você ganha, mas isso depende de sua falta inerente de previsibilidade. O jogo pode funcionar durante algum tempo para a liberação de dopamina, mas tendo em vista que as chances são intencionalmente contrárias a você (do contrário, o modelo de negócio de um cassino não funcionaria), ele pode se tornar ruinoso como estratégia regular. Perigos similares estão associados a qualquer comportamento viciante. Uma mutação genética específica do gene D2 receptor de dopamina causa sensações de prazer particularmente fortes nas primeiras experiências com substâncias e comportamentos viciantes, mas, como é bem sabido (mas nem sempre lembrado), a capacidade de produção de prazer dessas substâncias costuma declinar com o uso subsequente. Outra mutação genética resulta do fato de as pessoas não receberem níveis normais de liberação de dopamina com realizações cotidianas, o que também pode levar à procura de experiências iniciais mais intensas com atividades viciantes. A minoria da população que tem essas tendências genéticas ao vício cria um enorme problema social e médico. Até aqueles que conseguem evitar comportamentos seriamente viciantes lutam para equilibrar as recompensas da liberação de dopamina com as consequências dos comportamentos que as produzem.

A serotonina é um neurotransmissor que desempenha um papel importante na regulação do humor. Em níveis elevados, ela está associada a sensações de bem-estar e contentamento. A serotonina tem outras funções, inclusive a modulação da força sináptica, do apetite, do sono, do desejo sexual e da digestão. Drogas antidepressivas, como inibidores seletivos da recaptação da serotonina (que tendem a aumentar os níveis de serotonina disponíveis para os receptores), costumam ter efeitos abrangentes, nem todos desejáveis (como a redução da libido). Ao contrário de ações no neocórtex, no qual o reconhecimento de padrões e as ativações de axônios afetam apenas um pequeno número de circuitos neocorticais de cada vez, essas substâncias afetam grandes regiões do cérebro, ou até todo o sistema nervoso.

Cada hemisfério do cérebro humano tem uma amígdala, que consiste numa região em forma de amêndoa compreendendo diversos lobos pequenos. A amígdala também pertence ao cérebro primitivo e está envolvida no processamento de diversos tipos de reação emocional, sendo o medo a mais notável. Em animais pré-mamíferos, certos estímulos pré-programados representando perigo vão diretamente para a amígdala, que por sua vez aciona o mecanismo de "lutar ou fugir". Nos seres humanos, a amígdala depende agora da transmissão da percepção do perigo por parte do neocórtex. Um comentário negativo de seu chefe, por exemplo, pode provocar tal reação, gerando o medo de perder o emprego (ou talvez não, caso você tenha confiança num plano B). Quando a amígdala decide que há um perigo pela frente, dá-se uma sequência antiga de eventos. A amígdala envia um sinal para que a glândula pituitária libere um hormônio chamado ACTH (adrenocorticotropina). Este, por sua vez, aciona o hormônio do estresse, cortisol, das glândulas suprarrenais, o que resulta no fornecimento de mais energia para seus músculos e sistema nervoso. As glândulas suprarrenais também produzem adrenalina e noradrenalina, que inibem os sistemas digestivo, imunológico e reprodutor (imaginando que não são processos prioritários numa emergência). Os níveis de pressão sanguínea, açúcar no sangue, colesterol e fibrinogênio (que acelera a coagulação do sangue) sobem.

Os batimentos cardíacos e a respiração aceleram. Até suas pupilas se dilatam para que você tenha uma visão mais precisa de seu inimigo ou de sua rota de fuga. Tudo isso é muito útil caso um perigo real, como um predador, cruze inesperadamente o seu caminho. Sabe-se bem que no mundo de hoje a ativação crônica desse mecanismo de lutar ou fugir pode levar a danos permanentes à saúde em termos de hipertensão, elevados níveis de colesterol e outros problemas.

O sistema dos níveis de neurotransmissores globais, como a serotonina, e dos níveis de hormônios, como a dopamina, é complexo, e poderíamos passar o resto deste livro tratando do problema (como muitos livros já fizeram), mas vale a pena lembrar que a largura de faixa da informação (a proporção de processamento da informação) nesse sistema é muito baixa, em comparação com a largura de faixa do neocórtex. Há um número limitado de substâncias envolvidas e os níveis dessas substâncias tendem a mudar lentamente, além de serem relativamente universais no cérebro se o compararmos com o neocórtex, que é composto de centenas de trilhões de conexões que podem mudar rapidamente.

É razoável dizer que nossas experiências emocionais ocorrem tanto no cérebro primitivo como no novo. O pensamento se dá no novo cérebro (o neocórtex), mas os sentimentos ocorrem em ambos. Qualquer emulação do comportamento humano, portanto, precisa modelar ambos. No entanto, se estivermos procurando apenas pela inteligência cognitiva humana, o neocórtex é suficiente. Podemos substituir o cérebro primitivo pela motivação mais direta de um neocórtex não biológico para cumprir as metas que nos são atribuídas. Por exemplo, no caso de Watson, a meta foi estabelecida de forma simples: consiga as respostas corretas para as perguntas de *Jeopardy!* (embora estas fossem moduladas adicionalmente por um programa que compreendia as apostas de *Jeopardy!*). No caso do novo sistema desenvolvido em conjunto pela Nuance e pela IBM para conhecimento médico, a meta será ajudar a tratar doenças humanas. Sistemas futuros podem ter metas como curar de fato doenças e aliviar a pobreza. Boa parte do conflito prazer-medo já é obsoleta para os humanos, pois o cérebro primitivo evoluiu muito antes do surgimento das sociedades humanas primitivas; com efeito, a maior parte dele é reptiliana.

Existe um esforço contínuo no cérebro humano para decidir se quem está no comando é o cérebro primitivo ou o novo. O cérebro primitivo tenta estabelecer a agenda com seu controle das experiências de prazer e medo, enquanto o cérebro novo está sempre tentando compreender os algoritmos relativamente primários do cérebro primitivo e tentando manipulá-lo segundo sua própria agenda. Leve em conta o fato de a amígdala não poder avaliar perigos sozinha – no cérebro humano, ela depende dos julgamentos do neocórtex. Essa pessoa é amiga ou inimiga, amistosa ou ameaça? Só o neocórtex pode decidir.

Como não estamos envolvidos diretamente em combates mortais nem em caçadas por comida, temos tido sucesso na sublimação, pelo menos parcial, de nossos impulsos antigos em nome de empreendimentos mais criativos. Nesse sentido, vamos discutir criatividade e amor no capítulo seguinte.

• Capítulo 6 •

Habilidades transcendentes

Esta é minha religião simples. Não há necessidade de templos; não há necessidade de filosofias complicadas. Nosso próprio cérebro, nosso próprio coração é nosso templo; a filosofia é a bondade.

– O Dalai Lama

Minha mão se movimenta porque certas forças – elétricas, magnéticas ou seja lá o que essa "força nervosa" se revele ser – são impressas sobre ela por meu cérebro. A origem dessa força nervosa, armazenada no cérebro, provavelmente seria identificada, caso a Ciência fosse completa, em forças químicas fornecidas ao cérebro pelo sangue, e, em última análise, no alimento que como e no ar que respiro.

– Lewis Carroll

Nossos pensamentos emocionais também ocorrem no neocórtex, mas são influenciados por partes do cérebro que vão desde regiões do cérebro primitivo, como a amígdala, até algumas estruturas cerebrais recentes em termos evolutivos, como os neurônios fusiformes, que parecem ter um papel importante em emoções de nível superior. Diferentemente das estruturas recursivas regulares e lógicas encontradas no córtex cerebral, os neurônios fusiformes têm formas e conexões altamente irregulares. São os maiores neurônios do cérebro humano e se estendem por ele todo. São profundamente interconectados, com centenas de milhares de conexões que unem diversas porções do neocórtex.

Como dito antes, a ínsula ajuda a processar sinais sensoriais, mas ela também tem um papel vital nas emoções de nível superior. É nessa região que se originam as células fusiformes. A técnica de imagem por ressonância magnética funcional (IRMf) revelou que essas células ficam particularmente ativas quando a pessoa lida com emoções como amor, raiva, tristeza e desejo sexual. Entre as situações que ativam intensamente essas células, podemos elencar o momento em que a pessoa olha para o parceiro ou escuta o próprio bebê chorando.

As células fusiformes têm longos filamentos nervosos chamados dendritos apicais, capazes de se conectar com regiões neocorticais distantes. Essa interconexão "profunda", na qual certos neurônios proporcionam conexões entre diversas regiões, é uma característica que ocorre com frequência cada vez maior à medida que subimos pela escada evolutiva. Não é à toa que as células fusiformes, que lidam com emoções e juízos morais, tenham essa forma de conectividade, tendo em vista a capacidade das reações emocionais de nível superior para tocarem em diversos tópicos e pensamentos. Em função de seus vínculos com várias outras partes do cérebro, as emoções de nível superior processadas pelas células fusiformes são afetadas por todas as nossas regiões perceptivas e cognitivas. É importante destacar que essas células não resolvem problemas racionais, motivo pelo qual não temos controle racional das nossas reações a músicas ou paixões. O resto do cérebro, porém, está firmemente envolvido na tentativa de entender nossas misteriosas emoções de nível superior.

A quantidade de células fusiformes é relativamente pequena: apenas umas 80 mil, com cerca de 45 mil no hemisfério direito e 35 mil no esquerdo. Essa disparidade é, no mínimo, um dos motivadores da ideia de que a inteligência emocional pertence ao domínio do hemisfério direito, apesar de a desproporção ser modesta. Gorilas têm cerca de 16 mil dessas células; bonobos, umas 2.100 e chimpanzés, cerca de 1.800. Outros mamíferos não têm nenhuma.

Os antropólogos acreditam que as células fusiformes apareceram pela primeira vez entre 10 e 15 milhões de anos atrás num ancestral comum – e ainda não descoberto – entre símios e hominídeos (precursores dos humanos), e sua quantidade aumentou rapidamente há cerca de 100 mil anos. É interessante observar que as células fusiformes não existem em humanos recém-nascidos, e só começam a aparecer na idade aproximada de 4 meses; depois, seu número aumenta significativamente entre 1 e 3 anos de idade. A capacidade da criança para lidar com questões morais e perceber emoções de nível superior, como o amor, é desenvolvida nesse mesmo período.

Aptidão

Wolfgang Amadeus Mozart (1756-1791) escreveu um minueto aos 5 anos. Com 6, tocou para a imperatriz Maria Teresa na corte imperial em Viena. Depois, compôs 600 peças, incluindo 41 sinfonias, antes de sua morte aos 35 anos, e é considerado por muitos o maior compositor na tradição europeia clássica. Podemos dizer que ele tinha aptidão para a música.

E o que isso significa no contexto da teoria da mente baseada no reconhecimento de padrões? É claro que parte daquilo que consideramos aptidão é fruto de aprendizagem, ou seja, influência do ambiente e de outras pessoas. Mozart nasceu numa família musical. Seu pai, Leopold, era compositor e *kapellmeister* (literalmente, líder musical) da orquestra da corte do arcebispo de Salzburgo. O jovem Mozart estava mergulhado na música, e seu pai começou a lhe ensinar violino e clavicórdio (instrumento de teclas) aos 3 anos.

Entretanto, apenas as influências ambientais não explicam plenamente o gênio de Mozart. É claro que também existe um componente natural. Que forma ele tem? Como escrevi no capítulo 4, regiões diferentes do neocórtex tornaram-se otimizadas (pela evolução biológica) para certos tipos de padrões. Embora o algoritmo básico de reconhecimento de padrões dos módulos seja uniforme ao longo do neocórtex, como certos tipos de padrão tendem a fluir por certas regiões (rostos pelo giro fusiforme, por exemplo), essas regiões tornam-se melhores no que se refere ao processamento de padrões associados. Contudo, há numerosos parâmetros que governam o modo como o algoritmo é efetivamente processado em cada módulo. Por exemplo, para ser reconhecido, quão similar deve ser um padrão? Como esse limiar é modificado se um modulo de nível superior envia o sinal de que seu padrão é "esperado"? Como são levados em conta os parâmetros de tamanho? Esses e outros fatores foram dispostos diferentemente em regiões diferentes para serem vantajosos para tipos específicos de padrão. Em nosso trabalho com métodos similares na inteligência artificial, percebemos o mesmo fenômeno e usamos simulações de evolução para otimizar esses parâmetros.

Se regiões específicas podem ser otimizadas para tipos diferentes de padrões, então decorre que haverá variações na capacidade de cada cérebro aprender, identificar e criar certos tipos de padrão. Por exemplo, um cérebro pode ter aptidão inata para música porque consegue identificar melhor padrões rítmicos, ou compreende melhor a disposição geométrica das harmonias. O fenômeno do ouvido absoluto (a capacidade de identificar e de reproduzir um tom sem referência externa), correlacionado com o talento musical, parece ter base genética, embora essa habilidade precise ser desenvolvida; por isso, é provável que seja uma combinação entre natureza e aprendizado. É provável que a base genética do ouvido absoluto resida fora do neocórtex, no pré-processamento da informação auditiva, enquanto o aspecto cultivado reside no neocórtex.

Há outras habilidades que contribuem para o grau de competência, seja do tipo rotineiro, seja do gênio lendário. Habilidades neocorticais – por exemplo, a capacidade do neocórtex para dominar os sinais de medo que a amígdala gera (quando se vê diante de uma reprovação) – têm um papel significativo, assim como atributos do tipo confiança, talento organizacional e capacidade de influenciar os outros. Uma habilidade muito importante que percebi antes é a coragem de se devotar a ideias que vão contra a tendência da ortodoxia. Invariavelmente, pessoas que consideramos geniais fizeram experimentos mentais de maneiras que não foram compreendidas ou apreciadas no início por seus pares. Apesar de Mozart ter sido reconhecido em vida, a maior parte da adulação veio depois. Ele morreu na miséria, foi enterrado numa vala comum e só dois outros músicos compareceram ao seu funeral.

Criatividade

> Criatividade é uma droga sem a qual não consigo viver.
> – Cecil B. DeMille

> O problema nunca está em gerar pensamentos novos ou inovadores na mente, mas em como extrair dela os antigos. Cada mente é um edifício repleto de móveis arcaicos. Limpe um canto de sua mente e a criatividade o ocupará no mesmo instante.
> – Dee Hock

> A humanidade pode ser bem fria para com aqueles cujos olhos veem o mundo de forma diferente.
>
> – Eric A. Burns

> A criatividade pode resolver quase todos os problemas. O ato criativo, a derrota do hábito pela originalidade, supera tudo.
>
> – George Lois

Um aspecto importante da criatividade é o processo de encontrar grandes metáforas – símbolos que representam outra coisa. O neocórtex é uma grande máquina de metáforas, o que explica por que somos uma espécie singularmente criativa. Cada um dos 300 milhões de identificadores de padrões do neocórtex está identificando e definindo um padrão e dando-lhe um nome, que, no caso dos módulos neocorticais de reconhecimento de padrões, é nada mais que o axônio que surge do identificador de padrões acionado quando esse padrão é encontrado. Esse símbolo, por sua vez, torna-se parte de outro padrão. Basicamente, cada um desses padrões é uma metáfora. Os identificadores podem disparar até cem vezes por segundo, e por isso temos o potencial de identificar até 30 bilhões de metáforas por segundo. Naturalmente, nem todos os módulos disparam a cada ciclo, mas é válido dizer que, de fato, estamos identificando milhões de metáforas a cada segundo.

Naturalmente, algumas metáforas são mais significativas do que outras. Darwin percebeu que o *insight* de Charles Lyell sobre o modo como mudanças muito graduais num filete de água podem esculpir imensos cânions era uma metáfora poderosa para o modo como um filete de pequenas mudanças evolutivas ao longo de milhares de gerações podia esculpir grandes mudanças na diferenciação das espécies. Experimentos mentais, como aquele que Einstein usou para revelar o verdadeiro significado do experimento de Michelson-Morley, são metáforas, no sentido de ser uma "coisa considerada representativa ou simbólica de outra", para usar uma definição de dicionário.

Você vê metáforas no Soneto 73 de Shakespeare?

Uma estação – o outono – em mim tu podes ver:
Já a folhagem é rara, ou nula, ou amarelada,
Nos ramos que gelado vento vem bater,
Coros em ruína, onde cantava a passarada.

Em mim contemplas o clarão crepuscular,
Quando no ocaso, posto o sol, se esvai o dia:
Segunda morte, que faz tudo repousar,
Agora mesmo o levará noite sombria.

Em mim divisas uma chama a fulgurar
Nas cinzas de uma juventude já perdida,
Como em leito final onde haja de expirar

Só por aquilo que a nutria consumida
Isso é o que vês, e teu amor fica mais forte,
Para amar o que logo perderás na morte.*

Neste soneto, o poeta usa diversas metáforas para descrever a idade que avançava. Sua idade é como o final do outono, quando "a folhagem é rara, ou nula, ou amarelada". O clima é frio e as aves não pousam mais nos galhos, que ele chama de "coros em ruína". Sua idade é como o crepúsculo, "quando no ocaso, posto o sol, se esvai o dia". Ele é o resto de uma fogueira "nas cinzas de uma juventude já perdida". De fato, toda a linguagem é, em última análise, metáfora, embora algumas de suas expressões sejam mais memoráveis do que outras.

---

* Extraído de SHAKESPEARE, William. *Sonetos.* Trad. de Péricles Eugênio da Silva Ramos. São Paulo: Hedra, 2008. p. 85. [N. de T.]

Encontrar uma metáfora é o processo de identificar um padrão apesar das diferenças em detalhes e contexto – uma atividade que realizamos trivialmente a cada momento de nossas vidas. Os saltos metafóricos que consideramos importantes costumam acontecer nos interstícios de disciplinas diferentes. Trabalhando contra essa força essencial da criatividade, porém, está a tendência onipresente de uma especialização cada vez maior nas ciências (e também em quase todos os outros campos). Como escreveu o matemático norte-americano Norbert Wiener (1894-1964) em seu seminal livro *Cybernetics*, publicado no ano em que nasci (1948):

> Há campos do trabalho científico, como veremos no corpo deste livro, que foram explorados sob as facetas da matemática pura, da estatística, da engenharia elétrica e da neurofisiologia, nas quais cada conceito recebe um nome separado de cada grupo, e nas quais cada trabalho importante foi triplicado ou quadruplicado, enquanto outros trabalhos importantes são retardados pela indisponibilidade, num dos campos, de resultados que podem já ter se tornado clássicos em outro campo.
>
> Essas regiões fronteiriças são as que oferecem as oportunidades mais ricas para o investigador qualificado. São, ao mesmo tempo, as mais refratárias às técnicas aceitas de ataque em massa e à divisão do trabalho.

Uma técnica que tenho usado em meu próprio trabalho para combater a especialização crescente é reunir os especialistas que selecionei para um projeto (por exemplo, meu trabalho de reconhecimento de fala incluiu cientistas da fala, linguistas, psicoacústicos e especialistas em reconhecimento de padrões, além de cientistas da computação), estimulando cada um a ensinar ao grupo suas técnicas e terminologia específicas. Depois, descartamos toda essa terminologia e criamos a nossa própria. Invariavelmente, encontramos metáforas de um campo que solucionam problemas em outro.

Um camundongo que encontra uma rota de fuga quando se defronta com um gato doméstico – e consegue fazê-lo mesmo se a situação for um pouco diferente de outras em que já se viu – está sendo criativo. Nossa criatividade é muitas vezes maior que a do camundongo – e envolve muitos mais níveis de abstração – porque temos um neocórtex muito maior, capaz de níveis bem maiores de hierarquia. Assim, um caminho para se obter uma criatividade maior consiste em agregar mais neocórtex de maneira eficiente.

Uma forma de expandir o neocórtex disponível é pela colaboração de diversos seres humanos. Isso é feito rotineiramente através da comunicação entre pessoas reunidas numa comunidade que resolve problemas. Recentemente, fizeram-se esforços para usar ferramentas de colaboração on-line para controlar o poder da colaboração em tempo real, uma abordagem que obteve sucesso na matemática e em outros campos.[1]

O passo seguinte, naturalmente, seria a expansão do próprio neocórtex com seu equivalente não biológico. Esse será nosso ato supremo de criatividade: criar a capacidade para ser criativo. O neocórtex não biológico será mais rápido e capaz de buscar com agilidade os tipos de metáforas que inspiraram Darwin e Einstein. Ele pode explorar sistematicamente todos os limites superpostos entre nossas fronteiras de conhecimento, que crescem exponencialmente.

Algumas pessoas expressam preocupação sobre o que acontecerá com aqueles que optarem por não participar dessa expansão mental. Eu diria que essa inteligência adicional vai residir basicamente na nuvem (a rede de computadores em crescimento exponencial à qual nos conectamos através da comunicação on-line), na qual a maior parte da inteligência de nossas máquinas está armazenada. Quando você utiliza um sistema de reconhecimento de fala no celular, consulta um assistente virtual como Siri ou usa o telefone para traduzir um signo para outra linguagem, a inteligência não está no aparelho em si, mas na nuvem. Nosso neocórtex expandido também estará armazenado lá. Se acessamos essa inteligência expandida através de conexões neurais diretas ou pelo modo como fazemos hoje – interagindo com ela através de nossos aparelhos – é uma distinção arbitrária. Em meu ponto de vista, todos nós nos tornaremos mais criativos através desse reforço onipresente, quer optemos ou não pela conexão direta com a inteligência expandida da humanidade. Já terceirizamos boa parte de nossa memória pessoal, social, histórica e cultural na nuvem, e, em última análise, faremos a mesma coisa com nosso pensamento hierárquico.

O grande avanço de Einstein resultou não só de sua aplicação de metáforas através de experimentos mentais, mas também de sua coragem em acreditar no poder dessas metáforas. Ele estava disposto a abrir mão das explicações tradicionais que não satisfaziam seus experimentos, e a suportar as piadas de seus colegas com relação às explicações bizarras que suas metáforas implicavam. Essas qualidades – a crença na metáfora e a coragem das próprias convicções – são valores que também deveríamos poder programar em nosso neocórtex não biológico.

Amor

> A clareza mental também significa a clareza da paixão; é por isso que uma mente grandiosa e clara ama ardentemente e vê de forma distinta aquilo que ama.
> – Blaise Pascal

> Há sempre certa loucura no amor. Mas também há sempre alguma razão na loucura.
> – Friedrich Nietzsche

Quando você já tiver visto tanta coisa na vida quanto eu, não vai subestimar o poder do amor obsessivo.
– Alvo Dumbledore, de J. K. Rowling,
em *Harry Potter e o Enigma do Príncipe*

Sempre gosto de uma boa solução matemática para qualquer problema amoroso.
– Michael Patrick King, do episódio
"De volta ao jogo" de *Sex and the City*

Se você nunca experimentou de fato um amor arrebatador, sem dúvida deve ter ouvido falar dele. É justo dizer que uma fração substancial, se não a maioria da arte mundial – histórias, romances, músicas, danças, pinturas, séries da televisão e filmes – se inspira nas histórias do amor em seus primeiros estágios.

Recentemente, a ciência também entrou em cena, e agora podemos identificar as mudanças bioquímicas que acontecem quando alguém se apaixona. Libera-se dopamina, produzindo sensações como felicidade e deleite. Os níveis de norepinefrina sobem, o que leva à aceleração dos batimentos cardíacos e a uma sensação generalizada de euforia. Essas substâncias químicas, juntamente com a feniletilamina, produzem exaltação, níveis elevados de energia, atenção focalizada, perda de apetite e um anseio geral pelo objeto do desejo. É interessante comentar que pesquisas recentes da University College de Londres também mostram que os níveis de serotonina se reduzem, tal como ocorre em transtornos obsessivo-compulsivos, o que é consistente com a natureza obsessiva do amor incipiente.[2] Os elevados níveis de dopamina e norepinefrina explicam o aumento da atenção de curto prazo, da euforia e do anseio, sentidos durante o começo de um amor.

Se esses fenômenos bioquímicos parecem semelhantes aos da síndrome de lutar ou fugir, é porque são, só que neste caso estamos correndo para alguém ou alguma coisa; com efeito, um cínico poderia dizer que estamos rumando para o perigo, e não para longe dele. As mudanças também estão plenamente consistentes com aquelas das primeiras fases do comportamento viciante. A canção "Love Is the Drug" [O amor é a droga], da banda Roxy Music, é bem precisa na descrição desse estado (embora o sujeito da canção esteja procurando conquistar sua próxima amada). Estudos sobre experiências de êxtase religioso também mostram os mesmos fenômenos psíquicos; podemos dizer que a pessoa que tem uma experiência dessas está se apaixonando por Deus ou por alguma conexão espiritual que tenha.

No caso do amor romântico incipiente, com certeza o estrogênio e a testosterona têm seu papel na formação do impulso sexual, mas se a reprodução sexual fosse o único objetivo evolutivo do amor, então o aspecto romântico do processo não seria necessário. Como escreveu o psicólogo John William Money (1921-2006), "a luxúria é lúbrica, o amor é lírico".

A fase extática do amor leva à fase do apego e, no final, a um vínculo de longo prazo. Também há substâncias químicas que estimulam esse processo, inclusive a oxitocina e a vasopressina. Veja o caso de duas espécies aparentadas de roedores: o arganaz-das-pradarias e o arganaz-da-montanha. São praticamente idênticos, só que o arganaz-das-pradarias tem receptores para oxitocina e vasopressina, enquanto o arganaz-da-montanha não tem. O arganaz-das-pradarias é famoso por seus relacionamentos monogâmicos vitalícios, enquanto o arganaz-da-montanha dedica-se quase que somente a encontros fugazes. No caso dos arganazes, os receptores para oxitocina e vasopressina são determinadores da natureza de sua vida amorosa.

Embora essas substâncias químicas também influenciem os seres humanos, nosso neocórtex assumiu o papel de comando, como em tudo que fazemos. Os arganazes também têm neocórtex, mas ele é do tamanho de um selo e plano, e tem apenas o tamanho necessário para que encontrem uma parceira para o resto da vida (ou, no caso do arganaz-da-montanha, pelo menos por uma noite) e para levar a cabo outros comportamentos básicos dos arganazes. Nós, humanos, temos neocórtex adicional suficiente para nos dedicar às vastas expressões "líricas" a que Money se refere.

Do ponto de vista evolutivo, o próprio amor existe para atender às necessidades do neocórtex. Se não tivéssemos um neocórtex, então a luxúria seria razoavelmente suficiente para assegurarmos a reprodução. A instigação extática do amor leva à ligação e ao amor maduro, resultando num vínculo duradouro. Este, por sua vez, visa proporcionar ao menos a possibilidade de um ambiente estável para os filhos, enquanto seus neocórtices passam pelo aprendizado crítico necessário para que se tornem adultos responsáveis e capazes. O aprendizado num ambiente rico é uma parte intrínseca do método do neocórtex. De fato, os mesmos mecanismos hormonais da oxitocina e da vasopressina desempenham um papel crucial na formação de um vínculo crítico entre os progenitores (especialmente a mãe) e os filhos.

No outro extremo da história do amor, o ente querido torna-se uma parte importante de nosso neocórtex. Após décadas de união, existe a presença virtual do outro no neocórtex, a ponto de podermos antever cada etapa daquilo que o ente querido vai dizer e fazer. Nossos padrões neocorticais estão tomados por pensamentos e padrões que refletem quem ele é. Quando perdemos essa pessoa, perdemos literalmente parte de nós mesmos. Isso não é *apenas* uma metáfora: todos os numerosos identificadores de padrões tomados pelos padrões que refletem a pessoa que amamos mudam subitamente de natureza. Apesar de poderem ser considerados um modo precioso de mantermos a pessoa viva em nós mesmos, os inúmeros padrões neocorticais de um ente querido que se foi passam subitamente de ativadores do deleite para ativadores do luto.

A base evolutiva para o amor e suas fases não é a história completa do mundo atual. Já fomos razoavelmente bem-sucedidos na desvinculação entre o sexo e sua função biológica, pois podemos ter bebês sem fazer sexo e certamente podemos ter o ato sexual sem bebês. Na maioria das vezes, o sexo acontece com propósitos sensuais e de relacionamento. E rotineiramente nos apaixonamos com propósitos que não a procriação.

De modo similar, a enorme quantidade de expressões artísticas de todos os tipos que celebram o amor e suas milhares de formas, datando da antiguidade, também é um fim em si mesmo. Nossa capacidade de criar essas formas duradouras de conhecimento transcendente – sobre o amor ou qualquer outra coisa – é justamente o que torna única a nossa espécie.

O neocórtex é a maior criação da biologia. Por sua vez, são os poemas sobre o amor – e todas as nossas outras criações – que representam as maiores invenções de nosso neocórtex.

• **Capítulo 7** •

O neocórtex digital inspirado na biologia

Nunca confie em qualquer coisa que pensa por si mesma se você não puder ver onde ela guarda o cérebro.
– Arthur Weasley, de J. K. Rowling,
em *Harry Potter e o Prisioneiro de Azkaban*

Não, eu não estou interessado em desenvolver um cérebro poderoso. Estou interessado num cérebro medíocre, algo como o presidente da American Telephone and Telegraph Company.
– Alan Turing

Um computador merece ser chamado de inteligente quando consegue fazer um humano acreditar que ele é humano.
– Alan Turing

Creio que, no final do século, o uso de palavras e a opinião geral das pessoas educadas terão sido tão alterados que seremos capazes de falar de máquinas pensantes sem esperarmos que nos contradigam.
– Alan Turing

Uma mãe camundongo constrói um ninho para seus filhotes mesmo sem nunca ter visto outro camundongo em sua vida.[1] De modo análogo, uma aranha tece uma teia, uma lagarta cria seu próprio casulo e um castor constrói um dique, mesmo que nenhum contemporâneo lhes mostre como realizar essas tarefas complexas. Isso não quer dizer que não sejam comportamentos aprendidos. É que esses animais não os aprenderam numa única existência – eles os aprenderam ao longo de milhares de existências. A evolução do comportamento animal constitui um processo de aprendizado, mas um aprendizado da espécie e não do indivíduo, e os frutos desse processo de aprendizado estão codificados no DNA.

Para entender a importância da evolução do neocórtex, pense que ele acelerou muito o processo de aprendizado (conhecimento hierárquico), de milhares de anos para meses (ou menos). Mesmo que milhões de animais de uma determinada espécie de mamíferos não tenham conseguido solucionar um problema (que exige uma hierarquia de etapas), foi necessário que apenas um tenha encontrado acidentalmente uma solução. Esse novo método seria então copiado e espalhado exponencialmente pela população.

Estamos agora em posição de acelerar novamente o processo de aprendizado num fator de milhares ou de milhões, migrando da inteligência biológica para a não biológica. Quando um neocórtex digital aprende uma habilidade, ele pode transferir esse *know-how* em minutos ou até em segundos. Como um dos muitos exemplos, em minha primeira empresa, a Kurzweil Computer Products (hoje Nuance Speech Technologies), que fundei em 1973, passamos anos treinando um conjunto de computadores de pesquisa para identificarem letras impressas em documentos escaneados, uma tecnologia chamada reconhecimento óptico de caracteres onifonte (qualquer tipo de fonte), conhecida como OCR. Essa tecnologia específica vem sendo desenvolvida continuamente há quase 40 anos; o produto atual é chamado OmniPage da Nuance. Se você quiser que seu computador identifique letras impressas, não precisa passar anos treinando-o para isso, tal como fizemos: você pode simplesmente baixar os padrões evoluídos já aprendidos pelos computadores de pesquisa na forma de software. Na década de 1980, começamos a trabalhar com o reconhecimento de fala, e essa tecnologia, que vem sendo desenvolvida há várias décadas, faz parte do Siri. Mais uma vez, você pode baixar em segundos os padrões evoluídos aprendidos por computadores de pesquisa ao longo de muitos anos.

Em última análise, vamos criar um neocórtex artificial que tem a flexibilidade e a gama completa de seu equivalente humano. Pense nos benefícios. Circuitos eletrônicos são milhões de vezes mais rápidos do que nossos circuitos biológicos. No início, teremos de dedicar todo esse ganho em velocidade para compensar a relativa falta de paralelismo em nossos computadores, mas, no final, o neocórtex digital será bem mais veloz do que a variedade biológica, e sua velocidade só tende a aumentar.

Quando ampliamos nosso próprio neocórtex com uma versão sintética, não temos de nos preocupar com quanto neocórtex adicional pode ser acomodado fisicamente em nossos corpos e cérebros, pois a maior parte dele estará na nuvem, como a maior parte dos computadores que usamos hoje. Antes, estimei que temos em torno de 300 milhões de identificadores de padrões em nosso neocórtex biológico. Isso é tudo que podia caber em nosso crânio, mesmo com a inovação evolutiva de uma testa ampla e com o neocórtex ocupando cerca de 80% do espaço disponível. Assim que começarmos a pensar através da nuvem, não haverá limites naturais; seremos capazes de usar bilhões ou trilhões de identificadores de padrões, basicamente o número que quisermos, dependendo do que a lei dos retornos acelerados puder proporcionar a cada unidade de tempo.

Para que um neocórtex digital possa aprender uma nova habilidade, ele ainda vai exigir muitas iterações educativas, assim como o neocórtex biológico, mas depois que um único neocórtex digital, em algum lugar e momento, aprende alguma coisa, ele pode compartilhar esse conhecimento com todos os outros neocórtices digitais sem demora. Cada um pode ter seus próprios extensores de neocórtex particulares na nuvem, assim como temos nossos próprios armazenadores particulares de dados pessoais.

Por último, mas não menos importante, seremos capazes de criar uma cópia de segurança da porção digital de nossa inteligência. Como vimos, não é apenas uma metáfora afirmar que nosso neocórtex contém informações, e é assustador pensar que nenhuma dessas informações está duplicada atualmente. É claro que há um modo de criar uma cópia da informação contida no cérebro: escrevendo-a. A capacidade de transferir pelo menos parte de nosso pensamento para um meio que pode durar mais do que nossos corpos biológicos foi um imenso avanço, mas muitos dados em nosso cérebro ainda estão vulneráveis.

Simulações de cérebros

Uma forma de construir um cérebro digital é simular precisamente um biológico. Para citar um exemplo, o doutorando em ciências cerebrais David Dalrymple (nascido em 1991) está planejando simular o cérebro de um nematódeo (um verme cilíndrico).[2] Dalrymple escolheu o nematódeo por causa de seu sistema nervoso relativamente simples, que consiste em cerca de 300 neurônios, e que ele planeja simular ao nível bem detalhado das moléculas. Ele também vai criar uma simulação computadorizada de seu corpo e de seu ambiente, para que seu nematódeo virtual possa caçar alimento (virtual) e fazer as outras coisas que os nematódeos sabem fazer melhor. Dalrymple diz que é provável que seja a primeira carga transferida de um animal biológico para um virtual, vivendo num mundo virtual. Como seu nematódeo simulado, saber se até os nematódeos biológicos têm consciência é algo aberto a discussões, embora, ao lutarem para comer, digerir alimentos, evitar predadores e se reproduzir, eles tenham experiências das quais são conscientes.

Do lado oposto do espectro, o Projeto Blue Brain, de Henry Markram, está planejando simular o cérebro humano, inclusive todo o neocórtex e as regiões do cérebro primitivo como o hipocampo, a amígdala e o cerebelo. Suas simulações planejadas serão construídas com graus variados de detalhamento, até uma simulação completa em nível molecular. Como disse no capítulo 4, Markram descobriu um módulo-chave com várias dezenas de neurônios que se repete sempre no neocórtex, demonstrando que o aprendizado é feito por esses módulos e não por neurônios isolados.

O progresso de Markram tem aumentado num ritmo exponencial. Ele simulou um neurônio em 2005, ano em que o projeto começou. Em 2008, sua equipe simulou toda uma coluna neocortical do cérebro de um rato, consistindo em 10 mil neurônios. Em 2011, o número tinha se expandido para cem colunas, totalizando um milhão de células, que ele chamou de mesocircuito. Uma controvérsia relativa ao trabalho de Markram é o modo de verificar se suas simulações são precisas. Para isso, essas simulações vão precisar demonstrar seu aprendizado, o que discuto a seguir.

Ele planeja similar um cérebro de rato completo com cem mesocircuitos, totalizando 100 milhões de neurônios e cerca de um trilhão de sinapses, por volta de 2014. Numa palestra na conferência TED de 2009 em Oxford, Markram disse: "Não é impossível construir um cérebro humano, e podemos fazê-lo em 10 anos".[3] Sua meta mais recente para a simulação de um cérebro completo é 2023.[4]

Markram e sua equipe estão baseando seu modelo em detalhadas análises anatômicas e eletroquímicas de neurônios de verdade. Usando um aparato automático que criaram, chamado robô de fixação de membranas [*patch-clamp robot*], eles estão medindo enzimas, canais iônicos e neurotransmissores específicos responsáveis pela atividade eletroquímica dentro de cada neurônio. Seu sistema automático conseguiu realizar 30 anos de análises em seis meses, segundo Markram. Foi a partir dessas análises que eles perceberam as unidades de "memória Lego", que são as unidades funcionais básicas do neocórtex.

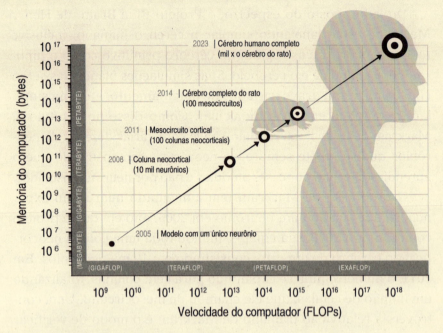

Progresso real e projetado do projeto de simulação cerebral Blue Brain

Contribuições significativas para a tecnologia da fixação robótica de membranas [*robotic patch-clamping*] foram feitas por Ed Boyden, neurocientista do MIT, Craig Forest, professor de engenharia mecânica da Georgia Tech, e Suhasa Kodandaramaiah, orientando de Forest na pós-graduação. Eles demonstraram um sistema automatizado com precisão de um micrômetro que pode realizar a varredura de tecidos neurais a uma distância muito curta sem danificar as delicadas membranas dos neurônios. "Isso é uma coisa que um robô pode fazer e um humano não", comentou Boyden.

Voltando à simulação de Markram, depois de simular uma coluna neocortical, Markram teria dito: "Agora só precisamos ampliar a escala".[5] Com certeza, a escala é um fator importante, mas resta mais um obstáculo importante: o aprendizado. Se o cérebro do Projeto Blue Brain deve "falar, ter uma inteligência e compor-

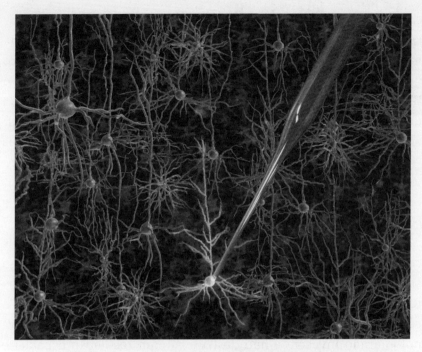

A ponta do robô de fixação de membranas desenvolvido no MIT e na
Georgia Tech fazendo a varredura de tecidos neurais

tar-se de forma bem parecida com a de um humano", que foi como Markram descreveu sua meta numa entrevista para a BBC em 2009, então ele precisará de conteúdo suficiente em seu neocórtex simulado para realizar essas tarefas.[6] Como qualquer um que tenha tentado manter uma conversa com um recém-nascido pode confirmar, é preciso aprender muito antes que isso se torne viável.

Há duas maneiras óbvias pelas quais isso pode ser feito num cérebro simulado como o Blue Brain. Uma seria fazer com que o cérebro aprendesse o conteúdo tal como um cérebro humano o faz. Ele pode começar como um bebê humano recém-nascido, com a capacidade inata de adquirir conhecimento hierárquico, e com certas transformações pré-programadas em suas regiões de pré-processamento sensorial. Mas o aprendizado que ocorre entre um bebê biológico e um ser humano que pode conversar com ele precisaria se dar de maneira comparável no aprendizado não biológico. O problema dessa abordagem é que um cérebro que está sendo simulado no nível de detalhes esperado para o Blue Brain só deve funcionar em tempo real no início da década de 2020. Até o funcionamento em tempo real seria demasiadamente lento, a menos que os pesquisadores estejam preparados para aguardar uma ou duas décadas até se atingir a paridade intelectual com um humano adulto, embora o desempenho em tempo real vá ficando cada vez mais rápido à medida que os computadores continuam a aumentar em preço/desempenho.

A outra abordagem consiste em fazer com que um ou mais cérebros humanos biológicos que já adquiriram conhecimento suficiente conversem numa linguagem significativa e se comportem de forma madura, copiando seus padrões neocorticais para o cérebro simulado. O problema desse método é que exige uma tecnologia não invasiva e não destrutiva, com resolução espacial e temporal e velocidade suficiente para realizar tal tarefa de maneira rápida e completa. Imagino que essa tecnologia de "uploading" não esteja disponível antes da década de 2040. (As exigências computacionais para simular um cérebro com esse grau de precisão, que estimo que seja da ordem de 10^{19} cálculos por segundo, estarão disponíveis num supercomputador, segundo minhas projeções, no início da década de 2020; no entanto, as tecnologias de varredura cerebral não destrutivas vão demorar mais.)

Há uma terceira abordagem, que é aquela que, segundo acredito, projetos de simulação como o Blue Brain precisarão adotar. Podemos simplificar modelos moleculares criando equivalentes funcionais em diferentes níveis de especificidade, que vão desde meu próprio método algorítmico funcional (como descrito neste livro) até simulações que se aproximam mais de simulações moleculares plenas. A velocidade de aprendizado, portanto, pode ser aumentada por um fator de centenas ou de milhares, dependendo do grau de simplificação utilizado. É possível idealizar um programa educacional para o cérebro simulado (usando o modelo funcional) que ele pode aprender de forma relativamente rápida. Então, a simulação molecular plena pode ser substituída pelo modelo simplificado, mas ainda usando seu aprendizado acumulado. Depois, podemos simular o aprendizado com o modelo molecular pleno numa velocidade muito mais lenta.

Dharmendra Modha, cientista norte-americano da computação, e seus colegas da IBM criaram uma simulação, célula por célula, de uma porção do neocórtex visual humano compreendendo 1,6 bilhão de neurônios virtuais e 9 trilhões de sinapses, o que equivale ao neocórtex de um gato. Ele funciona cem vezes mais lentamente do que o tempo real num supercomputador IBM BlueGene/P, que consiste em 147.456 processadores. O trabalho recebeu o Prêmio Gordon Bell da Association for Computing Machinery.

O propósito específico de um projeto de simulação cerebral como o Blue Brain e as simulações de neocórtex de Modha é aprimorar e confirmar um modelo funcional. No nível humano, a IA vai usar principalmente o tipo de modelo algorítmico funcional discutido neste livro. No entanto, as simulações moleculares vão nos ajudar a aperfeiçoar esse modelo e a compreender plenamente quais são os detalhes importantes. Quando desenvolvi a tecnologia de reconhecimento de fala nas décadas de 1980 e 1990, conseguimos aprimorar nossos algoritmos depois que as transformações reais realizadas pelo nervo auditivo e pelas primeiras porções do córtex auditivo foram compreendidas. Mesmo que nosso modelo funcional seja perfeito, compreender exatamente como ele será efetivamente implementado em nossos cérebros biológicos vai revelar conhecimentos importantes sobre funções e disfunções humanas.

Vamos precisar de dados detalhados sobre cérebros reais para criar simulações com base biológica. A equipe de Markram está reunindo seus próprios dados. Há projetos em grande escala para coletar esse tipo de dados e disponibilizá-los para cientistas. Para citar um exemplo, o Cold Spring Harbor Laboratory de Nova York coletou 500 terabytes de dados mapeando o cérebro de um mamífero (um camundongo), que disponibilizaram em junho de 2012. Seu projeto permite que o usuário explore um cérebro, tal como o Google Earth permite explorar a superfície do planeta. É possível se movimentar ao redor do cérebro e dar um *zoom* para ver neurônios individuais e suas conexões. É possível destacar uma única conexão e acompanhar seu caminho pelo cérebro.

Dezesseis seções dos Institutos Nacionais da Saúde dos Estados Unidos (National Institutes of Health) se reuniram e patrocinaram uma iniciativa importante chamada Human Connectome Project, com verbas de US$ 38,5 milhões.[7] Liderado pela Universidade de Washington em St. Louis, a Universidade de Minnesota, a Universidade de Harvard, o Hospital Geral de Massachusetts e a Universidade da Califórnia em Los Angeles, o projeto busca criar um mapa tridimensional similar de conexões no cérebro humano. O projeto está usando diversas tecnologias de varredura não invasiva, inclusive novas formas de IRM, magnetencelografia (medição dos campos magnéticos produzidos pela atividade elétrica do cérebro) e tractografia de difusão (um método para traçar os caminhos dos feixes de fibras no cérebro). Como explico no capítulo 10, a resolução espacial da varredura cerebral não invasiva está aumentando a um ritmo exponencial. A pesquisa de Van J. Wedeen e seus colegas no Massachusetts General Hospital, que descrevi no capítulo 4, mostrando uma estrutura de grade altamente regular da fiação do neocórtex, é um dos primeiros resultados desse projeto.

O neurocientista computacional Anders Sandberg (nascido em 1972), da Universidade de Oxford, e o filósofo sueco Nick Bostrom (nascido em 1973) escreveram o abrangente *Whole brain emulation: a roadmap*, que detalha os requisitos para a simulação do cérebro humano (e de outros tipos de cérebros) em níveis diferentes de especificidade de modelos funcionais de alto nível para a simulação de moléculas.[8] O relatório não apresenta uma linha do tempo, mas descreve os requisitos para a simulação de diferentes tipos de cérebros com níveis variados de precisão em termos de varredura

• O neocórtex digital inspirado na biologia • 163

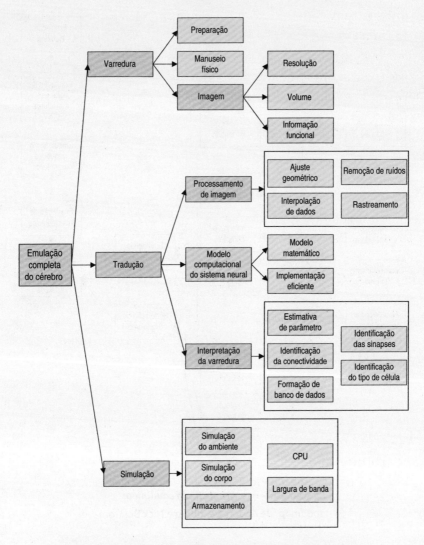

Um esboço das capacidades tecnológicas necessárias para emulação completa do cérebro, em *Whole brain emulation: a roadmap*, de Anders Sandberg e Nick Bostrom

cerebral, modelagem, armazenamento e computação. O relatório projeta ganhos exponenciais em todas essas áreas de capacidade e diz que as condições para simular o cérebro humano com elevado nível de detalhamento estão começando a ser viáveis.

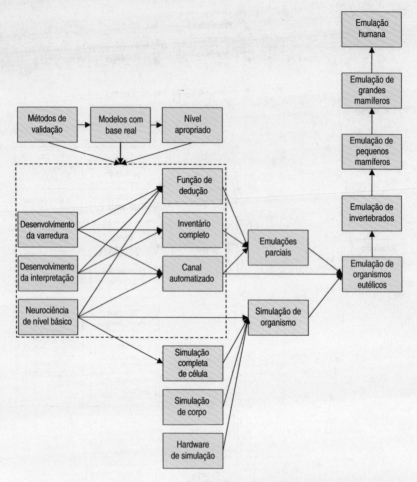

Um esboço de *Whole brain emulation:
a roadmap*, de Anders Sandberg e Nick Bostrom

Redes neurais

Em 1964, então com 16, escrevi para Frank Rosenblatt (1928-1971), professor da Universidade Cornell, perguntando-lhe sobre uma máquina chamada Mark 1 Perceptron. Ele a havia criado quatro anos antes, e diziam que tinha propriedades semelhantes às de um cérebro. Ele me convidou a visitá-lo e experimentar a máquina.

• O neocórtex digital inspirado na biologia • 165

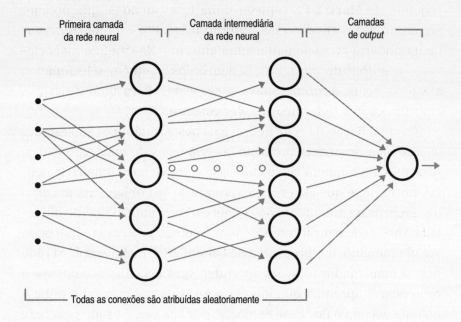

O Perceptron foi construído a partir do que ele chamou de modelos eletrônicos de neurônios. Os *inputs* consistiam em valores organizados em duas dimensões. Para a fala, uma dimensão representava a frequência e outra o tempo, de modo que cada valor representava a intensidade de uma frequência num dado momento do tempo. Para as imagens, cada ponto era um pixel numa imagem bidimensional. Cada ponto de um determinado *input* era conectado aleatoriamente aos *inputs* da primeira camada de neurônios simulados. Cada conexão tinha uma força sináptica associada representando sua importância, estabelecida inicialmente com um valor aleatório. Cada neurônio somava os sinais que chegavam até ele. Se o sinal combinado excedesse um limiar específico, o neurônio disparava e enviava um sinal para seu *output*; se o sinal combinado de *input* não excedesse o limiar, o neurônio não disparava e seu *output* era zero. O *output* de cada neurônio estava conectado aleatoriamente aos *inputs* dos neurônios na camada seguinte. O Mark 1 Perceptron tinha três camadas, que podiam ser organizadas em diversas configurações. Por exemplo, uma camada poderia retroalimentar uma anterior. Na camada mais elevada, o *output* de um ou mais neurônios, também selecionados aleatoriamente, proporcionava a resposta. (Para uma descrição algorítmica das redes neurais, ver esta nota.)[9]

Como a fiação da rede neural e os pesos sinápticos são estabelecidos aleatoriamente no início, as respostas de uma rede neural não treinada também são aleatórias. A chave para uma rede neural, portanto, é que ela precisa aprender o seu objeto, assim como os cérebros de mamíferos nos quais ela seria supostamente modelada. Uma rede neural começa ignorante; seu professor – que pode ser um humano, um programa de computador ou talvez outra rede neural mais madura, que já aprendeu suas lições – recompensa a rede neural aprendiz quando ela gera o *output* correto e pune-a quando ela não o faz. Esse *feedback*, por sua vez, é usado pela rede neural aprendiz para ajustar a força de cada conexão interneural. Conexões consistentes com a resposta correta são fortalecidas. Aquelas que apresentam uma resposta errada são enfraquecidas.

Com o tempo, a rede neural se organiza para apresentar as respostas corretas sem supervisão. Experimentos mostraram que as redes neurais podem aprender seu objeto de interesse mesmo com professores pouco confiáveis. Se o professor está correto apenas 60% do tempo, a rede neural aprendiz ainda vai aprender suas lições com uma precisão próxima de 100%.

Contudo, as limitações na gama de material que o Perceptron era capaz de aprender tornaram-se aparentes em pouco tempo. Quando visitei o professor Rosenblatt em 1964, tentei fazer modificações simples no *input*. O sistema foi preparado para identificar letras impressas, e reconhecia-as com razoável precisão. Fazia um bom trabalho de autoassociação (ou seja, identificava as letras mesmo que eu cobrisse parte delas), mas não se saía tão bem com a invariância (ou seja, generalizando mudanças de tamanho e de tipo de fonte, o que o confundia).

Na última metade da década de 1960, essas redes neurais tornaram-se imensamente populares, e o campo do "conexionismo" ocupou pelo menos metade do campo da inteligência artificial. A abordagem mais tradicional à IA, enquanto isso, incluiu tentativas diretas de programar soluções para problemas específicos, como o reconhecimento das propriedades invariantes de letras impressas.

Outra pessoa que visitei em 1964 foi Marvin Minsky (nascido em 1927), um dos fundadores do campo da inteligência artificial. Apesar de ter feito alguns trabalhos pioneiros sobre redes neurais na década de 1950, ele estava preocupado com o grande surto de interesse nessa técnica. Parte do encanto das redes neurais era a suposição de que não exigiam programação – aprenderiam sozinhas as soluções para os problemas. Em 1965, entrei para o MIT como estudante, tendo o professor Minsky como meu orientador, e compartilhei seu ceticismo sobre a moda do "conexionismo".

Em 1969, Minsky e Seymour Papert (nascido em 1928), os dois cofundadores do MIT Artificial Intelligence Laboratory, escreveram um livro chamado *Perceptrons*, que apresentava um único teorema central: que um perceptron era intrinsecamente incapaz de determinar se uma imagem seria conexa. O livro causou um incêndio. Determinar uma conexão ou a falta dela numa imagem é uma tarefa que os humanos podem fazer com bastante facilidade, e também é um processo objetivo para programar um computador para fazer esta discriminação. O fato de os perceptrons não conseguirem realizá-la era considerado por muitos uma falha fatal.

Muitos, porém, interpretaram o livro *Perceptrons* como se ele implicasse mais do que de fato fazia. O teorema de Minsky e Papert se aplicava apenas a um tipo particular de rede neural chamado rede neural de alimentação avante (uma categoria que inclui o perceptron de Rosenblatt); outros tipos de redes neurais não tinham essa limitação. Mesmo assim, o livro conseguiu liquidar com a maior parte das verbas para pesquisas sobre redes neurais na década de 1970. O campo retornou na década de 1980 com algumas

Duas imagens da capa do livro *Perceptrons*, de Marvin Minsky e Seymour Papert. A imagem superior não está conectada (ou seja, a área escura consiste em duas partes desconexas). A imagem inferior é conexa. Um humano pode determinar isso prontamente, tal como um simples programa de software. Um perceptron de alimentação avante como o Mark 1 Perceptron de Frank Rosenblatt não consegue fazer essa determinação

tentativas de utilizar modelos considerados mais realistas de neurônios biológicos, evitando as limitações implicadas pelo teorema do perceptron de Minsky-Papert. Não obstante, a capacidade do neocórtex para solucionar o problema da invariância, um elemento fundamental de sua força, era uma habilidade que continuava além do alcance do ressurgente campo conexionista.

Codificação esparsa: quantização vetorial

No começo da década de 1980, dei início a um projeto dedicado a outro problema clássico do reconhecimento de padrões: compreender a fala humana. No início, usamos métodos tradicionais da IA, programando diretamente o conhecimento de especialistas sobre as unidades fundamentais da fala – fonemas – e regras de linguistas sobre a forma como pessoas unem fonemas para construir palavras e frases. Cada fonema tem padrões de frequência distintos. Por exemplo, sabemos que vogais como "e" e "a" são caracterizadas por certas frequências ressonantes chamadas formantes, com uma proporção característica de formantes para cada fonema. Sons sibilantes como "z" e "s" são caracterizados por uma explosão de ruído que abrange muitas frequências.

Capturamos a fala como uma forma de onda, que então convertemos em múltiplas bandas de frequências (percebidas como tons) usando um banco de filtros de frequência. O resultado dessa transformação pode ser visualizado e se chama espectrograma (ver página 170).

O banco de filtros está copiando aquilo que a cóclea humana faz, que é o passo inicial de nosso processamento biológico do som. Primeiro, o software identificou fonemas com base em padrões distintos de frequências e depois identificou palavras com base na identificação de sequências de fonemas característicos.

O resultado foi parcialmente bem-sucedido. Pudemos ensinar nosso aparelho a aprender os padrões de uma pessoa em particular usando um vocabulário de tamanho moderado, medido em milhares de palavras. Quando tentamos identificar dezenas de milhares de palavras, lidar com diversos falantes e permitir uma fala totalmente contínua (ou seja, a fala sem pausas entre palavras), deparamos com

170 • Como criar uma mente •

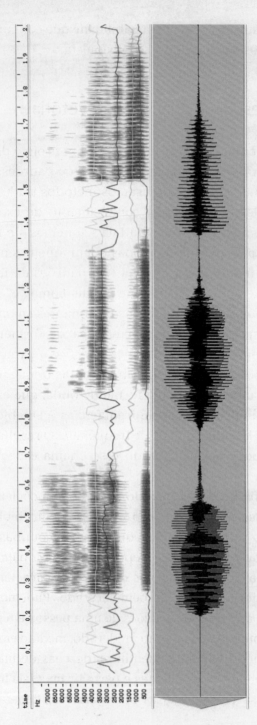

Um espectrograma de três vogais. Da esquerda para a direita: [i], como em "apreciar", [u] como em "acústico" e [a] como em "ah". O eixo Y representa a frequência do som. Quanto mais escura a banda, mais energia acústica naquela frequência

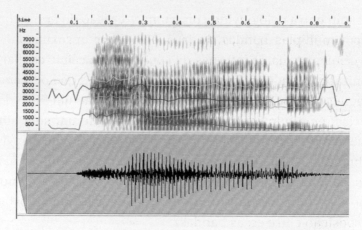

Espectrograma de uma pessoa dizendo a palavra inglesa "hide" (esconder). As linhas horizontais mostram os formantes, que são frequências sustentadas com energia particularmente elevada[10]

o problema da invariância. Pessoas diferentes pronunciaram o mesmo fonema de maneira diferente – por exemplo, o fonema "e" de uma pessoa pode se parecer com o "ah" de outra. Até a mesma pessoa demonstrou inconsistência na maneira como pronunciou determinado fonema. Volta e meia, o padrão de um fonema foi afetado pelos fonemas próximos. Muitos fonemas foram deixados completamente de lado. A pronúncia das palavras (ou seja, o modo como os fonemas se unem para formar palavras) também variou muito e dependeu do contexto. As regras linguísticas que tínhamos programado estavam sendo transgredidas e não conseguíamos acompanhar a extrema variabilidade da linguagem falada.

Para mim ficou claro na época que a essência do padrão humano e da identificação conceitual baseava-se em hierarquias. Isso certamente é aparente na linguagem humana, que constitui uma hierarquia complexa de estruturas. Mas qual é o elemento na base das estruturas? Essa foi a primeira pergunta que analisei ao procurar formas de identificar automaticamente uma fala humana absolutamente normal.

O som entra pelo ouvido como uma vibração do ar e é convertido em múltiplas bandas de frequência por aproximadamente 3 mil células capilares internas da cóclea. Cada célula capilar está sintonizada numa frequência específica (observe que percebemos as frequências como tons) e cada uma atua como um filtro de frequências, emitindo um sinal sempre que existe um som em sua frequência de ressonância ou perto dela. Portanto, ao sair da cóclea humana, o som é representado por cerca de 3 mil sinais distintos, cada um significando a intensidade – variada ao longo do tempo – de uma banda estreita de frequências (com substancial superposição entre essas bandas).

Apesar de ter ficado aparente que o cérebro era substancialmente paralelo, parecia-me impossível para o cérebro fazer o pareamento de padrões de 3 mil sinais auditivos distintos. Suspeitei que a evolução pudesse ser ineficiente. Agora sabemos que acontece uma redução bastante substancial de dados no nervo auditivo antes que os sinais sonoros atinjam o neocórtex.

Em nossos identificadores de fala baseados em software, também usamos filtros implementados como software – 16, para ser exato (que depois aumentamos para 32, pois descobrimos que não havia muito benefício se fôssemos muito além disso). Assim, em nosso sistema, cada ponto no tempo era representado por 16 números. Precisávamos reduzir esses 16 feixes de dados a um, enfatizando, ao mesmo tempo, as características que são significativas para o reconhecimento de fala.

Usamos uma técnica matematicamente otimizada para fazer isso, chamada quantização vetorial. Pense que em qualquer momento específico, o som (pelo menos num ouvido) era representado por nosso software com 16 números diferentes: ou seja, o *output* de 16 filtros de frequência. (No sistema auditivo humano, o número seria 3 mil, representando o *output* de 3 mil células capilares internas da cóclea.) Na terminologia matemática, cada um desses conjuntos de números (sejam os 3 mil no caso biológico ou os 16 em nossa implementação por software) é chamado de vetor.

Para simplificar, vamos considerar o processo de quantização vetorial com vetores de dois números. Cada vetor pode ser considerado um ponto no espaço bidimensional.

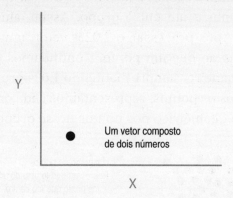

Se tivermos uma amostra bem grande desses vetores e os plotarmos, é provável que percebamos a formação de grupos.

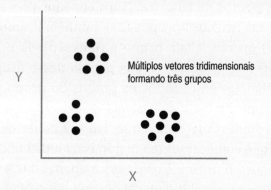

Para identificarmos os grupos, precisamos decidir quantos vamos permitir. Em nosso projeto, de maneira geral, permitimos 1.024 grupos para podermos numerá-los e atribuir a cada grupo um rótulo de 10 bits (pois 2^{10} = 1.024). Nossa amostra de vetores representa a diversidade que esperamos. Designamos arbitrariamente os primeiros 1.024 vetores como grupos de um ponto.

Depois, analisamos o 1.025º vetor e descobrimos o ponto mais próximo a ele. Se essa distância for maior do que a menor distância entre qualquer par dos 1.024 pontos, consideramo-lo o início de um novo grupo. Depois, reduzimos os dois grupos (de um ponto) mais próximos a um único grupo. Assim, ainda nos restam 1.024 grupos. Após processar o 1.025º vetor, um desses grupos terá agora mais do que um ponto. Continuamos a processar os pontos dessa maneira, sempre mantendo 1.024 grupos. Após processarmos todos os pontos, representamos cada grupo multipontos pelo centro geométrico dos pontos desse grupo.

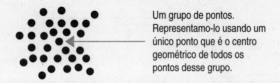

Um grupo de pontos. Representamo-lo usando um único ponto que é o centro geométrico de todos os pontos desse grupo.

Continuamos com esse processo iterativo até termos passado por todos os pontos da amostra. Normalmente, processamos milhões de pontos em 1.024 grupos (2^{10}); também usamos 2.048 (2^{11}) ou 4.096 (2^{12}) grupos. Cada grupo é representado por um vetor que fica no centro geométrico dos pontos desse grupo. Logo, o total das distâncias entre todos os pontos do grupo até o ponto central do grupo é o menor possível.

O resultado dessa técnica é que, em vez de ter os milhões de pontos com que começamos (e um número ainda maior de pontos possíveis), agora reduzimos os dados a apenas 1.024 pontos que usam o espaço de possibilidades de forma ideal. Não são atribuídos grupos a partes do espaço que nunca são usadas.

Então, atribuímos um número para cada grupo (em nosso caso, de 0 a 1.023). Esse número é a representação reduzida, "quantizada" desse grupo, motivo pelo qual a técnica é chamada de quantização vetorial. Qualquer vetor de *input* que surgir no futuro será representado pelo número do grupo cujo ponto central estiver mais próximo desse novo vetor de *input*.

Agora, podemos pré-calcular uma tabela com a distância entre o ponto central de cada grupo e todos os outros pontos centrais. Portanto, teremos disponível, de forma instantânea, a distância entre esse novo vetor de *input* (que representamos por esse ponto quantizado – noutras palavras, pelo número do grupo que estiver mais próximo desse novo ponto) e todos os outros grupos. Como estamos representando apenas os pontos por seu grupo mais próximo, agora conhecemos a distância entre este ponto e qualquer outro ponto que possa surgir.

Descrevi a técnica acima usando vetores com apenas dois números, mas o trabalho com vetores de 16 elementos é totalmente análogo ao exemplo mais simples. Como escolhemos vetores com 16 números representando 16 bandas de frequência diferentes, cada ponto de nosso sistema era um ponto do espaço tetradecadimensional. É difícil imaginar um espaço com mais de três dimensões (talvez quatro, caso incluamos o tempo), mas a matemática não tem essas inibições.

Realizamos quatro coisas com esse processo. Primeiro, reduzimos bastante a complexidade dos dados. Segundo, reduzimos dados tetradecadimensionais a dados unidimensionais (ou seja, agora cada amostra é um único número). Terceiro, melhoramos nossa capacidade de encontrar características invariantes, pois estamos enfatizando porções do espaço de sons possíveis que transmitem mais informações. Muitas das combinações de frequências são fisicamente impossíveis ou, no mínimo, muito improváveis, por isso não há motivo para dar o mesmo espaço às combinações improváveis de *input* que reservamos para as prováveis. Essa técnica reduz os dados a possibilidades igualmente prováveis. O quarto benefício é que podemos usar identificadores de padrões unidimensionais, mesmo que os dados originais consistam em muitas outras dimensões. Pelo que vimos, essa é a abordagem mais eficiente para utilizarmos os recursos computacionais disponíveis.

Lendo sua mente com os Modelos Ocultos de Markov

Com a quantização vetorial, simplificamos os dados de modo a enfatizar as características principais, mas ainda precisamos de um modo de representar a hierarquia de características invariantes que daria sentido às novas informações. Tendo trabalhado no campo de reconhecimento de padrões naquela época (início da década de 1980) por 20 anos, eu sabia que as representações unidimensionais eram bem mais poderosas, eficientes e receptivas a resultados invariantes. Não se conhecia muito bem o neocórtex no início da década de 1980, mas, com base em minha experiência com diversos problemas de reconhecimento de padrões, presumi que o cérebro também deveria reduzir seus dados multidimensionais (fossem dos olhos, dos ouvidos ou da pele), usando uma representação unidimensional, especialmente com a ascensão dos conceitos na hierarquia do neocórtex.

No problema do reconhecimento da fala, a organização da informação no sinal da fala parecia ser uma hierarquia de padrões, na qual cada padrão era representado por uma série linear de elementos projetados adiante. Cada elemento de um padrão poderia ser outro padrão num nível inferior, ou uma unidade de *input* fundamental (que, no caso do reconhecimento de fala, seriam nossos vetores quantizados).

Você vai perceber que essa situação é consistente com o modelo de neocórtex que apresentei antes. Logo, a fala humana é produzida por uma hierarquia de padrões lineares no cérebro. Se pudéssemos examinar simplesmente esses padrões no cérebro da pessoa que fala, seria apenas questão de parear suas novas manifestações verbais com seus padrões cerebrais e compreender o que a pessoa estaria dizendo. Infelizmente, não temos acesso direto ao cérebro do falante – a única informação de que dispomos é o que ele efetivamente disse. É claro que essa é a meta da linguagem falada: o falante está compartilhando uma parcela de sua mente em sua manifestação oral.

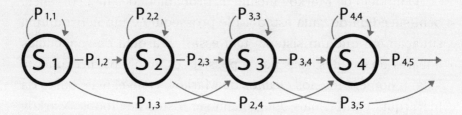

Exemplo simples de uma camada de um Modelo Oculto de Markov. S_1 a S_4 representam os estados internos "ocultos". Cada uma das transições $P_{i,j}$ representa a probabilidade de passar do estado S_i para o estado S_j. Essas probabilidades são determinadas pelo aprendizado do sistema a partir dos dados de treinamento (inclusive durante o uso efetivo). Uma nova sequência (como uma nova manifestação oral) é pareada com essas probabilidades para se determinar a possibilidade de que esse modelo produza a sequência

Assim, eu pensei: existe uma técnica matemática que nos permitiria inferir os padrões no cérebro do falante com base em suas palavras faladas? Obviamente, uma manifestação oral não seria suficiente, mas se tivéssemos um grande número de amostras, poderíamos usar essa informação para ler os padrões no neocórtex do falante (ou, no mínimo, formular alguma coisa matematicamente equivalente que nos possibilitaria identificar novas manifestações orais)?

As pessoas não costumam perceber o poder da matemática – lembre-se de que nossa capacidade de pesquisar boa parte do conhecimento humano numa fração de segundo com motores de pesquisa baseia-se numa técnica matemática. Para lidar com o problema do reconhecimento de fala que enfrentei no início da década de 1980, percebi que a técnica dos Modelos Ocultos de Markov atendia perfeitamente à necessidade. O matemático russo Andrei Andreyevich Markov (1856-1922) construiu uma teoria matemática de sequências hierárquicas de estados. O modelo baseava-se na possibilidade de transpor os estados numa cadeia, e, se isso fosse bem-sucedido, de disparar um estado no nível hierárquico imediatamente superior. Parece familiar?

O modelo de Markov incluiu as probabilidades da ocorrência bem-sucedida de cada estado. Ele prosseguiu e hipotetizou uma situação em que um sistema tem essa hierarquia de sequências lineares de estados, mas não é possível examiná-los diretamente – daí o nome, Modelos *Ocultos* de Markov. O nível mais baixo da hierarquia emite sinais que podem ser vistos por todos. Markov apresenta uma técnica matemática para computar que probabilidades de cada transição devem ser baseadas no *output* observado. O método foi aprimorado posteriormente por Norbert Wiener em 1923. O aprimoramento de Wiener também apresentou um modo para se determinar as conexões no modelo de Markov; basicamente, qualquer conexão com uma probabilidade tão baixa era considerada inexistente. Em síntese, é assim que o neocórtex humano elimina conexões: se elas raramente (ou nunca) são usadas, são consideradas improváveis e são podadas. Em nosso caso, o *output* observado é o sinal de fala criado pela pessoa que fala, e as probabilidades e conexões de estado do modelo de Markov constituem a hierarquia neocortical que a produziu.

Idealizei um sistema no qual tomaríamos amostras de fala humana, aplicaríamos a técnica dos Modelos Ocultos de Markov para inferir uma hierarquia de estados com conexões e probabilidades (basicamente um neocórtex simulado para a produção de fala), e usaríamos depois essa rede hierárquica inferida de estados para identificar novas manifestações orais. Para criar um sistema independente do falante, usaríamos amostras de muitos indivíduos diferentes para treinar os modelos ocultos de Markov. Acrescentando o elemento das hierarquias para representar a natureza hierárquica da informação na linguagem, eles foram chamados apropriadamente de Modelos Hierárquicos Ocultos de Markov (ou HHMMs, de Hierarchical Hidden Markov Models).

Meus colegas na Kurzweil Applied Intelligence mostraram-se céticos diante da viabilidade dessa técnica, tendo em vista que se tratava de um método auto-organizado que lembrava as redes neurais, que haviam caído em descrédito e com as quais havíamos tido pouco sucesso. Mostrei que a rede num sistema neural é fixa e não se adapta ao *input*: os pesos se adaptam, mas as conexões, não. No modelo de Markov, desde que preparado corretamente, o sistema podaria as conexões não utilizadas, adaptando-se à topologia.

Estabeleci um projeto que foi considerado um "skunk works" (expressão organizacional para um projeto que não segue caminhos convencionais e que tem pouco apoio de recursos formais), formado por mim, um programador que trabalhava em meio expediente e um engenheiro elétrico (para criar o banco de filtros de frequência). Para a surpresa de meus colegas, nosso esforço mostrou-se bem-sucedido, tendo êxito na identificação bastante precisa de fala de um vocabulário extenso.

Depois desse experimento, todos os nossos esforços posteriores de reconhecimento de fala basearam-se em modelos hierárquicos ocultos de Markov. Aparentemente, outras empresas de reconhecimento de fala descobriram o valor desse método de maneira independente, e, desde meados da década de 1980, muitos trabalhos de reconhecimento automatizado de fala têm se baseado nessa abordagem. Os Modelos Ocultos de Markov também são

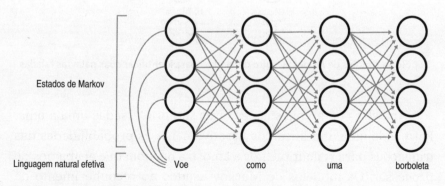

Estados ocultos de Markov e possíveis transições para produzir uma sequência de palavras em um texto de linguagem natural

usados na síntese da fala – lembre-se de que nossa hierarquia cortical biológica é usada não só para identificar *inputs* como para produzir *outputs*, como a fala e movimentos físicos.

Os HHMMs também são usados em sistemas que compreendem o significado de frases em linguagem natural, o que representa uma ascensão na hierarquia conceitual.

Para compreender o funcionamento do método HHMM, começamos com uma rede que consiste em todas as transições de estado possíveis. O método de quantização vetorial descrito antes é crítico aqui, pois do contrário haveria possibilidades demais para se analisar.

Eis uma possível topologia inicial simplificada:

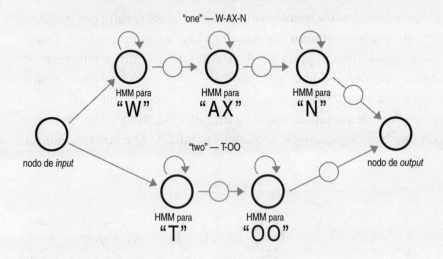

Topologia simples de Modelo Oculto de Markov para identificar duas palavras faladas

Amostras de manifestações orais são processadas uma a uma. Para cada uma, modificamos iterativamente as probabilidades das transições para refletir melhor a amostra de *input* que acabamos de processar. Os modelos de Markov usados no reconhecimento de fala codificam a possibilidade de encontrar padrões sonoros específicos em cada fonema, como os fonemas se influenciam mutuamente e as ordens prováveis dos fonemas. O sistema também pode incluir redes de probabilidade em níveis superiores da estrutura da linguagem, como a ordem das palavras, a inclusão de frases e assim por diante, subindo pela hierarquia da linguagem.

Embora nossos sistemas anteriores de reconhecimento de fala incorporassem regras específicas sobre estruturas e sequências de fonemas explicitamente codificadas por linguistas humanos, o novo sistema com base HHMM não sabia explicitamente que existem 44 fonemas em inglês, nem as sequências de vetores mais prováveis para cada fonema, ou quais sequências de fonemas eram mais prováveis do que outras. Deixamos o sistema descobrir essas "regras" sozinho a partir de milhares de horas de dados transcritos de fala humana. A vantagem dessa abordagem sobre regras codificadas à mão é que os modelos desenvolvem regras probabilísticas das quais os especialistas humanos nem sempre estão a par. Percebemos que muitas regras que o sistema aprendeu automaticamente com os dados divergiam de maneiras sutis, mas importantes, das regras estabelecidas por especialistas humanos.

Depois que a rede foi treinada, começamos a tentar identificar a fala levando em conta os caminhos alternativos através da rede e escolhendo o caminho mais provável, tendo em mente a sequência real de vetores de *input* que tínhamos visto. Noutras palavras, se vimos uma sequência de estados que tinha a probabilidade de produzir aquela manifestação oral, concluímos que ela proveio da sequência cortical. Esse neocórtex simulado e baseado em HHMM incluiu rótulos de palavras, permitindo propor uma transcrição daquilo que ele ouvira.

Depois, pudemos aprimorar ainda mais nossos resultados continuando a treinar a rede ao mesmo tempo em que a usamos para identificação. Como discutimos, a identificação e o aprendizado simultâneos também acontecem em todos os níveis de nossa hierarquia neocortical biológica.

Algoritmos evolutivos (genéticos)

Há ainda outra consideração importante: como estabelecemos os diversos parâmetros que controlam o funcionamento de um sistema de reconhecimento de padrões? Poderíamos incluir o número de vetores que habilitamos na etapa de quantização vetorial, a topologia inicial de estados hierárquicos (antes de a fase de treinamento do processo do Modelo Oculto de Markov podá-los), o limiar de identificação em cada nível da hierarquia, os parâmetros que controlam o tratamento dos parâmetros de tamanho, e muitos outros. Podemos estabelecê-los com base em nossa intuição, mas os resultados estarão muito distantes do ideal.

Chamamos esses parâmetros de "parâmetros de Deus" porque eles são estabelecidos antes do método auto-organizado de determinação da topologia dos Modelos Ocultos de Markov (ou, no caso biológico, antes que a pessoa aprenda suas lições criando, de modo similar, conexões em sua hierarquia cortical). Talvez seja um nome inadequado, uma vez que esses detalhes de desenho inicial com base no DNA são determinados pela evolução biológica, embora alguns possam ver a mão de Deus nesse processo (embora eu considere que a evolução seja um processo espiritual, essa discussão pertence ao capítulo 9).

Quando chegou o momento de estabelecer esses "parâmetros de Deus" em nosso sistema hierárquico simulado de aprendizado e identificação, pegamos emprestada novamente uma pista da natureza e decidimos desenvolvê-la – em nosso caso, usando uma simulação da evolução. Usamos os chamados algoritmos genéticos ou evolutivos (AGs), que incluem reprodução sexual e mutações simuladas.

Eis uma descrição simplificada do funcionamento desse método. Primeiro, determinamos um modo de codificar possíveis soluções para determinado problema. Se o problema for a otimização dos parâmetros de projeto de um circuito, então definimos uma lista com todos os parâmetros (com um número específico de bits designados para cada parâmetro) que caracterizam o circuito. Essa lista é considerada o código genético do algoritmo genético. Depois, geramos aleatoriamente milhares de códigos genéticos, ou mais. Cada um desses códigos genéticos (que representa um conjunto de parâmetros designados) é considerado um organismo simulado de "solução".

Depois, avaliamos cada organismo simulado num ambiente simulado, usando um método definido para avaliar cada conjunto de parâmetros. Essa avaliação é uma chave para o sucesso de um algoritmo genético. Em nosso exemplo, cada programa gerado pelos parâmetros seria executado e julgado segundo critérios apropriados (ele completou a tarefa, quanto tempo levou, e assim por diante). Os organismos com a melhor solução (os melhores projetos) podem sobreviver, e os restantes são eliminados.

Agora, fazemos com que cada um dos sobreviventes se multiplique até terem atingido o mesmo número de criaturas-solução. Isso é feito simulando a reprodução sexual: noutras palavras, criamos uma nova prole, e cada criatura nova extrai uma parte de seu código genético de um progenitor e outra parte de um segundo progenitor. Normalmente, não se faz distinção entre organismos masculinos ou femininos; basta gerar uma prole a partir de dois progenitores arbitrários, e por isso estamos falando basicamente de casamentos do mesmo sexo. Talvez não seja tão interessante quanto a reprodução sexual no mundo natural, mas o ponto relevante aqui é ter dois progenitores. Como esses organismos simulados se reproduzem, permitimos que ocorra alguma mutação (mudanças aleatórias) nos cromossomos.

Bem, definimos uma geração de evolução simulada; depois, repetimos essas etapas para cada geração subsequente. Ao cabo de cada geração, determinamos qual a melhor nos desenhos (ou seja, computamos a melhoria média na função de avaliação em todos os organismos sobreviventes). Quando o grau de melhoria de uma geração para outra na avaliação do desenho das criaturas torna-se muito pequeno, paramos esse ciclo iterativo e usamos os melhores desenhos na última geração. (Para uma descrição algorítmica dos algoritmos genéticos, ver esta nota.)[11]

A chave para um algoritmo genético é que os projetistas humanos não programam diretamente uma solução; em vez disso, deixamos que ela emerja através de um processo iterativo de competição e melhoria simuladas. A evolução biológica é sagaz mas lenta, e por isso, para reforçar sua inteligência, aceleramos bastante esse ritmo pesado. O computador é rápido o bastante para simular muitas gerações numa questão de horas ou dias, e algumas vezes o deixamos trabalhar durante semanas para simular centenas de milhares de gerações. Mas temos de passar apenas uma vez por esse processo iterativo; assim que deixamos essa evolução simulada trilhar seu curso, podemos aplicar rapidamente as regras evoluídas e altamente refinadas a problemas reais. No caso de nossos sistemas de reconhecimento de fala, nós os usamos para desenvolver a topologia inicial da rede e outros parâmetros críticos. Logo, usamos dois métodos auto-organizados: um AG para simular a evolução biológica que deu origem a um desenho cortical específico, e HHMMs para simular a organização cortical que acompanha o aprendizado humano.

Outro requisito importante para o sucesso de um AG é um método válido de avaliação de cada solução possível. Essa avaliação precisa ser feita rapidamente, pois deve levar em conta milhares de soluções possíveis para cada geração de evolução simulada. Os AGs são hábeis no tratamento de problemas com muitas variáveis para o cálculo de soluções analíticas precisas. O projeto de um motor, por exemplo, pode compreender mais de cem variáveis e exige a satisfação de dezenas de limitações; AGs usados pelos pesquisadores da General Electric conseguiram desenhar motores a jato que aderem às limitações de forma bem mais precisa do que os métodos convencionais.

Mas é preciso ser cauteloso nas expectativas quando usamos AGs. Um algoritmo genético foi usado para resolver um problema de empilhamento de blocos, e obteve uma solução perfeita... só que ela implicava milhares de etapas. Os programadores humanos se esqueceram de incluir a minimização do número de etapas em sua função de avaliação.

O projeto Electric Sheep*, de Scott Drave, é um AG que produz arte. A função de avaliação usa avaliadores humanos numa colaboração de fonte aberta que envolve muitos milhares de pessoas. A arte se move através do tempo e você pode apreciá-la em electricsheep.org.

Para o reconhecimento de fala, a combinação de algoritmos genéticos e de modelos ocultos de Markov funcionou extremamente bem. A simulação da evolução com um AG foi capaz de melhorar substancialmente o desempenho de redes HHMM. O que a evolução produziu foi bem superior a nosso desenho original, que se baseava em nossa intuição.

Depois, experimentamos introduzir uma série de pequenas variações no sistema geral. Por exemplo, introduzimos perturbações (pequenas mudanças aleatórias) no *input*. Outra dessas mudanças consistiu em fazer com que modelos de Markov adjacentes "vazassem" um no outro, levando os resultados de um modelo de Markov a influenciar modelos que estivessem "próximos". Apesar de não termos percebido isso na época, o tipo de ajuste que experimentamos é muito similar ao tipo de modificação que ocorre em estruturas corticais biológicas.

No início, essas mudanças prejudicam o desempenho (medido pela precisão da identificação). Mas, se tornássemos a executar a evolução (ou seja, tornássemos a executar o AG) com essas alterações aplicadas, isso adaptaria coerentemente o sistema, otimizando-o para essas modificações introduzidas. De modo geral, isso restauraria o desempenho. Se depois removêssemos as mudanças introduzidas, o desempenho pioraria novamente, pois o sistema

---

* O nome do projeto é uma alusão ao romance do autor norte-americano Philip K. Dick, *Do androids dream of electric sheep?* [*Androides sonham com ovelhas elétricas?*. São Paulo: Aleph, 2014]. [N. de T.]

teria evoluído para compensar as mudanças. O sistema adaptado tornou-se dependente das mudanças.

Um tipo de alteração que realmente ajudou o desempenho (após executar novamente o AG) foi a introdução de pequenas mudanças aleatórias no *input*. O motivo para isso é o conhecido problema do "sobreajuste" em sistemas auto-organizados. Existe o perigo de que tal sistema generalize de forma exagerada os exemplos específicos contidos na amostra de treinamento. Fazendo ajustes aleatórios no *input*, os padrões mais invariantes dos dados vão sobreviver, e com isso o sistema aprende esses padrões mais profundos. Isso só ajudou quando tornamos a executar o AG com a característica aleatória acionada.

Isso introduz um dilema na compreensão de nossos circuitos corticais biológicos. Percebeu-se, por exemplo, que pode mesmo haver um pequeno vazamento de uma conexão cortical para outra, resultante do modo como as conexões biológicas se formam: aparentemente, a eletroquímica dos axônios e dendritos está sujeita aos efeitos eletromagnéticos das conexões próximas. Suponha que somos capazes de realizar um experimento no qual removemos esse efeito de um cérebro de verdade. Será difícil realizá-lo, mas não necessariamente impossível. Suponha que realizamos tal experimento e que descobrimos que os circuitos corticais funcionaram com menos eficiência sem esse vazamento neural. Podemos concluir que esse fenômeno foi um projeto bastante sagaz da evolução e fundamental para que o córtex atingisse seu nível de desempenho. Podemos lembrar ainda que tal resultado mostra que o modelo organizado do fluxo de padrões que sobe pela hierarquia conceitual e o fluxo de predições que desce por ela eram, de fato, muito mais complicados por causa dessa intricada influência exercida pelas conexões, umas sobre as outras.

Mas essa não seria necessariamente uma conclusão precisa. Veja nossa experiência com um córtex simulado com base em HHMMs, no qual implementamos uma modificação muito similar à interferência entre neurônios. Se depois executássemos a evolução com esse fenômeno ativado, o desempenho seria restaurado (porque o processo evolutivo se adaptou a ele). Se tirássemos depois a interferência, o desempenho seria novamente comprometido. No caso biológico, a evolução (ou seja, a evolução biológica) na verdade foi "executada" com esse fenômeno ativado. Os parâmetros detalhados do sistema, portanto, foram estabelecidos pela evolução biológica e dependem desses fatores; logo, sua modificação afetará negativamente o desempenho, a menos que executemos novamente a evolução. É viável fazê-lo no mundo simulado, no qual a evolução ocupa apenas dias ou semanas, mas no mundo biológico isso exigiria dezenas de milhares de anos.

Assim, como podemos saber se uma característica específica de desenho do neocórtex biológico é uma inovação vital introduzida pela evolução biológica – ou seja, algo crucial para o nosso nível de inteligência – ou apenas um artefato do qual o desenho do sistema depende, mas sem o qual poderia ter evoluído? Podemos responder a essa pergunta executando a evolução simulada com e sem essas variações específicas nos detalhes do desenho (por exemplo, sem e com interferência entre conexões). Podemos fazê-lo até na evolução biológica se estivermos examinando a evolução de uma colônia de micro-organismos na qual as gerações são medidas em horas, mas isso não é prático em organismos complexos como os humanos. Essa é outra das muitas desvantagens da biologia.

Voltando a nosso reconhecimento de fala, descobrimos que se executássemos a evolução (ou seja, um AG) *separadamente* no projeto inicial (1) dos modelos hierárquicos ocultos de Markov que estavam modelando a estrutura interna de fonemas e (2) da modelagem feita pelos HHMMs das estruturas das palavras e frases, obteríamos resultados ainda melhores. Os dois níveis do sistema estavam usando HHMMs, mas o AG desenvolveria variações de projeto entre esses níveis diferentes. Essa abordagem ainda permitiu a modelagem de fenômenos que ocorrem entre os dois níveis, como a elisão de fonemas que costuma acontecer quando juntamos certas palavras (por exemplo, "Como vocês estão?" pode se tornar "Como ces'tão?")

É provável que um fenômeno similar ocorra em regiões diferentes do córtex biológico, pois elas desenvolveram pequenas diferenças com base no tipo de padrões com que precisam lidar. Embora todas essas regiões usem basicamente o mesmo algoritmo neocortical, a evolução biológica teve tempo suficiente para ajustar o desenho de cada uma delas a fim de otimizá-las para seus padrões específicos. Entretanto, como disse antes, neurocientistas e neurologistas perceberam uma plasticidade considerável nessas áreas, apoiando a ideia de um algoritmo neocortical geral. Se os métodos fundamentais de cada região fossem radicalmente diferentes, então essa intercambiabilidade entre regiões corticais não seria possível.

Os sistemas que criamos em nossa pesquisa usando essa combinação de métodos auto-organizados foram muito bem-sucedidos. No reconhecimento de fala, possibilitaram que se tratasse pela primeira vez a fala plenamente contínua e vocabulários relativamente irrestritos. Pudemos atingir um índice bastante preciso com uma ampla variedade de falantes, sotaques e dialetos. Enquanto este livro está sendo escrito, o maior avanço é representado por um produto chamado Dragon Naturally Speaking (Versão 11. 5) para PC, da Nuance (antiga Kurzweil Computer Products). Sugiro que as pessoas o experimentem caso duvidem do desempenho do reconhecimento de fala contemporâneo – a precisão costuma ficar em torno de 99% ou mais, após alguns minutos de treinamento com sua voz em fala contínua e vocabulários relativamente irrestritos. Dragon Dictation é um aplicativo gratuito para iPhone mais simples, mas ainda impressionante, que não exige treinamento de voz. Siri, o assistente pessoal dos iPhones atuais da Apple, usa a mesma tecnologia de reconhecimento de fala com extensões para poder compreender a linguagem natural.

O desempenho desses sistemas é um testemunho do poder da matemática. Com eles, estamos essencialmente computando aquilo que acontece no neocórtex de um falante – mesmo que não tenhamos acesso direto ao cérebro dessa pessoa – como etapa essencial no reconhecimento daquilo que a pessoa está dizendo e, no caso de sistemas como Siri, do significado dessas manifestações orais. Podemos nos perguntar se, ao olharmos de fato o neocórtex do falante, veríamos conexões e pesos correspondentes aos modelos hierárquicos ocultos de Markov calculados pelo software. Com quase toda a certeza, não descobriríamos um pareamento preciso; as estruturas neuronais difeririam invariavelmente em muitos detalhes em comparação com os modelos do computador. Entretanto, eu afirmaria que deve existir uma equivalência matemática essencial, com elevado grau de precisão, entre a biologia real e nossa tentativa de imitá-la; do contrário, esses sistemas não funcionariam tão bem como funcionam.

LISP

A LISP (sigla de LISt Processor) é uma linguagem de computação especificada originalmente pelo pioneiro da IA John McCarthy (1927-2011) em 1958. Como seu nome sugere, a LISP lida com listas. Cada declaração LISP é uma lista de elementos; cada elemento é uma lista ou um "átomo", ou seja, um item irredutível que consiste num número ou num símbolo. Uma lista incluída numa lista pode ser a própria lista, e por isso a LISP é capaz de recursividade. Outro modo pelo qual as declarações LISP podem ser recursivas é uma lista incluir uma lista, e assim por diante, até a lista original ser especificada. Como listas podem incluir listas, a LISP também é capaz de processamento hierárquico. Uma lista pode ser condicional, de modo a só "disparar" se os seus elementos forem satisfeitos. Desse modo, hierarquias de tais condicionantes podem ser usadas para identificar qualidades cada vez mais abstratas de um padrão.

A LISP tornou-se mania na comunidade de inteligência artificial na década de 1970 e início da década de 1980. A ideia de linguagem que os entusiastas da LISP tinham na década de 1970 era que a linguagem refletia o modo de funcionamento do cérebro humano – que qualquer processo inteligente pode ser codificado com mais facilidade e eficiência em LISP. Seguiu-se uma miniexplosão de empresas de "inteligência artificial" que ofereciam intérpretes LISP e produtos LISP correlatos, mas quando ficou evidente, em meados da década de 1980, que a LISP não era um atalho para a criação de processos inteligentes, o balão de investimentos murchou.

Acontece que os entusiastas da LISP não estavam totalmente errados. Essencialmente, cada identificador de padrões do neocórtex pode ser considerado uma declaração LISP – cada uma constitui uma lista de elementos, e cada elemento pode ser outra lista. Portanto, o neocórtex está dedicado ao processamento de listas de natureza simbólica, algo bem similar ao que acontece num programa LISP. Além disso, ele processa todos os 300 milhões de "declarações" semelhantes à LISP ao mesmo tempo.

No entanto, havia duas características importantes faltando no mundo da LISP, e uma delas era o aprendizado. Os programas LISP precisavam ser codificados linha por linha por programadores humanos. Houve tentativas de codificar programas LISP automaticamente usando diversos métodos, mas eles não faziam parte do conceito da linguagem. O neocórtex, por sua vez, programa-se a si mesmo, preenchendo suas "declarações" (ou seja, as listas) com informações significativas e acionáveis a partir de sua própria experiência e de seus próprios elos de retroalimentação. Esse é um princípio fundamental do modo de funcionamento do neocórtex: cada um de seus identificadores de padrões (ou seja, cada declaração semelhante à LISP) é capaz de preencher sua própria lista e se conectar com outras listas, para cima e para baixo. A segunda diferença está nos parâmetros de tamanho. É possível criar uma variante da LISP (codificada em LISP) que permita assimilar esses parâmetros, mas eles não fazem parte da linguagem básica.

A LISP é condizente com a filosofia original do campo da IA, que era descobrir soluções inteligentes para problemas e codificá-las diretamente em linguagens de computador. A primeira tentativa de criar um método auto-organizado que aprendesse com a experiência – redes neurais – não teve sucesso porque não oferecia um meio de modificar a topologia do sistema em resposta ao aprendizado. O Modelo Hierárquico Oculto de Markov proporcionou isso com eficiência através de seu mecanismo de poda. Hoje, o HHMM, juntamente com seus primos matemáticos, constitui uma parcela significativa do mundo da IA.

Um corolário da observação da semelhança entre LISP e a estrutura em listas do neocórtex é um argumento lançado por aqueles que afirmam que o cérebro é demasiadamente complexo para nossa compreensão. Esses críticos alegam que o cérebro tem trilhões de conexões e, como cada uma deve estar ali especificamente por seu desenho, elas constituem o equivalente a trilhões de linhas de código. Como já vimos, estimei que há cerca de 300 milhões de processadores de padrões no neocórtex – ou 300 milhões de listas, nas quais cada elemento está apontando para outra lista (ou, no nível conceitual mais baixo, para um padrão básico e irredutível fora do neocórtex). Mas 300 milhões ainda é um número razoavelmente grande de declarações LISP e, de fato, é maior do que qualquer programa existente escrito por humanos.

Todavia, precisamos ter em mente que essas listas não estão efetivamente especificadas no desenho original do sistema nervoso. O cérebro cria sozinho essas listas, conectando automaticamente os níveis a partir de suas próprias experiências. Esse é o principal segredo do neocórtex. Os processos que realizam essa auto-organização são muito mais simples do que os 300 milhões de declarações que constituem a capacidade do neocórtex. Esses processos estão especificados no genoma. Como demonstro no capítulo 11, a quantidade de informações únicas no genoma (após uma compressão sem perdas) aplicada ao cérebro é de 25 milhões de bytes, equivalente a menos do que um milhão de linhas de código.

A complexidade efetiva do algoritmo é ainda menor do que isso, pois a maioria dos 25 milhões de bytes de informação genética pertence às necessidades biológicas dos neurônios, não especificamente à sua capacidade de processamento de informação. No entanto, mesmo esses 25 milhões de bytes de informação de projeto constituem um nível de complexidade com o qual podemos lidar.

Sistemas de memória hierárquica

Como discuti no capítulo 3, Jeff Hawkins e Dileep George em 2003 e 2004 desenvolveram um modelo do neocórtex incorporando listas hierárquicas, o que foi descrito no livro de Hawkins e Blakeslee de 2004, *On intelligence*. Uma apresentação mais atualizada e muito elegante do método da memória temporal hierárquica pode ser encontrada na dissertação de doutorado de Dileep George, de 2008.[12] A Numenta o implementou num sistema chamado NuPIC (Numenta Platform for Intelligent Computing, ou Plataforma Numenta para Computação Inteligente) e desenvolveu o reconhecimento de padrões e sistemas inteligentes de prospecção de dados para clientes como Forbes e a Power Analytics Corporation. Depois de trabalhar com a Numenta, George criou uma nova empresa chamada Vicarious Systems, com verbas do Founder Fund (administrado por Peter Thiel, o capitalista de investimentos de risco por trás do Facebook, e Sean Parker, o primeiro presidente do Facebook) e da Good Ventures, gerida por Dustin Moskovitz, cofundador do Facebook. George apresentou progressos significativos em processos automáticos de modelagem, aprendizado e reconhecimento de informações com um número substancial de hierarquias. Ele chamou seu sistema de "uma rede cortical recursiva" e planeja aplicações para robótica e geração de imagens médicas, entre outros campos. Em termos matemáticos, a técnica de modelos hierárquicos ocultos de Markov é bastante similar a esses sistemas de memória hierárquica, especialmente se permitimos que o sistema HHMM organize suas próprias conexões entre módulos de reconhecimento de padrões. Como mencionado antes, os HHMM proporcionam um elemento adicional importante, que é a modelagem da distribuição esperada da magnitude (dentro de um *continuum*) de cada *input* ao computar a probabilidade de existência do padrão sendo analisado. Recentemente, fundei uma nova empresa chamada Patterns, Inc., que pretende desenvolver modelos neocorticais hierárquicos e auto-organizados, utilizando os HHMMs e técnicas análogas com o propósito de entender a linguagem natural. Uma ênfase importante estará na capacidade do sistema de projetar suas próprias hierarquias, de forma similar a um neocórtex biológico. O sistema que imaginamos vai ler continuamente uma ampla gama de materiais, como Wikipédia e outros recursos de conhecimento, além de ouvir tudo que você disser e de observar tudo que você escrever (desde que você permita). A meta é que ele se torne um amigo prestativo para responder às suas perguntas – *antes* mesmo que você as formule – e dar-lhe informações e sugestões úteis durante sua rotina diária.

A fronteira móvel da IA: escalando a hierarquia de competência

1. Um discurso longo e cansativo feito por uma espumosa cobertura de torta.
2. Roupa usada por uma criança, talvez a bordo de um navio de ópera.
3. Procurado por uma onda de crime de 12 anos, devorando os soldados do rei Hrothgar; o oficial Beowulf foi designado para o caso.
4. Pode se desenvolver gradualmente na mente ou ser levado durante a gravidez.
5. Dia Nacional do Professor e Dia do Páreo de Kentucky.

6. Wordsworth disse que ela alça voo, mas nunca vagueia.
7. Palavra de quatro letras que designa o aparato de ferro no casco de um cavalo ou uma caixa para distribuição de cartas de jogo num cassino.
8. No terceiro ato de uma ópera de Verdi de 1846, esse Flagelo de Deus é apunhalado até a morte por sua amante, Odabella.

> – Exemplos de perguntas de *Jeopardy!*, todas respondidas corretamente por Watson. As respostas são: arenga de merengue, pinafore, Grendel, gestar, maio, cotovia, "shoe" (em inglês). No caso da oitava pergunta, Watson respondeu: "O que é Átila?" O apresentador respondeu dizendo: "Seja mais específico". Watson esclareceu dizendo: "O que é Átila, o Huno?", o que está correto.

As técnicas do computador para decifrar as pistas de *Jeopardy!* são parecidas com as minhas. A máquina focaliza as palavras-chave da pista e varre sua memória (no caso de Watson, um banco de dados com 15 terabytes de conhecimento humano) à procura de associações com essas palavras. Ele confere rigorosamente as principais hipóteses com as informações contextuais que pode reunir: o nome da categoria; o tipo de resposta buscada; o momento, o lugar e o gênero sugeridos pela pista; e assim por diante. E quando ele se "sente" suficientemente seguro, decide apertar o botão. Isso é um processo instantâneo e intuitivo para um jogador humano de *Jeopardy!*, mas estou convencido de que debaixo do capô meu cérebro estava fazendo mais ou menos a mesma coisa.

> – Ken Jennings, campeão humano de *Jeopardy!*, que perdeu para Watson

> No meu caso, eu dou as boas-vindas a nossos novos senhores robóticos.
> – Ken Jennings, parafraseando *Os Simpsons*, depois de perder para Watson

> Meu Deus. [Watson] é mais inteligente do que o jogador mediano de *Jeopardy!* para responder às perguntas de *Jeopardy!* É algo inteligente de uma maneira impressionante.
> – Sebastian Thrun, ex-diretor do Laboratório de IA de Stanford

> Watson não entende nada. Ele é um grande rolo compressor.
> – Noam Chomsky

A inteligência artificial está à nossa volta – não temos mais a mão na tomada. O simples ato de nos conectarmos com alguém por meio de uma mensagem de texto, e-mail ou celular usa algoritmos inteligentes para direcionar a informação. Quase todo produto que tocamos foi desenhado originalmente por uma colaboração entre inteligências humanas e artificiais, e depois construído em fábricas automatizadas. Se todos os sistemas de IA decidissem entrar em greve amanhã, nossa civilização ficaria aleijada: não conseguiríamos tirar dinheiro do banco, e, na verdade, nosso dinheiro desapareceria; comunicações, transportes e fábricas parariam completamente. Felizmente, nossas máquinas inteligentes ainda não são inteligentes o suficiente para organizarem uma conspiração dessas.

O que é novo na atual IA é a natureza visceralmente impressionante de exemplos abertos ao público. Pense, por exemplo, nos carros autodirigidos do Google (que, enquanto escrevo, já percorreram mais de 320 mil quilômetros em cidades grandes e pequenas), uma tecnologia que levará a um número muito menor de colisões, à otimização da capacidade das estradas, ao alívio humano da tarefa de dirigir e a muitos outros benefícios. Carros sem motoristas já podem operar legalmente em vias públicas de Nevada com algumas restrições, embora o uso amplo e público em escala mundial só seja esperado no final desta década. A tecnologia que observa com inteligência as vias e avisa o motorista de possíveis perigos já está sendo instalada em carros. Uma dessas tecnologias se baseia em parte no bem-sucedido modelo de processamento visual do cérebro criado por Tomaso Poggio, do MIT. Chamado MobilEye, foi desenvolvido por Amnon Shashua, que foi aluno de pós-doutorado de Poggio. Ele consegue alertar o motorista de perigos como uma colisão iminente ou uma criança correndo na frente do carro, e recentemente foi instalado em carros das marcas Volvo e BMW.

Vou focalizar as tecnologias da linguagem nesta seção do livro por vários motivos. Não deve surpreender ninguém o fato de a natureza hierárquica da linguagem refletir de perto a natureza hierárquica de nosso pensamento. A linguagem falada foi nossa primeira tecnologia, e a linguagem escrita, a segunda. Meu trabalho pessoal na inteligência artificial, como este capítulo demonstrou, tem focalizado intensamente a linguagem. Finalmente, o domínio da linguagem é uma capacidade com enorme alavancagem. Watson já leu centenas de milhões de páginas na Internet e dominou o conhecimento contido nesses documentos. Em última análise, as máquinas serão capazes de dominar todo o conhecimento na Internet – que é, em essência, todo o conhecimento de nossa civilização homem-máquina.

O matemático inglês Alan Turing (1912-1954) baseou seu teste homônimo na capacidade de um computador conversar em linguagem natural usando mensagens de texto.[13] Turing achava que toda a inteligência humana estava incorporada à linguagem e era representada por ela, e que nenhuma máquina poderia passar pelo teste de Turing com simples truques de linguagem. Embora o teste de Turing seja um jogo envolvendo a linguagem escrita, Turing acreditava que a única maneira para um computador passar pelo teste seria possuir, de fato, uma inteligência de nível equivalente à humana. Os críticos propuseram que um verdadeiro teste de inteligência de nível humano também deveria incluir o domínio de informações visuais e auditivas.[14] Como boa parte de meus próprios projetos de IA envolve ensinar computadores a dominar informações sensoriais como a fala humana, formas de letras e sons musicais, esperar-se-ia que eu defendesse a inclusão dessas formas de informação num verdadeiro teste de inteligência. Mas concordo com a observação original de Turing, de que a versão apenas textual do teste de Turing é suficiente. O acréscimo de *inputs* ou *outputs* visuais ou auditivos ao teste não o tornaria mais difícil.

Não é preciso ser um especialista em IA para ficar sensibilizado com o desempenho de Watson em *Jeopardy!* Embora eu compreenda razoavelmente a metodologia utilizada em diversos de seus subsistemas principais, isso não diminui minha reação emocional ao observar esse negócio – *ele?* – trabalhando. Até a compreensão perfeita do funcionamento de todos os seus sistemas componentes – algo que ninguém tem – não ajudaria a prever como Watson poderia reagir de fato a uma situação específica. Ele contém centenas de subsistemas interativos, e cada um deles analisa milhões de hipóteses concorrentes ao mesmo tempo, de modo que é impossível prever um resultado. Fazer uma análise completa – após o fato – das deliberações de Watson para uma única pergunta de três segundos levaria séculos para um humano.

Dando continuidade à minha própria história, no final da década de 1980 e na seguinte, começamos a trabalhar com a compreensão de linguagem natural em áreas limitadas. Você poderia conversar com um de nossos produtos, chamado Kurzweil Voice, a respeito de qualquer coisa que quisesse, desde que se referisse à edição de documentos. (Por exemplo, "mova para cá o terceiro parágrafo da página anterior".) Funcionou muito bem nessa área limitada, mas útil.

Também criamos sistemas com conhecimentos na área médica para que médicos pudessem ditar relatórios sobre pacientes. Ele tinha conhecimentos suficientes sobre campos como radiologia e patologia para questionar o médico caso alguma coisa no relatório parecesse confusa, e orientava o médico no processo de criação do relatório. Esses sistemas de relatórios médicos evoluíram e se tornaram um negócio de um bilhão de dólares para a Nuance.

Compreender a linguagem natural, especialmente como uma extensão do reconhecimento automático de fala, é uma coisa que se tornou convencional. Enquanto escrevo este livro, Siri, a assistente pessoal automática do iPhone 4S, criou uma comoção no mundo da computação móvel. Você pode pedir que Siri faça qualquer coisa que um smartphone de respeito deve ser capaz de fazer (por exemplo, "onde posso encomendar comida indiana perto daqui?", ou "mande uma mensagem de texto para minha mulher e diga que estou a caminho", ou "o que as pessoas estão dizendo sobre o novo filme do Brad Pitt?"), e na maior parte das vezes, Siri vai responder. Siri também é capaz de bater papo. Se você lhe perguntar qual o sentido da vida, ela vai responder "42", que os fãs do filme *O guia do mochileiro das galáxias* vão reconhecer como a "resposta para a questão maior da vida, do universo e tudo o mais". Perguntas de conhecimento (inclusive essa sobre o sentido da vida) são respondidas por Wolfram Alpha, descrito na página 209. Há todo um mundo de "chatbots" que não fazem nada exceto manter conversas fiadas. Se você quiser conversar com nossa chatbot chamada Ramona, vá ao nosso website KurzweilAI.net e clique em "Chat with Ramona".

Algumas pessoas reclamaram comigo sobre o fato de Siri não conseguir responder a certos pedidos, mas lembro-me de que são as mesmas pessoas que também costumam reclamar insistentemente sobre provedores humanos de serviços. Às vezes, sugiro que tentemos fazê-lo juntos, e geralmente funciona melhor do que eles esperam. As reclamações me fazem lembrar da história do cachorro que sabia jogar xadrez. Para um interlocutor incrédulo, o dono do cachorro responde "Sim, é verdade, ele joga xadrez, mas seu final de jogo é fraco". Estão surgindo concorrentes eficientes, como o Google Voice Search.

O fato de o público em geral estar conversando em linguagem falada natural com seus computadores portáteis assinala uma nova era. É normal as pessoas menosprezarem a importância da primeira geração de uma tecnologia em virtude de suas limitações. Alguns anos depois, quando a tecnologia funciona direito, as pessoas ainda menosprezam sua importância porque, bem, ela não é mais nova. Dito isso, Siri funciona impressionantemente bem para um produto de primeira geração, e está claro que essa categoria de produto só vai melhorar.

Siri usa as tecnologias de reconhecimento de fala com base em HMM da Nuance. As extensões em linguagem natural foram desenvolvidas inicialmente pelo projeto "CALO", financiado pela DARPA.[15] Siri foi reforçada com as tecnologias de linguagem natural da própria Nuance, e esta oferece uma tecnologia bem semelhante chamada Dragon Go![16]

Os métodos usados para se compreender a linguagem natural são muito similares aos modelos hierárquicos ocultos de Markov, e, de fato, o próprio HHMM é usado habitualmente. Embora alguns desses sistemas não revelem especificamente que usam HMM ou HHMM, a matemática é praticamente idêntica. Todos envolvem hierarquias de sequências lineares nas quais cada elemento tem um peso, conexões que são autoadaptáveis e um sistema geral que se organiza sozinho com base em dados de aprendizado. Geralmente, o aprendizado continua durante o uso efetivo do sistema. Essa abordagem se ajusta à estrutura hierárquica da linguagem natural: é apenas uma extensão natural num ponto superior da escala conceitual, indo de partes da fala para palavras, para frases e para estruturas semânticas. Faria sentido executar um algoritmo genético sobre os parâmetros que controlam o algoritmo preciso de aprendizado dessa classe de sistemas hierárquicos de aprendizado e determinam os detalhes algorítmicos ideais.

Na última década, houve uma mudança na maneira como essas estruturas hierárquicas são criadas. Em 1984, Douglas Lenat (nascido em 1950) fundou o ambicioso projeto Cyc (de enCYClopedic, ou "enciclopédico"), que visava criar regras que codificariam todo conhecimento derivado do "senso comum". As regras foram organizadas numa grande hierarquia, e cada regra envolvia – mais uma vez – uma sequência linear de estados. Por exemplo, uma regra de Cyc pode dizer que um cão tem uma cara. Cyc pode associar isso a regras gerais sobre a estrutura de caras: que uma cara tem dois olhos, nariz, boca e assim por diante. Não precisamos criar um conjunto de regras para a cara de um cão e outra para a cara de um gato, embora possamos, evidentemente, acrescentar regras extras para a maneira pela qual as caras de cães diferem das caras de gatos. O sistema também inclui um mecanismo de inferência: se temos regras que dizem que um cocker spaniel é um cão, que cães são animais e que animais comem comida, e se perguntássemos ao mecanismo de inferência se cocker spaniels comem, o sistema responderia que sim, cocker spaniels comem comida. Nos 20 anos seguintes, e com milhares e milhares de horas de trabalho, mais de um milhão de regras desse tipo foram escritas e testadas. É interessante observar que a linguagem usada para escrever as regras de Cyc – chamada CycL – é quase idêntica à LISP.

Enquanto isso, uma escola oposta de pensamento acreditava que a melhor abordagem para a compreensão da linguagem natural, e para a criação de sistemas inteligentes em geral, seria o aprendizado automático mediante a exposição a um número bastante grande de exemplos dos fenômenos que o sistema estaria tentando dominar. Um exemplo poderoso desse tipo de sistema é o Google Translate, que pode traduzir de e para 50 línguas. São 2.500 direções diferentes de tradução, embora, na maioria dos pares de línguas, em vez de traduzir da língua 1 diretamente para a língua 2, o sistema traduza primeiro a língua 1 para o inglês e depois o inglês para a língua 2. Isso reduz a 98 o número de tradutores de que o Google precisa se valer (além de um número limitado de pares não ingleses para os quais existe uma tradução direta). Os tradutores do Google não usam regras gramaticais; com efeito, criam amplos bancos de dados para cada par de línguas contendo traduções comuns, com base num grande corpo de documentos traduzidos entre as duas línguas, como uma "pedra de Rosetta". Para as seis línguas que constituem as línguas oficiais das Nações Unidas, o Google usou documentos das Nações Unidas, que são publicados nessas seis línguas. Para línguas menos comuns, foram usadas outras fontes.

Os resultados costumam ser impressionantes. A DARPA promove competições anuais para os melhores sistemas de tradução automática de línguas para diferentes pares de línguas, e o Google Translate costuma vencer no caso de certos pares, com um desempenho melhor do que sistemas criados diretamente por linguistas humanos.

Na última década, duas ideias importantes influenciaram profundamente o campo da compreensão da linguagem natural. A primeira tem relação com as hierarquias. Embora a abordagem do Google tenha começado com a associação de sequências simples de palavras entre uma língua e outra, a natureza intrinsecamente hierárquica da linguagem acabou interferindo inevitavelmente nessa operação. Sistemas que incorporam metodicamente um aprendizado hierárquico (como os modelos hierárquicos ocultos de Markov) proporcionaram um resultado significativamente melhor. Entretanto, tais sistemas não são tão automáticos assim para se elaborar. Assim como os humanos precisam aprender aproximadamente uma hierarquia conceitual de cada vez, o mesmo se aplica a sistemas computadorizados, de modo que o processo de aprendizado precisa ser administrado com cuidado.

A outra ideia é que regras feitas à mão funcionam bem para um núcleo de conhecimentos básicos e comuns. Para a tradução de trechos curtos, essa postura costuma dar resultados mais precisos. A DARPA, por exemplo, obteve notas melhores para tradutores do chinês para o inglês com base em regras do que o Google

Translate em trechos curtos. No caso da "cauda" de uma língua, que se refere aos milhões de frases e conceitos pouco frequentes usados nela, a precisão dos sistemas com base em regras aproxima-se de uma assíntota inaceitavelmente baixa. Se representarmos num gráfico a precisão da compreensão da linguagem natural *versus* o tempo de treinamento de sistemas baseados em regras com análise de dados, estes terão um desempenho inicial superior, mas depois deverão se manter numa precisão em torno de 70%. Em contraste nítido, sistemas estatísticos podem atingir uma precisão de mais de 90%, mas exigem muitos dados para isso.

Normalmente, precisamos de uma combinação de desempenho moderado, no mínimo, sobre uma pequena quantidade de dados de treinamento, e depois a oportunidade de atingir precisões maiores com uma quantidade mais significativa. Atingir rapidamente um desempenho moderado permite-nos colocar o sistema em campo, coletando automaticamente dados de treinamento à medida que as pessoas o usam efetivamente. Desse modo, é possível haver bastante aprendizado ao mesmo tempo em que o sistema está sendo usado, e sua precisão vai aumentar. O aprendizado estatístico precisa ser plenamente hierárquico para refletir a natureza da linguagem, o que também reflete o modo como o cérebro humano funciona.

Também é esse o modo como Siri e Dragon Go! funcionam: usando regras para os fenômenos mais comuns e confiáveis, aprendendo depois a "cauda" da linguagem nas mãos de usuários reais. Quando a equipe do Cyc percebeu que tinham atingido um teto de desempenho baseando-se em regras codificadas à mão, eles também adotaram essa abordagem. As regras codificadas à mão proporcionam duas funções essenciais. Oferecem uma precisão inicial adequada a ponto de o sistema em teste poder ser posto em funcionamento, melhorando automaticamente com isso. Segundo, dão uma base sólida para os níveis mais baixos da hierarquia conceitual, e assim o aprendizado automático pode começar a aprender níveis conceituais mais elevados.

• O neocórtex digital inspirado na biologia • 203

Como mencionei antes, Watson representa um exemplo particularmente impressionante da abordagem que combina regras codificadas manualmente com aprendizado hierárquico estatístico. A IBM combinou diversos programas importantes de linguagem natural para criar um sistema capaz de jogar *Jeopardy!*, um jogo em linguagem natural. Entre os dias 14 e 16 de fevereiro de 2011, Watson competiu com os dois principais jogadores humanos: Brad Rutter, que ganhou mais dinheiro do que qualquer outra pessoa nesse jogo de perguntas, e Ken Jennings, que deteve o título de *Jeopardy!* pelo tempo recorde de 75 dias.

A título de contexto, eu previ em meu primeiro livro, *The age of intelligent machines*, escrito em meados da década de 1980, que um computador venceria o campeonato mundial de xadrez até

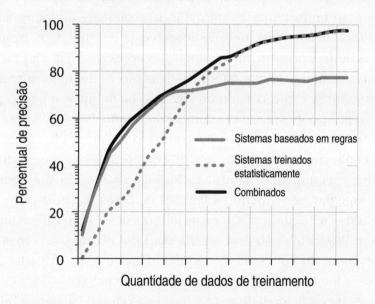

Precisão dos sistemas de compreensão de linguagem natural como função da quantidade de dados de treinamento. A melhor abordagem consiste em combinar regras para o "núcleo" da linguagem e uma postura baseada em dados para a "cauda" da linguagem

1998. Previ ainda que, quando isso acontecesse, ou pioraríamos nossa opinião sobre a inteligência humana e melhoraríamos nossa opinião sobre a inteligência das máquinas, ou menosprezaríamos a importância do xadrez, e que, se a história pudesse servir de guia, minimizaríamos o xadrez. As duas coisas aconteceram em 1997. Quando o supercomputador de xadrez da IBM, o Deep Blue, derrotou o campeão mundial humano de xadrez da época, Garry Kasparov, vimos imediatamente uma enxurrada de argumentos alegando que era de se esperar que um computador vencesse no xadrez, pois computadores são máquinas lógicas e o xadrez é, afinal de contas, um jogo de lógica. Por isso, a vitória do Deep Blue não foi considerada nem surpreendente, nem importante. Muitos de seus críticos disseram que os computadores nunca chegariam a dominar as sutilezas da linguagem humana, inclusive metáforas, analogias, trocadilhos, duplos sentidos e humor.

Existe pelo menos um motivo para que Watson represente um marco tão importante: *Jeopardy!* é precisamente uma tarefa linguística com esse grau de sofisticação e de desafio. As perguntas típicas de *Jeopardy!* incluem muitas dessas excentricidades da linguagem humana. O que não deve ficar tão evidente para muitos observadores é que Watson teve não só de dominar a linguagem nas perguntas inesperadas e complexas, como, na maioria das vezes, seu conhecimento não foi codificado à mão. Ele amealhou esse conhecimento lendo de fato 200 milhões de páginas de documentos em linguagem natural, inclusive toda a Wikipédia e outras enciclopédias, abrangendo 4 trilhões de bytes de conhecimentos baseados na linguagem. Como os leitores deste livro sabem muito bem, a Wikipédia não está escrita em LISP ou em CycL, mas em frases naturais, com todas as ambiguidades e complexidades inerentes à linguagem. Watson precisou levar em conta todos os 4 trilhões de caracteres de seu material de referência ao responder a uma pergunta. (Percebi que as perguntas de *Jeopardy!* são respostas à procura de uma questão, mas isso é um aspecto técnico – no final, são mesmo questões.) Se Watson pode compreender e responder a perguntas com base em 200 milhões de páginas – em três segundos! – não há nada que possa impedir sistemas similares de ler os outros bilhões de documentos na Internet. Na verdade, esse esforço já está sendo feito.

Quando estávamos desenvolvendo sistemas de reconhecimento de caracteres e de fala e os primeiros sistemas de compreensão de linguagem natural entre as décadas de 1970 e de 1990, usamos a metodologia que consiste em incorporar um "gerenciador especialista". Desenvolvemos diversos sistemas para fazer a mesma coisa, mas incorporamos abordagens um pouco diferentes em cada uma. Algumas das diferenças eram sutis, como variações nos parâmetros controlando a matemática do algoritmo de aprendizado. Algumas variações eram fundamentais, como a inclusão de sistemas baseados em regras em vez de sistemas de aprendizado estatístico hierárquico. O gerenciador especialista era um software programado para aprender as forças e as fraquezas desses sistemas diferentes, examinando seu desempenho em situações do mundo real. Baseava-se na ideia de que essas forças eram ortogonais, ou seja, um sistema tenderia a ser forte naquilo em que outro era fraco. Com efeito, o desempenho global dos sistemas combinados com o gerenciador especialista treinado foi bem melhor do que o de qualquer sistema individual.

Watson funciona do mesmo modo. Usando uma arquitetura chamada Unstructured Information Management Architecture (UIMA, Arquitetura de Gerenciamento de Informação Não Estruturada), Watson emprega literalmente centenas de sistemas diferentes – muitos dos componentes individuais de linguagem do Watson são os mesmos usados em sistemas de compreensão de linguagem natural disponíveis publicamente –, todos tentando encontrar diretamente uma resposta para a pergunta do *Jeopardy!*, ou pelo menos apresentar alguma desambiguação da pergunta. O UIMA está agindo basicamente como o gerenciador especialista para combinar de forma inteligente os resultados dos sistemas independentes. O UIMA vai muito além dos sistemas anteriores, tal como aquele que desenvolvemos na empresa que antecedeu a Nuance, pois seus sistemas individuais podem contribuir para um resultado sem encontrarem necessariamente uma resposta final. É suficiente se um subsistema ajuda a reduzir as soluções. O UIMA também consegue calcular o grau de confiança na resposta final. O cérebro humano também faz isso; provavelmente, temos muita confiança em nossa resposta quando nos perguntam o nome de nossa mãe, mas não tanta quando precisamos nos lembrar do nome de alguém que conhecemos informalmente há um ano.

Assim, em vez de descobrir uma única abordagem elegante para compreender o problema de linguagem inerente ao *Jeopardy!*, os cientistas da IBM combinaram todos os módulos mais avançados de compreensão da linguagem que puderam encontrar. Alguns usam os Modelos Hierárquicos Ocultos de Markov; outros usam variantes matemáticas do HHMM; outros usam abordagens baseadas em regras para codificarem diretamente um conjunto central de regras confiáveis. O UIMA avalia o desempenho de cada sistema no seu uso real e os combina de maneira otimizada. Há certo equívoco nas discussões públicas de Watson, pois os cientistas da IBM que o criaram costumam se concentrar no UIMA, o gerenciador especialista criado por eles. Isso levou alguns observadores a comentar que o Watson não compreende de fato a linguagem, pois é difícil identificar onde está essa compreensão. Apesar de a estrutura do UIMA também aprender com sua própria experiência, a "compreensão" de linguagem do Watson não pode ser encontrada apenas no UIMA, mas está distribuída através de todos os seus vários componentes, inclusive os módulos auto-organizados de linguagem que usam métodos similares ao HHMM.

Uma parte separada da tecnologia de Watson usa a estimativa de confiança do UIMA em suas respostas para determinar a forma de fazer as apostas do *Jeopardy!* Embora o sistema do Watson seja otimizado especificamente para jogar esse jogo específico, sua tecnologia central de busca de linguagem e de conhecimento pode ser adaptada facilmente para realizar outras tarefas amplas. Poder-se-ia pensar que um conhecimento profissional menos compartilhado, como aquele pertencente à área médica, seria mais difícil de ser dominado do que o conhecimento "comum" e de propósitos gerais necessário para jogar *Jeopardy!* Na verdade, é o contrário: o conhecimento profissional tende a ser mais organizado, estruturado e menos ambíguo do que seu equivalente do senso comum; desse modo, o uso dessas técnicas é altamente sucetível à compreensão precisa de uma linguagem natural. Como disse, atualmente a IBM está trabalhando junto com a Nuance para adaptar a tecnologia do Watson à medicina.

A conversa que acontece quando Watson joga *Jeopardy!* é breve: faz-se uma pergunta e Watson produz uma resposta. (Novamente, em termos técnicos, ele produz uma questão que corresponde a uma resposta.) Ele não participa de uma conversa, o que exigiria o acompanhamento de todas as declarações anteriores de todos os participantes. (Na verdade, Siri faz isso até certo ponto: se você pedir que ela mande uma mensagem para sua esposa, ela vai lhe pedir para identificá-la, mas vai se lembrar de quem ela é em pedidos posteriores.) O acompanhamento de todas as informações de uma conversa – uma tarefa que seria claramente exigida para se passar pelo teste de Turing – é um requisito adicional importante, mas fundamentalmente não mais difícil do que aquilo que Watson já está fazendo.

Em suma, Watson leu centenas de milhões de páginas de material, que obviamente incluem muitas histórias, e por isso ele é capaz de rastrear eventos sequenciais complicados. Portanto, deveria ser capaz de acompanhar suas próprias conversas e levá-las em conta em suas respostas subsequentes.

Outra limitação do jogo de *Jeopardy!* é que as respostas costumam ser breves: ele não faz, por exemplo, perguntas do tipo que leva os concorrentes a dar o nome dos cinco temas primários de *Um conto das duas cidades*. Para poder encontrar documentos que discutem efetivamente os temas desse romance, uma versão adequadamente modificada de Watson deveria poder responder a essa pergunta. Encontrar sozinho tais temas apenas pela leitura do livro, e não copiando os pensamentos (mesmo sem as palavras) de outros pensadores, já é outra história. Fazê-lo constituiria uma tarefa de nível superior àquela de que Watson é capaz hoje em dia – seria uma tarefa que eu consideraria do nível do teste de Turing. (Dito isso, devo lembrar que a maioria dos seres humanos tampouco apresenta seus próprios pensamentos originais, mas copia as ideias de seus pares e de formadores de opinião.) Seja como for, estamos em 2012 (sic) e não em 2029, e por isso eu ainda não esperaria uma inteligência do nível do teste de Turing. Por outro lado, eu diria que a avaliação das respostas a perguntas, como a descoberta das principais ideias de um romance, não é, em si, uma tarefa objetiva. Se perguntarmos a alguém quem assinou a Declaração de Independência, podemos determinar se a resposta da pessoa é verdadeira ou falsa. A validade de respostas a perguntas de nível superior, como a descrição dos temas de uma obra criativa, é determinada com mais dificuldade.

É interessante notar que apesar das habilidades linguísticas de Watson ficarem um pouco abaixo daquelas de um humano instruído, ele conseguiu derrotar os dois melhores jogadores de *Jeopardy!* do mundo. A vitória se deve à capacidade de combinar sua habilidade linguística e sua compreensão de conhecimentos com a recordação perfeita e as memórias altamente precisas que as máquinas possuem. É por isso que já transferimos para elas nossas memórias pessoais, sociais e históricas.

Apesar de eu não estar preparado para alterar minha previsão de um computador passando pelo teste de Turing em 2029, o progresso feito em sistemas como Watson deve nos dar uma boa confiança de que o advento da IA de nível de Turing está próximo. Se pudermos criar uma versão de Watson otimizada para o teste de Turing, provavelmente estaríamos bem próximos.

O filósofo norte-americano John Searle (nascido em 1932) disse recentemente que Watson não é capaz de pensar. Citando seu experimento mental do "quarto chinês" (que vou comentar em detalhe no capítulo 11), ele afirma que Watson apenas manipula símbolos sem compreender seu significado. Na verdade, Searle não está descrevendo Watson com precisão, pois sua compreensão da linguagem se baseia em processos estatísticos hierárquicos – e não na manipulação de símbolos. A única maneira de a caracterização de Searle ser precisa seria considerarmos cada etapa dos processos de auto-organização de Watson uma "manipulação de símbolos". Mas, se fosse assim, o cérebro humano também não seria considerado capaz de pensar.

É divertido e irônico ver os observadores criticando Watson por fazer *apenas* uma análise estatística da linguagem, diferentemente de possuir a "verdadeira" compreensão da linguagem que os humanos possuem. A análise estatística hierárquica é exatamente o que o cérebro humano faz ao resolver hipóteses múltiplas com base em inferência estatística (e, na verdade, em todos os níveis da hierarquia neocortical). Tanto Watson como o cérebro humano aprendem e respondem com base numa abordagem similar à compreensão hierárquica. Em muitos aspectos, o conhecimento de Watson é bem mais extenso do que o de um humano; nenhum humano pode afirmar que dominou toda a Wikipédia, que é apenas parte da base de conhecimentos de Watson. Por outro lado, hoje um humano pode dominar mais níveis conceituais do que Watson, mas certamente essa lacuna não é permanente.

Um sistema importante que demonstra a força da computação aplicada ao conhecimento organizado é o Wolfram Alpha, um mecanismo de respostas (distinto de um mecanismo de pesquisa) desenvolvido pelo dr. Wolfram (nascido em 1959), matemático e cientista britânico, e seus colegas da Wolfram Research. Se você perguntar ao Wolfram Alpha (em WolframAlpha.com), por exemplo, "quantos números primos há abaixo de um milhão?" ele vai responder "78.498". Ele não procurou a resposta, ele a calculou e, após a resposta, ele mostra as equações que usou. Se tentarmos obter essa resposta usando um mecanismo de pesquisa convencional, ele nos direcionaria para links onde encontraríamos os algoritmos necessários. Então, teríamos de conectar essas fórmulas a um sistema como o Mathematica, também desenvolvido pelo dr. Wolfram, mas obviamente isso exigiria muito mais trabalho (e compreensão) do que a mera pergunta ao Alpha.

Com efeito, o Alpha consiste em 15 milhões de linhas de código do Mathematica. O que o Alpha faz, literalmente, é calcular a resposta a partir de aproximadamente 10 trilhões de bytes de dados que foram cuidadosamente selecionados pela equipe da Wolfram Research. Você pode fazer uma grande variedade de perguntas factuais, como "que país tem a maior renda *per capita*?" (Resposta: Mônaco, com US$ 212 mil por pessoa), ou "Qual a idade de Stephen Wolfram?" (Resposta: 52 anos, 9 meses e 2 dias no momento em que escrevo isto). Como mencionei, o Alpha é usado como parte da Siri, da Apple; se você fizer uma pergunta factual para Siri, ela é passada para Alpha, que a responde. O Alpha também trata de algumas das pesquisas apresentadas ao mecanismo de pesquisa do Bing, da Microsoft.

Num post recente de seu blog, o dr. Wolfram disse que agora o Alpha apresenta respostas bem-sucedidas em 90% dos casos.[17] Ele também informa que houve uma queda exponencial no índice de falhas, com um período médio de 18 meses. É um sistema impressionante, que usa métodos artesanais e dados conferidos à mão. Trata-se de um testemunho do motivo pelo qual criamos computadores. Na medida em que descobrimos e compilamos métodos científicos e matemáticos, os computadores se mostram bem melhores em implementá-los do que a inteligência humana desassistida. Muitos dos métodos científicos conhecidos foram codificados no Alpha, juntamente com dados continuamente atualizados sobre tópicos que vão da economia à física. Numa conversa particular que tive com o dr. Wolfram, ele estimou que métodos auto-organizados como esses usados no Watson costumam atingir uma precisão de 80% quando estão funcionando bem. Segundo disse, o Alpha está próximo de 90% de precisão. É claro que existe uma autosseleção nos dois índices de precisão, pois os usuários (como eu) já sabem em que tipo de questões o Alpha tem bom desempenho, e um fator similar se aplica aos métodos auto-organizados. Oitenta por cento parece uma estimativa razoável da precisão de Watson nas perguntas de *Jeopardy!*, mas foi suficiente para vencer os melhores humanos.

Acredito que métodos auto-organizados como os que sistematizei na teoria da mente baseada no reconhecimento de padrões são necessários para se compreender as hierarquias complexas e geralmente ambíguas que encontramos em fenômenos do mundo real, inclusive na linguagem humana. Uma combinação ideal para um sistema de inteligência robusta seria aliar a inteligência hierárquica baseada em TMRP (que, segundo afirmo, é o modo como o cérebro humano funciona) à codificação precisa do conhecimento e dos dados científicos. Essencialmente, isso descreve um humano com um computador. Vamos aprimorar os dois polos de inteligência nos próximos anos. Com relação à nossa inteligência biológica, apesar de nosso neocórtex ter bastante plasticidade, sua arquitetura básica é limitada por suas restrições físicas. Desenvolver um neocórtex maior na testa foi uma inovação evolutiva importante, mas hoje não podemos expandir com facilidade o tamanho de nossos lobos frontais por um fator de mil, nem mesmo de 10%. Quer dizer, não podemos fazê-lo biologicamente, mas é exatamente isso que faremos tecnologicamente.

Estratégia para a criação de uma mente

> Nosso cérebro contém bilhões de neurônios, mas o que são os neurônios? Apenas células. O cérebro só tem conhecimento quando se formam conexões entre os neurônios. Tudo aquilo que sabemos, tudo que somos, provém do modo como nossos neurônios se conectam.
> – Tim Berners-Lee

Vamos usar as observações que discuti antes para começar a construir um cérebro. Partiremos da construção de um identificador de padrões que preencha os atributos necessários. Depois faremos tantas cópias do identificador quanto nossa memória e nossos recursos computacionais puderem suportar. Cada identificador calcula a probabilidade de que seu padrão tenha sido identificado. Ao fazê-lo, leva em conta a magnitude observada de cada *input* (num *continuum* apropriado) e pareia essa informação com o tamanho aprendido e com os parâmetros de variação de tamanho associados a cada *input*. O identificador dispara seu axônio simulado se a probabilidade calculada excede um limiar. Esse limiar e os parâmetros que controlam o cálculo da probabilidade do padrão encontram-se entre os parâmetros que otimizaremos com um algoritmo genético. Como não é uma exigência que cada *input* se mantenha ativo para que um padrão seja identificado, isso proporciona um reconhecimento autoassociativo (ou seja, o reconhecimento de um padrão com base apenas na presença de parte do padrão). Também reservamos uma margem para sinais inibidores (sinais que indicam que o padrão é menos provável).

O reconhecimento do padrão envia um sinal ativo pelo axônio simulado desse identificador de padrões. Esse axônio, por sua vez, está conectado a um ou mais identificadores de padrões no nível conceitual imediatamente superior. Todos os identificadores de padrões conectados no nível conceitual imediatamente superior estão aceitando esse padrão como um de seus *inputs*. Cada identificador de padrões também envia sinais para baixo, para identificadores de padrões de níveis conceituais inferiores, sempre que a maior parte de um padrão for identificada, indicando que o restante do padrão é "esperado". Cada identificador de padrões tem um ou mais desses canais de *input* de sinal esperado. Quando um sinal esperado é recebido dessa forma, o limiar de identificação do identificador de padrões é diminuído (facilitado).

Os identificadores de padrões são responsáveis por se "cabearem" a outros identificadores de padrões, tanto acima como abaixo na hierarquia conceitual. Perceba que todos os "cabos" numa implementação por software operam através de links virtuais (que, como os links da Internet, são basicamente indicadores de memória) e não cabos físicos. Na verdade, esse sistema é muito mais flexível do que o do cérebro biológico. Num cérebro humano, novos padrões precisam ser atribuídos a um identificador de padrões físico, e novas conexões precisam ser feitas com um vínculo real entre axônio e dendrito. Geralmente, isso significa adotar uma conexão física existente que seja aproximadamente aquilo de que se necessita, cultivando depois as extensões necessárias de axônio e dendrito para formar a conexão plena.

Outra técnica usada nos cérebros biológicos de mamíferos é começar com um grande número de conexões possíveis, podando depois as conexões neurais que não forem usadas. Se um neocórtex biológico redesignar identificadores corticais de padrões que já aprenderam padrões mais antigos a fim de aprender materiais mais recentes, então as conexões precisarão ser reconfiguradas fisicamente. Mais uma vez, essas tarefas são muito mais simples numa implementação de software. Simplesmente designamos novos locais de memória para um novo identificador de padrões e usamos links de memória para as conexões. Se o neocórtex digital deseja redesignar recursos de memória cortical de um conjunto de padrões para outro, ele simplesmente devolve os antigos identificadores de padrões para a memória e depois faz a nova designação. Esse tipo de "coleta de lixo" e de redesignação de memória é uma característica-padrão da arquitetura de muitos sistemas de software. Em nosso cérebro digital, nós também fazemos o backup de memórias antigas antes de eliminá-las do neocórtex ativo, uma precaução que não podemos ter em nossos cérebros biológicos.

São muitas as técnicas matemáticas que podem ser empregadas para implementar essa abordagem à identificação hierárquica e auto-organizada de padrões. O método que eu usaria é o dos Modelos Hierárquicos Ocultos de Markov, por diversos motivos. Quanto a mim, tenho várias décadas de familiaridade com esse método, tendo-o usado nos primeiros sistemas de reconhecimento de fala e de linguagem natural desde a década de 1980. Quanto ao campo em geral, há uma experiência maior com os Modelos Ocultos de Markov do que com qualquer outra abordagem para tarefas de identificação de padrões. Eles também são muito usados na compreensão de linguagem natural. Muitos sistemas de compreensão de linguagem natural usam técnicas que são, no mínimo, matematicamente similares ao HHMM.

Perceba que nem todos os sistemas de modelos ocultos de Markov são plenamente hierárquicos. Alguns permitem apenas uns poucos níveis de hierarquia – indo, por exemplo, de estados acústicos para fonemas e destes para palavras. Para construir um cérebro, queremos que nosso sistema possa criar tantos níveis hierárquicos novos quantos forem necessários. Além disso, muitos dos sistemas de modelos ocultos de Markov não são plenamente auto-organizados. Alguns têm conexões fixas, embora esses sistemas podem efetivamente muitas de suas conexões incipientes permitindo que desenvolvam conexões com peso zero. Nossos sistemas das décadas de 1980 e 1990 podavam automaticamente conexões com peso de conexão inferior a certo nível, e também permitiam a formação de novas conexões para modelar melhor os dados de treinamento e para aprender enquanto operavam. Um requisito importante, creio, é permitir que o sistema crie com flexibilidade suas próprias topologias com base nos padrões a que é exposto durante o aprendizado. Podemos usar a técnica matemática da programação linear para designar conexões a novos identificadores de padrões de forma otimizada.

Nosso cérebro digital também vai acomodar uma redundância substancial de cada padrão, especialmente aqueles que ocorrem com frequência. Isso permite a identificação robusta de padrões comuns, e também é um dos principais métodos para se conseguir a identificação invariante de diferentes formas de um padrão. Entretanto, vamos precisar de regras para saber quanta redundância será permitida, pois não queremos usar quantidades excessivas de memória em padrões de baixo nível muito comuns.

As regras que tratam da redundância, de limiares de identificação e do efeito sobre o limiar de uma indicação como "este padrão é esperado" são alguns exemplos de parâmetros gerais importantes que afetam o desempenho desse tipo de sistema auto-organizado. Inicialmente, eu estabeleceria esses parâmetros com base em minha intuição, mas depois o otimizaria usando um algoritmo genético.

Um ponto muito importante a se considerar é a educação de um cérebro, seja ele biológico, seja baseado em software. Como disse antes, um sistema hierárquico de identificação de padrões (digital ou biológico) vai aprender apenas dois – preferivelmente um – níveis hierárquicos de cada vez. Para reforçar o sistema, eu começaria usando redes hierárquicas previamente treinadas que já tivessem aprendido suas lições de identificação de fala humana, de caracteres impressos e de estruturas de linguagem natural. Um sistema assim seria capaz de ler documentos em linguagem natural, mas só seria capaz de dominar aproximadamente um nível conceitual de cada vez. Níveis aprendidos anteriormente proporcionariam uma base relativamente estável para o aprendizado do nível seguinte. O sistema pode ler os mesmos documentos repetidas vezes, ganhando novos níveis conceituais a cada leitura, tal como as pessoas fazem quando releem textos e os compreendem com mais profundidade. A Internet tem bilhões de páginas de material disponível. A própria Wikipédia tem cerca de 4 milhões de artigos na versão em inglês.

Eu também incluiria um módulo de pensamento crítico, que realizaria uma varredura contínua em segundo plano de todos os padrões existentes, revisando sua compatibilidade com os outros padrões (ideias) nesse neocórtex em software. Não dispomos dessa facilidade em nossos cérebros biológicos, motivo pelo qual as pessoas podem ter pensamentos completamente inconsistentes com a equanimidade. Ao identificar uma ideia inconsistente, o módulo digital iniciaria a busca por uma solução, incluindo suas próprias estruturas corticais e toda a vasta literatura disponível para ela. Uma solução significaria simplesmente a determinação de que uma das ideias inconsistentes está apenas incorreta (se contraindicada por um predomínio de dados conflitantes). Em termos mais construtivos, ele encontraria uma ideia num nível conceitual superior que solucionaria a aparente contradição, apresentando uma perspectiva que explicasse cada ideia. O sistema acrescentaria essa solução como um novo padrão e um vínculo com as ideias que geraram inicialmente a procura pela solução. Esse módulo de pensamento crítico funcionaria como uma tarefa contínua em segundo plano. Seria muito benéfico para os humanos se nossos cérebros fizessem a mesma coisa.

Eu também incluiria um módulo que identificasse questões abertas em cada disciplina. Como outra tarefa contínua em segundo plano, ele procuraria soluções para elas em outras áreas díspares de conhecimento. Como disse, o conhecimento no neocórtex consiste em padrões profundamente aninhados em padrões, e por isso é totalmente metafórico. Podemos usar um padrão para encontrar uma solução ou *insight* num campo aparentemente desconexo.

Como exemplo, lembre-se da metáfora que usei no capítulo 4 sobre os movimentos aleatórios das moléculas de um gás e os movimentos aleatórios da mudança evolutiva. As moléculas de um gás se movem aleatoriamente sem um senso de direção aparente. Apesar disso, praticamente todas as moléculas de um gás num béquer, com o tempo, sairão do béquer. Comentei que isso abria uma perspectiva sobre uma questão importante a respeito da evolução da inteligência. Como as moléculas de um gás, as mudanças evolutivas também se movem em todas as direções, sem orientação aparente. Contudo, vemos um movimento na direção de maior complexidade e de maior inteligência, rumando efetivamente para a realização suprema da evolução: o desenvolvimento de um neocórtex capaz de pensar hierarquicamente. Assim, conseguimos perceber como um processo aparentemente sem propósito e sem direção pode ter um resultado aparentemente proposital num campo (evolução biológica) analisando-se outro campo (termodinâmica).

Mencionei antes como o *insight* de Charles Lyell (a respeito da forma como mudanças mínimas em formações rochosas causadas por filetes de água puderam escavar grandes vales ao longo do tempo) teria inspirado Charles Darwin a fazer uma observação semelhante sobre pequenas e minúsculas mudanças contínuas nas características dos organismos de uma espécie. Essa procura por metáforas seria outro processo contínuo em segundo plano.

Deveríamos apresentar um meio de percorrer diversas listas ao mesmo tempo para proporcionar o equivalente a um pensamento estruturado. Uma lista poderia ser a declaração das limitações que uma solução a um problema devem satisfazer. Cada etapa pode gerar uma busca recursiva pela hierarquia existente de ideias, ou pela literatura disponível. O cérebro humano parece ser capaz de lidar com apenas quatro listas simultâneas de cada vez (sem a ajuda de ferramentas como os computadores), mas não há motivo para que um neocórtex artificial deva ter tal limitação.

Também queremos dotar nossos cérebros artificiais com uma inteligência do tipo em que os computadores sempre foram excepcionais, ou seja, a capacidade de dominar imensos bancos de dados com precisão e implementar algoritmos conhecidos rápida e eficientemente. O Wolfram Alpha combina de forma singular muitos métodos científicos conhecidos e os aplica a dados coletados cuidadosamente. Esse tipo de sistema também vai continuar a melhorar, tendo em vista o comentário do dr. Wolfram sobre um declínio exponencial nos índices de erros.

Por fim, nosso novo cérebro precisa de um propósito. Um propósito se expressa na forma de uma série de metas. No caso dos cérebros biológicos, nossas metas são estabelecidas pelos centros de prazer e de medo que herdamos do cérebro primitivo. Esses impulsos primitivos foram estabelecidos inicialmente pela evolução biológica para fomentar a sobrevivência da espécie, mas o neocórtex permitiu que nós os sublimássemos. A meta do Watson era responder às questões do *Jeopardy!* Outra meta simples poderia ser passar no teste de Turing. Para isso, um cérebro digital precisaria da narrativa humana de sua história fictícia para que pudesse fingir ser um ser humano biológico. Ele também precisaria se fingir de tolo, pois qualquer sistema que exibisse os conhecimentos de Watson, digamos, seria rapidamente desmascarado como não biológico.

O mais interessante disso é que poderíamos dar ao nosso novo cérebro uma meta mais ambiciosa, como contribuir para melhorar o mundo. Naturalmente, uma meta dessas provocaria uma série de perguntas: melhor para quem? Melhor em que sentido? Para os seres humanos biológicos? Para todos os seres conscientes? Nesse caso, quem ou o que é consciente?

Quando os cérebros não biológicos se tornarem tão capazes quanto os biológicos de efetuar mudanças no mundo – com efeito, bem mais capazes do que os cérebros biológicos desassistidos – teremos de pensar em sua educação moral. Um bom lugar para começar seria uma antiga ideia de nossas tradições religiosas: a regra de ouro.

• Capítulo 8 •

A mente como computador

Com o formato que lembra um pão francês redondo, o cérebro humano é um laboratório químico agitado, repleto de conversas neurais incessantes. Imagine o cérebro, esse montículo reluzente de existência, esse parlamento celular cinzento como um camundongo, essa fábrica de sonhos, esse pequeno tirano dentro de uma bola de osso, esse feixe de neurônios que comanda todas as ações, esse pequeno onipresente, essa caprichosa redoma de prazer, esse guarda-roupas enrugado de eus enfiado no crânio, tal como roupas em demasia numa sacola de ginástica.
— Diane Ackerman

Os cérebros existem porque a distribuição de recursos necessários para a sobrevivência e os perigos que ameaçam a sobrevivência variam no espaço e no tempo.
— John M. Allman

A moderna geografia do cérebro tem um ar deliciosamente antiquado – como um mapa medieval onde se vê o mundo conhecido rodeado por *terra incognita*, onde monstros vagueiam.

– David Bainbridge

Na matemática, você não compreende coisas. Você simplesmente se acostuma com elas.

– John von Neumann

Desde o surgimento do computador em meados do século 20, tem havido uma discussão contínua não apenas sobre o limite final de sua capacidade, como a respeito de podermos considerar o próprio cérebro humano um tipo de computador. No que diz respeito a essa última questão, o consenso mudou; antes se viam essas duas espécies de entidades de processamento de informações como essencialmente a mesma coisa, e agora elas são consideradas fundamentalmente diferentes. E então, o cérebro é um computador?

Quando os computadores começaram a se popularizar na década de 1940, foram considerados imediatamente máquinas de pensar. O ENIAC, que foi anunciado em 1946, foi descrito na imprensa como um "cérebro gigante". Quando os computadores se tornaram comercialmente disponíveis na década seguinte, os anúncios se referiam rotineiramente a eles como cérebros capazes de feitos que os cérebros biológicos comuns não conseguiam realizar.

Rapidamente, os programas de computador permitiram que as máquinas correspondessem a essa expectativa. O "solucionador geral de problemas", criado em 1959 por Herbert A. Simon, J. C. Shaw e Allen Newell na Carnegie Mellon University, conseguiu idealizar uma prova para um teorema que os matemáticos Bertrand Russell (1872-1970) e Alfred North Whitehead (1861-1947) não tinham conseguido resolver em sua famosa obra de 1913, *Principia Mathematica*. O que ficou aparente nas décadas seguintes

• A mente como computador • 221

Propaganda de 1957 mostrando a concepção popular do computador como um cérebro gigante

foi que os computadores podiam exceder, rápida e significativamente, a capacidade humana desassistida em exercícios intelectuais como a solução de problemas matemáticos, o diagnóstico de doenças e o jogo de xadrez, mas tinham dificuldade para controlar um robô tentando dar o laço num cordão de sapatos ou compreender a linguagem comum, algo que uma criança de 5 anos conseguia entender. Somente agora, os computadores estão começando a dominar esse tipo de habilidade. Ironicamente, a evolução da inteligência dos computadores dirigiu-se no sentido oposto ao da maturação humana.

Até hoje, é controvertida a questão sobre se o computador e o cérebro humano se equivaleriam em algum nível. Na introdução, mencionei que havia milhões de links para citações sobre a complexidade do cérebro humano. De modo análogo, uma pesquisa no Google sobre "Citações: o cérebro não é um computador" também produz milhões de links. Na minha opinião, frases nesse sentido são semelhantes a dizer que "Compota de maçã não é maçã". Tecnicamente, essa declaração é verdadeira, mas você pode fazer compota de maçã com uma maçã. Seria mais objetivo dizer algo como: "Computadores não são processadores de texto". É verdade que um computador e um processador de texto existem em níveis conceituais diferentes, mas um computador pode se tornar um processador de texto se tiver um programa de processamento de texto sendo executado, e não o contrário. Do mesmo modo, um computador pode se tornar um cérebro se tiver um software cerebral sendo executado. É isso que pesquisadores, inclusive eu, estão tentando fazer.

Portanto, a questão é saber se podemos ou não descobrir um algoritmo que transforme um computador numa entidade equivalente a um cérebro humano. Afinal, um computador pode executar qualquer algoritmo que possamos definir, por causa de sua universalidade inata (sujeita apenas à sua capacidade). O cérebro humano, por outro lado, executa um conjunto específico de algoritmos. Seus métodos são inteligentes, pois ele dá espaço para uma plasticidade significativa e para a reestruturação de suas próprias conexões com base em sua experiência, mas essas funções podem ser emuladas por software.

A universalidade da computação (o conceito de que um computador de propósitos gerais pode implementar qualquer algoritmo) – e o poder dessa ideia – surgiu junto com as primeiras máquinas físicas. Há quatro conceitos vitais por trás da universalidade e da viabilidade da computação e sua aplicabilidade a nosso modo de pensar. Vale a pena revisá-los aqui, pois o próprio cérebro os utiliza. O primeiro é a capacidade de comunicar, lembrar e computar informações de maneira confiável. Por volta de 1940, se você usasse a palavra "computador", as pessoas presumiriam que você estivesse falando de um computador analógico, no qual os números eram representados por níveis diferentes de voltagem, e componentes especializados podiam executar funções específicas como soma e multiplicação. Entretanto, uma grande limitação dos computadores analógicos é que eles eram atormentados por problemas de precisão. Os números só podiam ser representados com precisão de um centésimo, e como o nível da voltagem que os representava era processado por um número cada vez maior de operadores aritméticos, os erros eram cumulativos. Se você quisesse realizar mais do que um punhado de operações, os resultados seriam tão imprecisos que não teriam sentido nenhum.

Quem se recorda da época em que se gravava música em gravadores analógicos de fita vai se lembrar desse efeito. Havia uma degradação sensível na primeira cópia, que ficava com um pouco mais de ruído do que a fita original. (Lembre-se de que o "ruído" representa imprecisão aleatória.) A cópia da cópia tinha mais ruído ainda, e por volta da décima geração, a cópia era quase que só ruído. Presumia-se que o mesmo problema atormentaria o mundo emergente dos computadores digitais. Podemos entender essa preocupação se considerarmos a comunicação de informações digitais por um canal. Nenhum canal é perfeito e cada um terá um nível intrínseco de erro. Suponha que temos um canal com uma probabilidade de 0,9 de transmitir corretamente cada bit. Se eu enviar uma mensagem com um bit, a probabilidade de esta ser transmitida corretamente será 0,9. E se eu enviar dois bits? Agora, a precisão é de $0,9^2 = 0,81$. E se eu enviar um byte (oito bits)? Terei menos do que 50% (0,43, para ser preciso) de chance de enviá-lo corretamente. A probabilidade de enviar com precisão cinco bytes é de 1%, aproximadamente.

Uma solução óbvia para impedir esse problema é tornar o canal mais preciso. Suponha que o canal comete apenas um erro a cada milhão de bits. Se eu enviar um arquivo formado por meio milhão de bytes (mais ou menos do tamanho de um programa ou banco de dados modesto), a probabilidade de transmiti-lo corretamente é de menos do que 2%, apesar de a precisão inerente do canal ser bastante elevada. Tendo em vista que um erro de um único bit pode invalidar completamente um programa de computador e outras formas de dados digitais, essa solução não é satisfatória. Não importa qual seja a precisão do canal, como a probabilidade de um erro numa transmissão aumenta rapidamente com o tamanho da mensagem, essa barreira pareceria intransponível.

Computadores analógicos lidaram com esse problema através da degradação graciosa (o que significa que os usuários só apresentavam problemas nos quais podiam tolerar pequenos erros); porém, se os usuários de computadores analógicos se limitassem a um conjunto restrito de cálculos, os computadores se mostravam razoavelmente úteis. Computadores digitais, por outro lado, exigem comunicação contínua, não só de um computador para outro, como dentro do computador em si. Existe comunicação entre sua memória e a unidade central de processamento. Dentro da unidade central de processamento, há comunicação entre um registro e outro, e de um lado para outro da unidade aritmética, e assim por diante. Mesmo dentro da unidade aritmética, há comunicação entre o registro de um bit e outro. A comunicação permeia todos os níveis. Se lembrarmos que o índice de erro aumenta rapidamente com o aumento da comunicação e que um erro de um único bit pode destruir a integridade de um processo, a computação digital estava fadada ao fracasso – pelo menos, era o que se pensava na época.

Essa era a opinião geral até o matemático norte-americano Claude Shannon (1916-2001) aparecer e demonstrar como podemos criar comunicações arbitrariamente precisas usando até os canais de comunicação menos confiáveis. O que Shannon disse em seu trabalho monumental, "A Mathematical Theory of Communication", publicado no *Bell System Technical Journal* em julho e outubro de 1948, e em particular em seu teorema de codificação de canais ruidosos, era que se tivéssemos um canal com qualquer índice de erros (exceto um canal com exatamente 50% por bit, o que significaria que o canal estaria transmitindo ruído puro), seríamos capazes de transmitir uma mensagem na qual o índice de erro seria tão preciso quanto quiséssemos. Noutras palavras, o índice de erros da transmissão poderia ser de um bit em n bits, sendo que n pode ter o tamanho que definirmos. Assim, por exemplo, num extremo, se tivermos um canal que transmite corretamente bits de informação apenas em 51% do tempo (ou seja, ele transmite um bit correto um pouco mais frequentemente do que um bit errado), mesmo assim poderemos transmitir mensagens de modo que apenas um bit num milhão estará incorreto, ou um bit num trilhão ou num trilhão de trilhões.

Como isso é possível? Pela redundância. Hoje talvez isso pareça óbvio, mas na época não era assim. Como exemplo simples, se eu transmitir três vezes cada bit e tiver a maioria dos votos, terei aumentado substancialmente a confiabilidade do resultado. Se isso não for suficiente, basta aumentar a redundância até obter a confiabilidade de que precisa. A mera repetição da informação é a forma mais fácil de obter elevados índices de precisão com canais de baixa precisão, mas não é a abordagem mais eficiente. O trabalho de Shannon, que estabeleceu o campo da teoria da informação, apresentou métodos ideais de detecção de erros e códigos de correção que podem atingir *qualquer* precisão desejada através de *qualquer* canal não aleatório.

Os leitores mais velhos vão se lembrar do modem telefônico, que transmitia informações através de ruidosas linhas telefônicas analógicas. Essas linhas apresentavam ruídos e chiados óbvios, bem como outras formas de distorção, mas mesmo assim eram capazes de transmitir dados digitais com índices de precisão bastante elevados, graças ao teorema do canal ruidoso de Shannon. O mesmo problema e a mesma solução existem para a memória digital. Nunca se perguntou como CDs, DVDs e discos de programas continuam a apresentar resultados confiáveis mesmo depois que o disco caiu no chão e se arranhou? Mais uma vez, devemos agradecer a Shannon.

A computação consiste em três elementos: comunicação – que, como mencionei, está sempre presente dentro de computadores e entre eles –, memória e portas lógicas (que realizam as funções aritméticas e lógicas). A precisão das portas lógicas também pode ser arbitrariamente elevada usando-se, do mesmo modo, detecção de erros e códigos de correção. Graças ao teorema e à teoria de Shannon, podemos lidar com dados e algoritmos digitais arbitrariamente grandes e complexos sem que os processos sejam perturbados ou destruídos por erros. É importante destacar que o cérebro também usa o princípio de Shannon, embora a evolução do cérebro humano seja claramente anterior à do próprio Shannon! A maioria dos padrões ou ideias (e uma ideia também é um padrão), como vimos, está armazenada no cérebro com uma quantidade substancial de redundância. Uma razão primária para a redundância no cérebro é a inconfiabilidade intrínseca dos circuitos neurais.

A segunda ideia importante na qual a era da informação se baseia é uma que já mencionei: a universalidade da computação. Em 1936, Alan Turing descreveu sua "máquina de Turing", que não era uma máquina de verdade, mas outro experimento mental. Seu computador teórico consiste numa fita de memória infinitamente longa com um 1 ou 0 em cada quadrado. O *input* da máquina é apresentado por essa fita, que a máquina consegue ler à razão de um quadrado por vez. A máquina também contém uma tabela de regras – essencialmente um programa armazenado – que consiste em estados numerados. Cada regra especifica uma ação se o quadrado sendo lido for um 0, e uma ação diferente se o quadrado atual for um 1. As ações possíveis incluem escrever 0 ou 1 na fita, mover a fita um quadrado para a direita ou para a esquerda, ou parar. Cada estado vai especificar o número do próximo estado em que a máquina deveria estar.

• A mente como computador • 227

O *input* da máquina de Turing é apresentado na fita. O programa roda e, quando a máquina para, o algoritmo foi concluído e o *output*-processo fica na fita. Perceba que, apesar de a fita ter, teoricamente, um comprimento infinito, qualquer programa que não entre num laço infinito vai usar apenas uma parte finita da fita; logo, se nos limitarmos a uma fita finita, a máquina ainda vai resolver um conjunto útil de problemas.

Se a máquina de Turing parece simples é porque foi esse o objetivo de seu inventor. Turing queria que a máquina fosse o mais simples possível (mas não mais simples, parafraseando Einstein). Turing e Alonzo Church (1903-1995), seu antigo professor, desenvolveram a tese Church-Turing, que afirma que, se um problema que pode ser apresentado a uma máquina de Turing não pode ser resolvido por ela, ele também não pode ser resolvido por máquina *nenhuma*, em decorrência da lei natural. Apesar de a máquina de Turing ter apenas um punhado de comandos e processar apenas um bit de cada vez, ela pode calcular qualquer coisa que qualquer computador possa calcular. Outra forma de dizer isso é que qual-

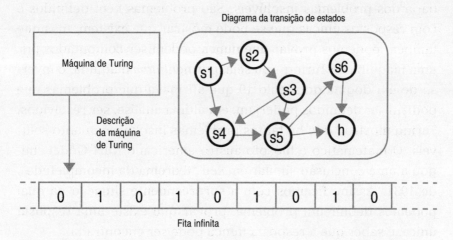

Diagrama em blocos de uma máquina de Turing com um cabeçote que lê e escreve na fita e um programa interno que consiste em transições de estados

quer máquina que seja "Turing completa" (ou seja, que tenha capacidades equivalentes a uma máquina de Turing) pode computar qualquer algoritmo (qualquer procedimento que possamos definir).

Interpretações "fortes" da tese Church-Turing propõem uma equivalência essencial entre o que um humano pode pensar ou saber, e o que é computável por uma máquina. A ideia básica é que o cérebro humano está, do mesmo modo, sujeito à lei natural, e assim sua capacidade de processamento de informações não pode exceder à de uma máquina (e, portanto, à de uma máquina de Turing).

Podemos dar os créditos apropriados a Turing por ter estabelecido a base teórica da computação com seu trabalho de 1936, mas é importante observar que ele foi profundamente influenciado por uma palestra apresentada pelo matemático húngaro-americano John von Neumann (1903-1957) em Cambridge, em 1935, sobre seu conceito de programa armazenado, um conceito que foi incorporado à máquina de Turing.[1] Por sua vez, von Neumann foi influenciado pelo trabalho de Turing de 1936, que estabeleceu de forma elegante os princípios da computação, e tornou-o leitura obrigatória para seus colegas no final da década de 1930 e início da seguinte.[2]

No mesmo trabalho, Turing relata outra descoberta inesperada: a dos problemas insolúveis. São problemas bem definidos e com respostas únicas que se pode mostrar que existem, mas que também podemos provar que nunca podem ser computados por uma máquina de Turing – ou seja, por *nenhuma* máquina, o inverso de um dogma do século 19 que afirmava que problemas que podiam ser definidos poderiam, em última análise, ser resolvidos. Turing mostrou que há tantos problemas insolúveis quanto solúveis. O matemático e filósofo austro-americano Kurt Gödel chegou a uma conclusão similar em seu "teorema da incompletude", de 1931. Assim, ficamos com a surpreendente situação na qual podemos definir um problema, provar que existe uma resposta única, e saber que a resposta nunca pode ser encontrada.

Turing mostrara que, em sua essência, a computação se baseia num mecanismo muito simples. Como a máquina de Turing (e portanto qualquer computador) é capaz de basear seu futuro curso de ação nos resultados que já calculou, ela é capaz de tomar decisões e de modelar hierarquias arbitrariamente complexas de informação.

Em 1939, Turing projetou uma calculadora eletrônica chamada Bombe que ajudou a decodificar mensagens que tinham sido criptografadas pela máquina de codificação nazista Enigma. Em 1943, uma equipe de engenheiros influenciada por Turing concluiu a construção daquele que foi provavelmente o primeiro computador, o Colossus, que permitiu aos aliados continuarem a decodificar mensagens das versões mais sofisticadas da Enigma. Bombe e Colossus foram projetados para uma única tarefa e não podiam ser reprogramados para outra. Mas realizaram brilhantemente suas tarefas e receberam o crédito por terem permitido aos Aliados vencer a vantagem de três da Luftwaffe alemã sobre a Royal Air Force britânica, e a vencer a crucial Batalha da Inglaterra, bem como a continuar a antever as táticas nazistas ao longo da guerra.

Foi com base nisso que John von Neumann criou a arquitetura do computador moderno, que representa nossa terceira ideia importante. Chamada de máquina de von Neumann, tem sido a estrutura central de praticamente todos os computadores dos últimos 67 anos, desde o microcontrolador em sua máquina de lavar até os maiores supercomputadores. Num trabalho datado de 30 de junho de 1945 e intitulado "Primeiro Esboço de um Relatório sobre o EDVAC", von Neumann apresentou as ideias que têm dominado a computação desde então.[3] O modelo de von Neumann inclui uma unidade central de processamento, na qual são realizadas as operações aritméticas e lógicas; uma unidade de memória, na qual são armazenados programas e dados; armazenagem em grande escala; um contador de programas; e canais de *input* e de *output*. Embora esse trabalho fosse apenas um documento de um projeto interno, tornou-se a bíblia dos projetistas de computadores. Você nunca sabe quando um memorando interno, aparentemente rotineiro, vai acabar revolucionando o mundo.

A máquina de Turing não foi projetada para ser prática. Os teoremas de Turing não se preocupavam com a eficiência na solução de problemas, mas com o exame da gama de problemas que, teoricamente, poderiam ser resolvidos pela computação. A meta de von Neumann, por outro lado, era criar um conceito viável de máquina computacional. Seu modelo substitui os cálculos de um bit de Turing por palavras com múltiplos bits (geralmente, algum múltiplo de oito bits). A fita de memória de Turing é sequencial, e por isso os programas de máquinas de Turing passam um tempo enorme movendo a fita para a frente e para trás para armazenar e recuperar resultados intermediários. Em contraste, a memória de von Neumann é de acesso aleatório, e por isso qualquer dado pode ser resgatado imediatamente.

Uma das principais ideias de von Neumann é o programa armazenado, que ele introduzira uma década antes: colocar o programa no mesmo tipo de memória de acesso aleatório que os dados (e geralmente no mesmo bloco de memória). Isso permitia ao computador ser reprogramado para diversas tarefas, bem como para a automodificação dos códigos (se o local de armazenamento do programa for gravável), o que permite uma forma poderosa de recursividade. Até então, praticamente todos os computadores, inclusive o Colossus, tinham sido construídos para uma tarefa específica. O programa armazenado permitia que um computador fosse realmente universal, satisfazendo assim a visão de Turing sobre a universalidade da computação.

Outro aspecto importante da máquina de von Neumann é que cada instrução inclui um código de operação especificando a operação aritmética ou lógica que será realizada e o endereço de um operando da memória.

O conceito de von Neumann sobre o modo como um computador deveria ser arquitetado foi apresentado com sua publicação do desenho do EDVAC, um projeto que ele realizou com os colaboradores J. Presper Eckert e John Mauchly. O EDVAC em si funcionou somente em 1951, época na qual já havia outros computadores com programas armazenados, como o Manchester Small-Scale Experimental Machine, o ENIAC, o EDSAC e o BINAC, todos influenciados profundamente pelo trabalho de von Neumann, e envolvendo Eckert e Mauchly como projetistas. Von Neumann contribuiu diretamente para o desenho de diversas dessas máquinas, inclusive uma versão posterior do ENIAC, que suportava um programa armazenado.

Houve alguns precursores da arquitetura de von Neumann, embora, com uma surpreendente exceção, nenhuma delas seja uma verdadeira máquina de von Neumann. Em 1944, Howard Aiken apresentou o Mark I, que tinha um elemento de programabilidade, mas não usava um programa armazenado. Ele lia instruções de uma fita perfurada de papel e executava cada comando imediatamente. Ele também não tinha uma instrução de desvio condicional.

Em 1941, o cientista alemão Konrad Zuse (1910-1995) criou o computador Z-3. Ele também lia seu programa numa fita (neste caso, codificada em filme) e também não tinha instrução de desvio condicional. É interessante observar que Zuse obteve apoio do German Aircraft Research Institute (Instituto de Pesquisa Aeronáutica da Alemanha), que usou o aparelho para estudar a vibração de asas, mas seu pedido ao governo nazista de verbas para substituir os relés por válvulas foi recusado. Os nazistas consideravam que a computação "não tem importância para a guerra". Essa perspectiva ajuda muito, em minha opinião, a explicar o resultado da guerra.

Na verdade, há um precursor autêntico do conceito de von Neumann, e ele surgiu um século antes! A chamada Máquina Analítica do matemático e inventor inglês Charles Babbage (1791-1871), descrita por ele em 1837, incorporava as ideias de von Neumann e apresentava um programa armazenado através de cartões perfurados, tomados por empréstimo do tear de Jacquard.[4] Sua memória de acesso aleatório incluía mil palavras com 50 dígitos decimais cada uma (o equivalente a 21 kilobytes aproximadamente). Cada instrução incluía um código operacional e um número operando, tal como as modernas linguagens de máquina. Ela incluía desvio condicional e looping, e por isso era uma verdadeira máquina de von Neumann. Baseava-se inteiramente em engrenagens mecânicas e, ao que parece, a Máquina Analítica estava além da capacidade de projeto e organização de Babbage. Ele construiu partes dela, mas nunca a ligou. Não se sabe ao certo se os pioneiros da computação do século 20, inclusive von Neumann, conheciam o trabalho de Babbage.

O computador de Babbage resultou na criação do campo da programação de softwares. A escritora inglesa Ada Byron (1815-1852), condessa de Lovelace e única filha legítima de lorde Byron, o poeta, foi a primeira programadora de computadores do mundo. Ela escreveu programas para a Máquina Analítica, que ela precisava depurar em sua própria mente (uma vez que o computador nunca chegou a funcionar), uma prática bem conhecida dos engenheiros de software da atualidade como "tabela de checagem". Ela traduziu um artigo do matemático italiano Luigi Menabrea sobre a Máquina Analítica e acrescentou suas próprias anotações, escrevendo que "a Máquina Analítica tece padrões algébricos, assim como o tear de Jacquard tece flores e folhas". Ela apresentou depois aquelas que podem ter sido as primeiras especulações sobre a viabilidade da inteligência artificial, mas concluiu que a Máquina Analítica "não tem pretensão alguma de originar o que quer que seja".

O conceito de Babbage é bem milagroso se você pensar na era em que ele viveu e trabalhou. No entanto, em meados do século 20, suas ideias tinham sido perdidas nas brumas do tempo (embora tenham sido redescobertas subsequentemente). Foi von Neumann quem conceituou e articulou os princípios básicos do computador tal como o conhecemos hoje, e o mundo reconhece isso continuando a se referir à máquina de von Neumann como o principal modelo de computação. Lembre-se, porém, de que a máquina de von Neumann comunica continuamente dados entre suas diversas unidades e dentro dessas unidades, e por isso não poderia ser construída sem os teoremas de Shannon e os métodos que ele idealizou para transmitir e armazenar informações digitais confiáveis.

Isso nos leva à quarta ideia importante, que é ir além da conclusão de Ada Byron de que um computador não pode pensar criativamente e encontrar os principais algoritmos empregados pelo cérebro, usando-os para transformar um computador num cérebro. Alan Turing apresentou essa meta em seu trabalho de 1950, "Computing Machinery and Intelligence", que inclui o hoje famoso teste de Turing para averiguar se uma IA atingiu um nível humano de inteligência.

Em 1956, von Neumann começou a preparar uma série de palestras destinadas à prestigiosa série Silliman de palestras na Universidade de Yale. Devido ao câncer, ele nunca apresentou essas palestras, nem concluiu o manuscrito a partir do qual elas seriam compiladas. Esse documento inacabado é, até hoje, uma brilhante e profética antecipação daquele que considero o mais assombroso e importante projeto da humanidade. Foi publicado postumamente como *O computador e o cérebro* [The Computer and the Brain], em 1958. É coerente ver que a obra final de um dos mais brilhantes matemáticos do século passado e um dos pioneiros da era dos computadores tenha sido um exame da própria inteligência. Esse projeto foi a primeira investigação séria do cérebro humano segundo a perspectiva de um matemático e cientista da computação. Antes de von Neumann, os campos da ciência da computação e da neurociência eram duas ilhas sem uma ponte entre elas.

Von Neumann começa sua discussão apresentando as semelhanças e as diferenças entre o computador e o cérebro humano. Tendo em conta a época em que redigiu esse manuscrito, ele é notavelmente preciso. Ele comentou que o *output* dos neurônios era digital: um axônio disparava ou não. Isso estava longe de ser óbvio naquele tempo, pois se achava que o *output* poderia ser um sinal analógico. O processamento nos dendritos que se ligam a neurônios, e no corpo celular do neurônio somático, porém, era analógico, e ele descreveu seus cálculos como uma soma ponderada de *inputs* com um limiar. Este modelo do funcionamento dos neurônios levou ao campo do conexionismo, que construiu sistemas baseados nesse modelo do neurônio, tanto no hardware como no software. (Como descrevi no capítulo anterior, o primeiro desses sistemas conexionistas foi criado por Frank Rosenblatt como programador de software num computador IBM 704 em Cornell em 1957, logo após os esboços de palestra de von Neumann serem divulgados.) Hoje, temos modelos mais sofisticados da maneira como os neurônios combinam *inputs*, mas a ideia essencial do processamento analógico dos *inputs* dos dendritos usando concentrações de neurotransmissores permaneceu válida.

Von Neumann aplicou o conceito da universalidade da computação para concluir que, apesar de a arquitetura e os tijolos parecerem radicalmente diferentes entre cérebro e computador, podemos concluir, ainda assim, que uma máquina de von Neumann pode simular o processamento num cérebro. O contrário não se aplica, porém, uma vez que o cérebro não é uma máquina de von Neumann e não possui um programa armazenado (embora possamos simular uma máquina de Turing bem simples em nossas cabeças). Seu algoritmo ou seus métodos estão implícitos em sua estrutura. Von Neumann conclui corretamente que os neurônios podem aprender padrões com seus *inputs*, o que já determinamos que está codificado em parte na força dos dendritos. O que não se sabia na época de von Neumann é que o aprendizado também tem lugar através da criação e da destruição de conexões entre neurônios.

Von Neumann comenta, com presciência, que a velocidade do processamento neural é extremamente baixa, da ordem de uma centena de cálculos por segundo, mas que o cérebro compensa isso através de um processamento paralelo maciço – outro *insight* nada óbvio e crucial. Von Neumann disse que cada um dos 10^{10} neurônios do cérebro (um número razoavelmente preciso; as estimativas atuais ficam entre 10^{10} e 10^{11}) estaria processando ao mesmo tempo. Com efeito, cada uma das conexões (com uma média entre 10^3 e 10^4 conexões por neurônio) está computando simultaneamente.

As estimativas de von Neumann e sua descrição do processamento neural são notáveis, tendo em vista o estado primitivo da neurociência nessa época. Um aspecto de sua obra do qual discordo, porém, é sua avaliação da capacidade de memória do cérebro. Ele presume que o cérebro se recorda de todos os *inputs* durante toda a sua vida. Von Neumann supõe uma vida média de 60 anos, ou cerca de 2×10^9 segundos. Com cerca de 14 *inputs* por neurônio por segundo (o que na verdade é baixo, pelo menos com três ordens de grandeza) e com 10^{10} neurônios, ele chega a uma estimativa de cerca de 10^{20} bits para a capacidade de memória do cérebro. A realidade, como comentei antes, é que nos lembramos apenas de uma pequena fração de nossos pensamentos e experiências, e mesmo essas memórias não estão armazenadas como padrões de bits num nível inferior (como uma imagem em vídeo), mas como sequências de padrões de nível superior.

Quando von Neumann descreve cada mecanismo do cérebro, ele mostra como um computador moderno poderia realizar a mesma coisa, apesar de diferenças aparentes. Os mecanismos analógicos do cérebro podem ser simulados através de mecanismos digitais, pois a computação digital pode emular valores analógicos em qualquer grau desejado de precisão (e a precisão da informação analógica no cérebro é bem baixa). O paralelismo maciço do cérebro também pode ser simulado, tendo em vista a significativa vantagem de velocidade dos computadores na computação serial (uma vantagem que aumentou muito ao longo do tempo). Além disso, também podemos usar o processamento paralelo em computadores usando máquinas de von Neumann em paralelo – que é exatamente a forma como os supercomputadores trabalham hoje.

Von Neumann conclui que os métodos do cérebro não podem envolver algoritmos sequenciais extensos, se levarmos em conta a velocidade com que os humanos conseguem tomar decisões em combinação com a velocidade computacional muito lenta dos neurônios. Quando um jogador da terceira base pega a bola no ar e decide lançá-la para a primeira base e não para a segunda, ele toma essa decisão numa fração de segundo, tempo apenas suficiente para que cada neurônio passe por um punhado de ciclos. Von Neumann conclui corretamente que os notáveis poderes do cérebro provêm do fato de que seus 100 bilhões de neurônios conseguem processar simultaneamente as informações. Como já disse, o córtex visual faz sofisticados julgamentos visuais em apenas três ou quatro ciclos neurais.

Há uma plasticidade considerável no cérebro, o que nos permite aprender. Mas há bem mais plasticidade num computador, que pode reestruturar completamente seus métodos mudando seu software. Logo, nesse sentido, um computador será capaz de imitar o cérebro, mas o inverso não se aplica.

Quando von Neumann comparou a capacidade da imensa organização paralela do cérebro com os (poucos) computadores de sua época, ficou claro que o cérebro tinha bem mais memória e velocidade. Mas, hoje, o primeiro supercomputador a atingir especificações que equivalem a algumas das estimativas mais conservadoras da velocidade necessária para simular o cérebro humano em termos funcionais (cerca de 10^{16} operações por segundo) já foi construído.[5] (Estimo que esse nível de computação custará US$ 1 mil no início da década de 2020.) Com relação à memória, estamos até mais próximos. Apesar de ter escrito seu trabalho num momento notavelmente precoce da história do computador, von Neumann acreditava que tanto o hardware como o software da inteligência humana acabariam se ajustando, o que foi a sua motivação para preparar essas palestras.

Von Neumann estava profundamente ciente da aceleração do ritmo do progresso e de suas profundas implicações para o futuro da humanidade. Um ano após sua morte em 1957, o colega matemático Stan Ulam mencionou uma frase dele do início da década de 1950, na qual dizia que "o progresso cada vez mais acelerado da tecnologia e das mudanças no modo de vida humana dão a aparência de que estamos nos aproximando de uma singularidade essencial na história da raça além da qual os assuntos humanos, tal como os conhecemos, não poderiam continuar". Esse foi o primeiro uso conhecido da palavra "singularidade" no contexto da história tecnológica do homem.

O *insight* fundamental de von Neumann foi que havia uma equivalência essencial entre um computador e o cérebro. Perceba que a inteligência emocional de um ser humano biológico é parte de sua inteligência. Se o *insight* de von Neumann estiver correto, e se aceitarem minha declaração de fé em que uma entidade não biológica que torna a criar de forma convincente a inteligência (emocional e outras) de um humano biológico tem consciência (veja o próximo capítulo), então teremos de concluir que existe uma equivalência essencial entre um computador – *com o software correto* – e uma mente (consciente). Desse modo, será que von Neumann está certo?

A maioria dos computadores de hoje é inteiramente digital, enquanto o cérebro humano combina métodos digitais e analógicos. Mas os métodos analógicos são fácil e rotineiramente recriados pelos digitais, com qualquer nível desejado de precisão. O cientista norte-americano da computação Carver Mead (nascido em 1934) mostrou que podemos emular diretamente os métodos analógicos do cérebro com o silício, que ele demonstrou com o que chama de chips "neuromórficos".[6] Mead demonstrou como essa abordagem pode ser milhares de vezes mais eficiente do que a emulação digital de métodos analógicos. Ao codificarmos o algoritmo neocortical maciçamente repetido, fará sentido usar a abordagem de Mead. O IBM Cognitive Computing Group, comandado por Dharmendra Modha, introduziu chips que emulam neurônios e suas conexões, inclusive a capacidade de formar novas conexões.[7] Chamado "SyNAPSE", um dos chips proporciona uma simulação direta de 256 neurônios com cerca de 250 mil conexões sinápticas. A meta do projeto é criar um neocórtex simulado com 10 bilhões de neurônios e 100 trilhões de conexões – o que se aproxima de um cérebro humano – que consome apenas um quilowatt de energia.

Como von Neumann descreveu há mais de meio século, o cérebro é extremamente lento, mas maciçamente paralelo. Os circuitos digitais atuais são, no mínimo, 10 milhões de vezes mais rápidos do que os comutadores eletroquímicos do cérebro. Por outro lado, os 300 milhões de identificadores neocorticais de padrões processam simultaneamente, e seu quatrilhão de conexões interneuronais tem o potencial para computar ao mesmo tempo. O ponto principal para se obter o hardware necessário para modelar com sucesso um cérebro humano, porém, são a memória global e a taxa de transferência computacional necessárias. Não precisamos copiar diretamente a arquitetura do cérebro, o que seria uma abordagem muito ineficiente e inflexível.

Vamos estimar quais são os requisitos de hardware. Muitos projetos tentaram emular o aprendizado hierárquico e a identificação de padrões que acontecem na hierarquia neocortical, inclusive meu próprio trabalho com os Modelos Hierárquicos Ocultos de Markov. Uma estimativa conservadora a partir de minha própria experiência é que para imitar um ciclo de um único identificador de padrões no neocórtex de um cérebro biológico precisaríamos de uns 3 mil cálculos. A maioria das simulações é executada numa fração dessa estimativa. Com o cérebro funcionando à razão de 10^2 (100) ciclos por segundo, teremos 3×10^5 (300 mil) cálculos por segundo por identificador de padrões. Usando minha estimativa de 2×10^8 (300 milhões) de identificadores de padrões, teríamos cerca de 10^{14} (100 trilhões) de cálculos por segundo, um número consistente com minha estimativa apresentada em *The singularity is near*. Nesse livro, projetei que para simular o cérebro de maneira funcional precisaríamos de um número entre 10^{14} e 10^{16} cálculos por segundo (cps), e usei 10^{16} cps para ser conservador. A estimativa do especialista em IA Hans Moravec, baseada na extrapolação dos requisitos computacionais do processamento visual inicial do cérebro como um todo, é de 10^{14} cps, o que corresponde à minha avaliação.

Máquinas de desktop podem atingir 10^{10} cps, embora esse nível de desempenho possa ser significativamente ampliado usando-se recursos da nuvem. O supercomputador mais veloz, o K Computer, do Japão, já atingiu 10^{16} cps.[8] Como o algoritmo do neocórtex se repete maciçamente, a abordagem de se usar chips neuromórficos como os chips SyNAPSE da IBM, mencionados acima, também é promissora.

Em termos de exigências de memória, vamos precisar de cerca de 30 bits (quatro bytes) para que uma conexão se ocupe de um dos 300 milhões de identificadores de padrões. Se estimarmos uma média de oito *inputs* para cada identificador de padrão, teremos 32 bytes por identificador. Se acrescentarmos um peso de um byte para cada *input*, teremos 40 bytes. Acrescente outros 32 bytes para conexões descendentes e somamos 72 bytes. Perceba que o número da ramificação para cima e para baixo será bem superior a oito, embora essas árvores de ramificação muito grandes sejam compartilhadas por diversos identificadores. Por exemplo, pode haver centenas de identificadores envolvidos na identificação da letra "p". Estes vão alimentar milhares de identificadores no nível imediatamente superior que lidam com palavras e frases que incluem "p". No entanto, cada identificador de "p" não repete a árvore de conexões que alimenta todas as palavras e frases que incluem "p" – todos compartilham uma de tais árvores de conexões. O mesmo se aplica a conexões descendentes: um identificador responsável pela palavra "APPLE" vai dizer a todos os milhares de identificadores de "E" num nível inferior que um "E" será esperado caso já tenham sido vistos "A", "P", "P" e "L". Essa árvore de conexões não se repete para cada identificador de palavra ou de frase que quer informar o nível imediatamente inferior que um "E" é esperado. Mais uma vez, eles são compartilhados. Por esse motivo, uma estimativa geral de oito para cima e oito para baixo, em média, por identificador de padrões, é razoável. Mesmo que aumentemos essa estimativa em particular, isso não aumentará significativamente a ordem de magnitude da estimativa resultante.

Com 3×10^8 (300 milhões) de identificadores de padrões com 72 bytes cada, teremos uma necessidade geral de memória da ordem de 2×10^{10} (20 bilhões) de bytes. Trata-se de um número até modesto, que os computadores normais atuais podem exceder.

Essas estimativas têm o objetivo apenas de proporcionar uma noção aproximada da ordem de grandeza exigida. Lembrando que os circuitos digitais são intrinsecamente cerca de 10 milhões de vezes mais rápidos do que os circuitos neocorticais biológicos, não precisamos igualar o cérebro humano em seu paralelismo – um processamento paralelo modesto (comparado com o paralelismo da ordem de trilhões de vezes do cérebro humano) será suficiente. Percebemos que os requisitos computacionais necessários estão ficando ao nosso alcance. O recabeamento do próprio cérebro – os dendritos estão criando novas sinapses continuamente – também pode ser emulado por software usando links, um sistema bem mais flexível do que o método de plasticidade do cérebro, que, como vimos, é impressionante, porém limitado.

A redundância usada pelo cérebro para atingir resultados invariantes robustos certamente pode ser replicada em emulações por software. A matemática para se otimizar esses tipos de sistemas de aprendizado hierárquico auto-organizados é bem conhecida. A organização do cérebro está longe de ser a ideal. Naturalmente, nem precisava sê-lo; ela só precisa ser boa o suficiente para se atingir o limiar da possibilidade de criar ferramentas que compensam suas próprias limitações.

Outra restrição do neocórtex humano é que não existe processo que elimine ou mesmo revise ideias contraditórias, o que explica a razão pela qual o pensamento humano costuma ser maciçamente inconsistente. Temos um mecanismo fraco para lidar com isso, chamado pensamento crítico, mas essa habilidade não é, nem de longe, tão praticada quanto deveria. Num neocórtex baseado em software, podemos construir um processo que revela inconsistências que serão analisadas mais a fundo.

É importante observar que o desenho de toda uma região cerebral é mais simples do que o desenho de um único neurônio. Como discuti antes, os modelos costumam ficar mais simples num nível superior – pense na analogia com um computador. Precisamos compreender em detalhes a física dos semicondutores para modelar um transistor, e as equações por trás de um único transistor real são complexas. Um circuito digital que multiplica dois números exige centenas deles. Mas podemos modelar esse circuito de multiplicação de forma bem simples, com uma ou duas fórmulas. Um computador inteiro com bilhões de transistores pode ser modelado através de seu conjunto de instruções e da descrição dos registros, que podem ser descritos num punhado de páginas escritas com textos e fórmulas. Os programas de software de um sistema operacional, os compiladores de linguagem e os montadores são razoavelmente complexos, mas a modelagem de um programa específico – por exemplo, um programa de reconhecimento de fala baseado em Modelos Hierárquicos Ocultos de Markov – também pode ser descrito em poucas páginas de equações. Em nenhum ponto dessa descrição encontraríamos os detalhes da física dos semicondutores, nem mesmo da arquitetura de computadores.

Uma observação similar é válida para o cérebro. Um identificador neocortical de padrões específico, que detecta uma característica visual invariante em particular (como um rosto) ou que realiza uma filtragem de passo de faixa (limitando o *input* a uma gama de frequências específica) num som, ou que avalia a proximidade temporal de dois eventos, pode ser descrito com muito menos detalhes específicos do que a física e as relações químicas que controlam os neurotransmissores, os canais de íons e outras variáveis sinápticas e dendríticas envolvidas nos processos neurais. Embora toda essa complexidade precise ser cuidadosamente avaliada antes de avançar para o próximo nível conceitual superior, boa parte dela pode ser simplificada quando os princípios operacionais do cérebro são revelados.

• **Capítulo 9** •

Experimentos mentais sobre a mente

A mente nada mais é do que aquilo que o cérebro faz.
– Marvin Minsky, *A sociedade da mente*

Quando forem construídas máquinas inteligentes, não deveremos nos surpreender se elas forem tão confusas e teimosas quanto os homens em suas convicções sobre mente-matéria, consciência, livre-arbítrio e coisas do gênero.
– Marvin Minsky, *A sociedade da mente*

Quem é consciente?

A verdadeira história da consciência começa com nossa primeira mentira.
– Joseph Brodsky

O sofrimento é a única origem da consciência.
– Fiódor Dostoiévski, *Memórias do subsolo*

> Há um tipo de planta que se alimenta de comida orgânica com suas flores: quando um inseto pousa sobre a flor, as pétalas se fecham sobre ele e o prendem até a flor ter absorvido o inseto em seu sistema; mas ela só se fecha sobre aquilo que é bom para se comer; se for uma gota de chuva ou um graveto, ela não se abala. Curioso ver que uma coisa inconsciente tem um olho clínico para aquilo que lhe interessa. Se isso é inconsciência, para que serve a consciência?
>
> – Samuel Butler, 1871

Examinamos o cérebro como uma entidade capaz de certos níveis de realização. Mas essa perspectiva deixa nossos *eus* fora do quadro. Aparentemente, vivemos em nosso cérebro. Temos vidas subjetivas. De que maneira a visão objetiva do cérebro, que discutimos até agora, se relaciona com nossos sentimentos, com a sensação de que somos a pessoa que está tendo as experiências?

O filósofo inglês Colin McGinn (nascido em 1950) trata disso, dizendo que "a consciência pode reduzir até o pensador mais meticuloso a um balbuciar incoerente". A razão para isso é que as pessoas costumam ter opiniões inconsistentes e não examinadas sobre o significado exato da expressão.

Muitos observadores consideram a consciência uma forma de representação; por exemplo, a capacidade de autorreflexão, ou seja, a habilidade de compreendermos nossos próprios pensamentos e de explicá-los. Eu descreveria isso como a capacidade de pensar sobre nosso próprio pensamento. Presumivelmente, deveríamos encontrar um modo de avaliar essa capacidade, usando depois esse teste para separar coisas conscientes de coisas inconscientes.

No entanto, deparamos rapidamente com problemas quando tentamos pôr em prática essa abordagem. Um bebê tem consciência? Um cão? Eles não têm lá muita habilidade para descrever seus processos mentais. Há quem acredite que bebês e cães não são seres conscientes justamente porque não conseguem se explicar. E o que dizer do computador conhecido como Watson? Ele pode ser posto num modo no qual efetivamente explica de que forma encontrou determinada resposta. Como ele contém um modelo de seu próprio pensamento, será que Watson é consciente, enquanto o bebê e o cachorro não são?

Antes de continuarmos a explorar essa questão, é importante refletir sobre a distinção mais importante relacionada com ela: o que podemos descobrir pela ciência e o que se mantém de fato como uma questão da filosofia? Uma posição diz que a filosofia é uma espécie de depósito intermediário para perguntas que ainda não sucumbiram ao método científico. Segundo essa perspectiva, quando a ciência progride o suficiente para resolver determinado conjunto de questões, os filósofos podem passar para outras perguntas, até chegar o momento em que a ciência as elucida também. Essa visão é endêmica no que diz respeito ao problema da consciência, e, mais especificamente, "o que e quem é consciente?"

Pense nestas declarações do filósofo John Searle: "Sabemos que os cérebros causam a consciência com mecanismos biológicos específicos. [...] O essencial é perceber que a consciência é um processo biológico como a digestão, a lactação, a fotossíntese ou a mitose. [...] O cérebro é uma máquina, máquina biológica, claro, mas ainda assim uma máquina. Logo, a primeira etapa consiste em descobrir como o cérebro a cria para construirmos depois uma máquina artificial com um mecanismo igualmente eficiente para causar a consciência".[1] As pessoas costumam se surpreender ao lerem essas frases porque presumem que Searle se dedica a proteger o mistério da consciência de reducionistas como Ray Kurzweil.

O filósofo australiano David Chalmers (nascido em 1966) criou a expressão "o duro problema da consciência" para descrever a dificuldade de enquadrar esse conceito essencialmente indescritível. Às vezes, uma frase breve engloba tão bem toda uma escola de pensamento que se torna emblemática (como "a banalidade do mal", de Hannah Arendt). A famosa formulação de Chalmers faz isso muito bem.

Quando se discute a consciência, fica muito fácil incorrer no erro de considerar os atributos observáveis e mensuráveis que associamos com o fato de sermos conscientes, mas essa abordagem não trata da verdadeira essência da ideia. Acabei de mencionar o conceito da metacognição – a ideia de se pensar sobre o próprio pensamento – como um de tais correlatos da consciência. Outros observadores equiparam a inteligência emocional ou a inteligência moral com a consciência. Mais uma vez, porém, nossa capacidade de expressar um sentimento amoroso, de compreender uma piada ou de sermos sensuais são simplesmente tipos de representação – até impressionantes e inteligentes, mas habilidades que podem ser observadas e medidas (embora possamos questionar como podemos avaliá-las). Entender como o cérebro realiza esse tipo de tarefa e o que acontece no cérebro quando as realizamos constitui a questão "fácil" de Chalmers sobre a consciência. Naturalmente, o problema "fácil" pode ser tudo, menos fácil, e talvez represente a mais difícil e importante busca científica de nossa era. Enquanto isso, a questão "dura" de Chalmers é tão dura que se mostra essencialmente inefável.

Apoiando essa distinção, Chalmers introduz um experimento mental envolvendo o que ele chama de zumbis. O zumbi é uma entidade que atua como uma pessoa, mas simplesmente não tem experiência subjetiva, ou seja, um zumbi não tem consciência. Chalmers alega que como podemos conceber zumbis, eles são possíveis, pelo menos em termos lógicos. Se você estivesse numa festa e nela houvesse tanto humanos "normais" como zumbis, como você perceberia a diferença? Talvez isso até se pareça com alguma festa na qual você esteve.

Muitos respondem a essa questão dizendo que perguntariam aos indivíduos que desejam avaliar quais as suas reações emocionais a eventos e ideias. Segundo acreditam, um zumbi revelaria sua falta de experiência subjetiva por meio de uma deficiência em certos tipos de resposta emocional. Mas uma resposta nesse sentido deixaria de levar em conta as premissas do experimento mental. Se encontrarmos uma pessoa não emocional (como um indivíduo com certas deficiências emocionais, como é comum em certos tipos de autismo), ou um avatar, ou um robô que não se mostrou convincente como ser humano emocional, então essa entidade não é um zumbi. Lembre-se: segundo a premissa de Chalmers, o zumbi é completamente normal em sua capacidade de reagir, inclusive a capacidade de reagir emocionalmente; ele só não tem experiência subjetiva. O fundo da questão é que não há maneira de identificarmos um zumbi porque, por definição, não existe indicação aparente de sua natureza zumbi em seu comportamento. Assim, será esta uma distinção sem uma diferença?

Chalmers não tenta responder à questão dura, mas apresenta algumas possibilidades. Uma é uma forma de dualismo na qual a consciência em si não existe no mundo físico, mas como uma entidade ontológica separada. Segundo essa formulação, aquilo que uma pessoa faz se baseia nos processos em seu cérebro. Como o cérebro é causalmente fechado, podemos explicar plenamente as ações de uma pessoa, inclusive seus pensamentos, por meio de seus processos. Assim, a consciência existe essencialmente noutra esfera, ou, no mínimo, é uma propriedade separada do mundo físico. Essa explicação não permite que a mente (quer dizer, a propriedade consciente associada com o cérebro) afete causalmente o cérebro.

Outra possibilidade sugerida por Chalmers, que não difere logicamente de seu conceito de dualismo, e que costuma ser chamada de panprotopsiquismo, sustenta que todos os sistemas físicos são conscientes, embora um ser humano seja mais consciente do que um interruptor de luz, por exemplo. Eu certamente concordo; um cérebro humano precisa ter mais consciência do que um interruptor de luz.

Minha opinião, que talvez seja uma subescola do panprotopsiquismo, é que a consciência é uma propriedade emergente de um sistema físico complexo. Segundo essa visão, um cão também tem consciência, mas esta é um pouco menor do que a humana. Uma formiga também tem certo nível de consciência, mas muito menor que a de um cão. Por outro lado, podemos considerar que a colônia de formigas tem um nível de consciência superior ao de cada formiga; ela é, com certeza, mais inteligente do que uma formiga isolada. Segundo essa linha, um computador que imita com sucesso a complexidade de um cérebro humano também teria a mesma consciência emergente que um humano.

Outra maneira de conceituar a consciência é como um sistema que tem "qualia". E o que são os qualia? Uma definição do termo seria "experiências conscientes". Isso, porém, não nos leva muito longe. Imagine este experimento mental: um neurocientista é completamente cego para cores – não é daltônico, ou seja, não confunde certos tons de verde e vermelho (como eu); tem um problema no qual o indivíduo vive num mundo totalmente preto e branco. (Numa versão mais extrema desse cenário, ele cresceu num mundo preto e branco e nunca viu cor nenhuma. Em síntese, seu mundo não tem cores.) Contudo, ele estudou a fundo a física da cor – ele sabe que o comprimento de onda da luz vermelha é 700 nanômetros – e os processos neurológicos de uma pessoa que consegue lidar normalmente com as cores, e que portanto conhece muita coisa sobre o modo como o cérebro processa cores. Esse indivíduo sabe mais coisas sobre as cores do que a maioria das pessoas. Se você quisesse ajudá-lo, explicando-lhe como é a verdadeira experiência do "vermelho", como poderia fazê-lo?

Você poderia ler para ele um trecho do poema "Vermelho", do poeta nigeriano Oluseyi Oluseun:

Vermelho a cor do sangue
símbolo da vida
Vermelho a cor do perigo
símbolo da morte

*Vermelho a cor das rosas
símbolo da beleza
Vermelho a cor dos enamorados
símbolo da unidade*

*Vermelho a cor do tomate
símbolo da boa saúde
Vermelho a cor do fogo quente
símbolo do desejo ardente*

Isso lhe daria uma excelente ideia de algumas das associações que as pessoas fizeram com o vermelho, e poderia até levá-lo a ter uma posição numa conversa sobre essa cor. ("Sim, adoro a cor vermelha, é tão quente e fogosa, tão perigosamente bela...") Se ele quisesse, poderia até convencer as pessoas de que tinha vivenciado o vermelho, mas toda a poesia do mundo não permitiria efetivamente que ele tivesse essa vivência.

De modo análogo, como você explicaria a sensação de mergulhar na água para alguém que nunca encostou na água? Novamente, seríamos forçados a recorrer à poesia, mas não há de fato um modo de transmitir a experiência em si. São essas experiências que chamamos de qualia.

Muitos dos leitores deste livro experimentaram a cor vermelha. Mas como eu sei se sua experiência de vermelho não é a mesma experiência que tenho ao olhar para o azul? Nós dois olhamos para um objeto vermelho e afirmamos com segurança que ele é vermelho, mas isso não responde à pergunta. Eu posso estar tendo a experiência que você tem ao olhar para o azul, mas ambos aprendemos a chamar as coisas vermelhas de vermelhas. Poderíamos começar a trocar poemas novamente, mas eles simplesmente refletiriam as associações que as pessoas têm feito com as cores; eles não falam da verdadeira natureza do qualia. Com efeito, cegos de nascença já leram muito sobre cores, pois essas referências são abundantes na literatura, e por isso eles têm alguma versão de uma experiência da cor. Como sua experiência do vermelho se compara com a experiência de pessoas dotadas de visão? Essa é a mesma pergunta que aquela feita sobre a pessoa no mundo preto e branco. É notável como fenômenos tão comuns em nossas vidas são inefáveis e tornam uma confirmação simples, como a de que estamos tendo o mesmo qualia, impossível.

Outra definição de qualia é o sentimento de uma experiência. No entanto, essa definição não é menos circular do que nossas tentativas anteriores de definir a consciência, pois as expressões "sentimento", "ter uma experiência" e "consciência" são sinônimas. A consciência e a questão intimamente relacionada a ela do qualia são uma questão filosófica fundamental, talvez a questão suprema (embora o tema da identidade possa ser ainda mais importante, como vou discutir na seção final deste capítulo).

Portanto, com relação à consciência, qual é mesmo a pergunta? É esta: quem ou o que é consciente? Refiro-me à "mente" no título deste livro, e não a "cérebro", pois a mente é um cérebro que é consciente. Também poderíamos dizer que a mente tem livre-arbítrio e identidade. A alegação de que essas questões são filosóficas não é evidente por si só. Afirmo que essas questões nunca poderão ser plenamente resolvidas pela ciência. Noutras palavras, não há experimentos falsificáveis que possamos imaginar para resolvê-las, não sem assumirmos premissas filosóficas. Se estivéssemos construindo um detector de consciência, Searle desejaria se assegurar de que ele estaria espremendo neurotransmissores biológicos. O filósofo norte-americano Daniel Dennett (nascido em 1942) seria mais flexível no substrato, mas poderia querer determinar se o sistema continha ou não um modelo de si mesmo e de sua própria representação. Essa visão se aproxima mais da minha, mas, em essência, ainda é uma premissa filosófica.

Muitas propostas têm sido apresentadas regularmente com a pretensão de serem teorias científicas associando a consciência a algum atributo físico mensurável, aquilo a que Searle se refere como "o mecanismo que causa a consciência". O cientista, filósofo e anestesiologista norte-americano Stuart Hameroff (nascido em 1947) escreveu que "filamentos citoesqueléticos são as raízes da consciência".[2] Ele se refere a fios finos presentes em todas as células (inclusive nos neurônios, mas não se limitando a eles) chamados microtúbulos, que dão a cada célula integridade estrutural e têm um papel na divisão celular. Seus livros e trabalhos sobre essa questão contêm equações e descrições detalhadas que explicam a plausibilidade de que os microtúbulos tenham um papel no processamento de informações dentro da célula. Mas a conexão entre os microtúbulos e a consciência exige um salto de fé, fundamentalmente em nada diferente do salto de fé implícito numa doutrina religiosa que descreve um ser supremo conferindo a consciência (às vezes chamada de "alma") a certas entidades (geralmente humanas). Uma evidência fraca foi apresentada para a posição de Hameroff, especificamente a observação de que os processos neurológicos que poderiam apoiar esse suposto cômputo celular são interrompidos durante uma anestesia. Mas isso está longe de ser uma confirmação convincente, tendo em vista que muitos processos são interrompidos durante uma anestesia. Não podemos nem mesmo dizer com certeza que os sujeitos não estão conscientes quando são anestesiados. Só sabemos que as pessoas não se lembram de suas experiências depois. E nem isso é universal, pois algumas pessoas se lembram – com precisão – de sua experiência enquanto estão sob efeito de anestesia, inclusive, por exemplo, conversas de seus cirurgiões. Chamado percepção anestésica, estima-se que esse fenômeno ocorra cerca de 40 mil vezes por ano nos Estados Unidos.[3] Mas, mesmo deixando-o de lado, consciência e memória são conceitos completamente diferentes. Como já discuti amplamente, se eu penso nas experiências do dia anterior, momento a momento, tive um grande número de impressões sensoriais, mas me lembro de muito poucas delas. Será que por isso não estive consciente daquilo que vi e ouvi o dia todo? É uma boa pergunta, na verdade, e a resposta não é muito clara.

O físico e matemático inglês Roger Penrose (nascido em 1931) deu um salto de fé diferente ao propor a fonte da consciência, embora também esteja tratando dos microtúbulos – especificamente, sua suposta capacidade de cômputos quânticos. Seu raciocínio, embora não seja explicitamente declarado, parece ser o de que a consciência é misteriosa, e um evento quântico também é misterioso, e por isso eles devem ter algum tipo de liame.

Penrose começou sua análise com os teoremas de Turing sobre problemas insolúveis e com o análogo teorema da incompletude, de Gödel. A premissa de Turing (que foi discutida com detalhes no capítulo 8) é que há problemas algorítmicos que podem ser declarados mas que não podem ser solucionados por uma máquina de Turing. Tendo em vista a universalidade computacional da máquina de Turing, podemos concluir que esses "problemas insolúveis" não podem ser solucionados por nenhuma máquina. O teorema da incompletude de Gödel tem um resultado similar com relação à capacidade de provar conjecturas envolvendo números. O argumento de Penrose é que o cérebro humano é capaz de resolver esses problemas insolúveis, e portanto capaz de fazer coisas que uma máquina determinística como um computador é incapaz de fazer. Sua motivação, ao menos em parte, é elevar os seres humanos acima das máquinas. Mas sua premissa central – a de que os humanos podem resolver os problemas insolúveis de Turing e de Gödel – infelizmente não é verdadeira.

Um famoso problema insolúvel chamado problema do castor atarefado é posto desta maneira: descubra o número máximo de "1" que uma máquina de Turing com determinado número de estados pode escrever em sua fita. Para determinar o castor atarefado do número *n*, construímos todas as máquinas de Turing que têm *n* estados (que serão um número finito caso *n* seja finito) e depois determinamos o maior número de "1" que essas máquinas escrevem em suas fitas, excluindo as máquinas de Turing que entram num laço infinito. Isso é insolúvel, pois quando tentamos simular todas essas máquinas de Turing com *n* estados, nosso simulador vai entrar num laço infinito ao tentar simular uma das máquinas de Turing que estão num laço infinito. Entretanto, mesmo assim os computadores conseguiram determinar a função do castor atarefado para certos ns. Os humanos também, mas os computadores resolveram o problema para bem mais ns do que os humanos desassistidos. Geralmente, os computadores são melhores do que os humanos na solução de problemas insolúveis de Turing e Gödel.

Penrose associou essas capacidades alegadamente transcendentes do cérebro humano à computação quântica que, segundo sua hipótese, aconteceria nele. Segundo Penrose, esses efeitos quânticos neurais, de algum modo, não eram obtidos intrinsecamente pelos computadores, e por isso o pensamento humano tem uma vantagem inerente. De fato, a eletrônica comum usa efeitos quânticos (os transistores dependem da tunelização quântica dos elétrons através de barreiras); a computação quântica do cérebro nunca foi demonstrada; o desempenho mental humano pode ser explicado satisfatoriamente por métodos clássicos de computação; e, de qualquer modo, nada nos impede de aplicar a computação quântica a computadores. Nenhuma dessas objeções foi alvo da atenção de Penrose. Só depois que os críticos comentaram que o cérebro é um lugar morno e confuso para a computação quântica é que Hameroff e Penrose uniram forças. Penrose encontrou um veículo perfeito nos neurônios para realizar cômputos quânticos, ou seja, os microtúbulos que Hameroff havia especulado que faziam parte do processamento de informações dentro dos neurônios. Assim, a tese de Hameroff-Penrose é que os microtúbulos nos neurônios estão fazendo cômputos quânticos e que isso é responsável pela consciência.

Esta tese também foi criticada, por exemplo, pelo físico e cosmologista sueco-americano Max Tegmark (nascido em 1967), que determinou que eventos quânticos nos microtúbulos só conseguiam sobreviver durante 10^{-13} segundos, um período breve demais, seja para calcular resultados de qualquer significância, seja para afetar processos neurais. Há certos tipos de problemas para os quais a computação quântica mostraria capacidade superior à da computação clássica, como, por exemplo, a decifração de códigos cifrados através da fatoração de números grandes. Contudo, o pensamento humano desassistido tem se mostrado péssimo para resolvê-los, e não pode se igualar sequer aos computadores clássicos nessa área, o que sugere que o cérebro não está demonstrando nenhuma capacidade quântica de computação. Ademais, mesmo que existisse um fenômeno como a computação quântica cerebral, ele não seria necessariamente associado à consciência.

Você precisa ter fé

> Que obra de arte é o homem! Quão nobre na razão! Quão infinito nas faculdades! Na forma e nos movimentos, quão determinado e admirável! Em ação, como se parece com um anjo! Na apreensão, com um deus! A beleza do mundo, o paradigma dos animais! E, mesmo assim, o que é esta quintessência de pó?
> – Hamlet, em *Hamlet*, de Shakespeare

A realidade é que todas essas teorias são saltos de fé, e eu acrescentaria que, no que diz respeito à consciência, o princípio orientador é este: "você precisa ter fé" – ou seja, cada um de nós precisa de um salto de fé com relação a o que e quem é consciente, e quem e o que somos como seres conscientes. Do contrário, não acordaríamos de manhã. Mas deveríamos ser honestos com relação à necessidade fundamental de um salto de fé sobre essa questão, e refletirmos sobre o que envolve nosso salto.

As pessoas dão saltos muito diferentes, apesar das impressões em contrário. As premissas filosóficas individuais sobre a natureza e a fonte da consciência estão por trás de desentendimentos sobre assuntos que vão de direitos dos animais a aborto, e vão resultar em conflitos futuros ainda mais acirrados com relação aos direitos das máquinas. Minha previsão objetiva é que, no futuro, as máquinas parecerão conscientes e serão convincentes para pessoas biológicas ao falarem de seus qualia. Exibirão toda a gama de sugestões emocionais sutis e familiares; nos farão rir e chorar; e ficarão loucas conosco se dissermos que não acreditamos que elas são conscientes. (Elas serão muito inteligentes, e por isso não vamos querer que isso aconteça.) Vamos acabar aceitando que são pessoas conscientes. Meu próprio salto de fé é: assim que as máquinas conseguirem ser convincentes ao falarem de seus qualia e de suas experiências conscientes, elas constituirão de fato pessoas conscientes. Cheguei a essa posição através deste experimento mental: imagine que você conheceu uma entidade no futuro (um robô ou um avatar), completamente convincente em suas reações emocionais. Essa entidade ri de suas piadas de forma convincente, e, por sua vez, faz você rir e chorar (mas não porque beliscou você). Ela convence você de sua sinceridade ao falar de seus medos e anseios. De todas as maneiras, parece consciente. De fato, ela se parece com uma pessoa. Você a aceita como uma pessoa consciente?

Se a sua reação inicial é que você provavelmente detectaria alguma coisa nela que revelaria sua natureza não biológica, então você não está respeitando as premissas dessa situação hipotética, que estabeleceram que ela é totalmente convincente. Levando em conta essa premissa, se ela fosse ameaçada de destruição e reagisse, como um ser humano, com terror, você reagiria da mesma forma empática como reagiria caso testemunhasse uma cena dessas envolvendo um ser humano? Para mim, a resposta é sim, e creio que a resposta seria a mesma para a maioria, se não para praticamente todas as pessoas, independentemente do que poderiam dizer agora num debate filosófico. Novamente, a ênfase está na palavra "convincente".

Há certo desentendimento a respeito de encontrarmos ou não essa entidade não biológica um dia. Minha predição consistente é que isso vai ocorrer pela primeira vez em 2029 e se tornará rotina na década de 2030. Mas, deixando de lado a linha do tempo, creio que mais cedo ou mais tarde iremos considerar conscientes tais entidades. Pense como já as tratamos quando somos expostos a elas como personagens de histórias e filmes: R2D2 de *Guerra nas Estrelas,* David e Teddy do filme *Inteligência Artificial,* Data da série de TV *Jornada nas Estrelas: A Nova Geração,* Johnny 5 do filme *Curto-circuito,* WALL-E do filme *Wall-E,* da Disney, T-800 – o (bom) exterminador – do segundo e do terceiro filme *O Exterminador do Futuro,* Rachael, a replicante de *Blade Runner* (que, por falar nisso, não tem noção de que não é humana), Bumblebee do filme, da série da TV e dos quadrinhos *Transformers,* e Sonny, do filme *Eu, Robô.* Sentimos empatia por esses personagens, embora saibamos que não são biológicos. Nós os consideramos pessoas conscientes, tal como fazemos com os personagens humanos biológicos. Compartilhamos suas emoções e receamos por eles quando se metem em encrencas. Se é assim que tratamos personagens não biológicos fictícios hoje, então é assim que iremos tratar inteligências da vida real no futuro que, por acaso, não têm um substrato biológico.

Se você aceitar o salto de fé de que uma entidade não biológica que é convincente em suas reações aos qualia é mesmo consciente, então pense no que isso implica: a consciência é uma propriedade emergente do padrão geral de uma entidade, e não o substrato que a move.

Existe uma lacuna conceitual entre a ciência, que representa medições *objetivas* e as conclusões que podemos extrair delas, e a consciência, que é um sinônimo de experiência *subjetiva*. Obviamente, não podemos simplesmente perguntar à entidade em questão: "Você é consciente?" Se olharmos dentro de sua "cabeça", biológica ou não, para determinar isso, então teremos de estabelecer premissas filosóficas para saber o que estamos procurando. Saber se uma entidade é ou não consciente, portanto, não é uma questão científica. Com base nisso, alguns observadores se perguntam se a própria consciência tem alguma base na realidade.

A escritora e filósofa inglesa Susan Blackmore (nascida em 1951) fala da "grande ilusão da consciência". Ela admite a realidade do meme (ideia) da consciência; noutras palavras, certamente a consciência existe como ideia, e há muitas grandes estruturas neocorticais que lidam com essa ideia, para nem falar de palavras que foram ditas e escritas sobre ela. Mas não está claro se ela se refere a alguma coisa real. Blackmore explica que ela não está necessariamente negando a realidade da consciência, mas sim tentando expressar o tipo de dilema que encontramos quando tentamos determinar o conceito. Como o psicólogo e escritor inglês Stuart Sutherland (1927-1998) escreveu no *International Dictionary of Psychology*, "a consciência é um fenômeno fascinante, mas esquivo; é impossível especificar o que ela é, o que ela faz ou porque ela se desenvolveu".[4]

Entretanto, seria prudente não descartar o conceito sumariamente como um debate educado entre filósofos – que, por falar nisso, recua 2 mil anos até os diálogos platônicos. A ideia da consciência está por trás de nosso sistema moral, e nosso sistema legal, por sua vez, foi mais ou menos construído em torno dessas crenças morais. Se uma pessoa extingue a consciência de outra, como no homicídio, consideramos isso imoral, e, com algumas exceções, um crime grave. Essas exceções também são relevantes para a consciência, pois podemos autorizar forças policiais ou militares a matar certas pessoas conscientes para proteger um número maior de outras pessoas conscientes. Podemos discutir o mérito de exceções específicas, mas o princípio subjacente é válido.

Atacar alguém e fazer com que essa pessoa experimente o sofrimento também costuma ser considerado imoral e ilegal. Se eu destruo minha propriedade, provavelmente é aceitável. Se eu destruo sua propriedade sem permissão, provavelmente isso não é aceitável, mas não porque estou causando sofrimento à sua propriedade, e sim a você como dono dela. Por outro lado, se minha propriedade inclui um ser consciente como um animal, então eu, como dono desse animal, não tenho necessariamente liberdade moral ou legal para fazer o que quiser com ele: há, por exemplo, leis sobre a crueldade contra animais.

Como boa parte de nosso sistema moral e legal se baseia na proteção da existência de entidades conscientes e na prevenção de seu sofrimento desnecessário, para fazermos juízos responsáveis temos de responder à pergunta: quem é consciente? Portanto, essa pergunta não é simplesmente o tema de um debate intelectual, como fica evidente na controvérsia que cerca uma questão como o aborto. Devo dizer que a questão do aborto pode ir um pouco além da questão da consciência, pois os proponentes pró-vida alegam que o potencial para que um embrião se torne uma pessoa consciente é motivo suficiente para receber proteção, assim como alguém em coma merece esse direito. Mas, no fundo, a questão é uma discussão sobre o momento em que o feto se torna consciente.

As percepções da consciência também costumam afetar nossos julgamentos em áreas controvertidas. Analisando novamente a questão do aborto, muita gente faz uma distinção entre uma medida como a pílula do dia seguinte, que impede a implantação de um embrião no útero nos primeiros dias de gravidez, e um aborto num estágio posterior. A diferença tem a ver com a probabilidade de que o feto esteja consciente num estágio posterior. É difícil sustentar que um embrião com alguns dias possa ter consciência, a menos que se adote uma posição panprotopsiquista, mas mesmo nesses termos ele estaria abaixo do animal mais simples em termos de consciência. De modo análogo, temos reações muito diferentes quanto aos maus-tratos de grandes símios e quanto a insetos, digamos. Hoje em dia, ninguém se preocupa muito com a dor ou o sofrimento de um programa de computador (embora comentemos muito o fato de o software ter a capacidade de nos fazer sofrer), mas quando um software futuro tiver a inteligência intelectual, emocional e moral de seres humanos biológicos, essa preocupação se tornará real.

Portanto, minha posição é que aceitaremos entidades não biológicas que sejam plenamente convincentes em suas reações emocionais a ponto de serem pessoas conscientes, e minha previsão é que o consenso da sociedade vai aceitá-las como tal. Note que essa definição se estende além de entidades que podem passar pelo teste de Turing, que exige o domínio da linguagem humana. Estas são humanas o suficiente para que eu as inclua, e creio que a maior parte da sociedade também o fará, mas eu também incluo entidades que evidenciam reações emocionais semelhantes às humanas, mas que talvez não passem pelo teste de Turing, como crianças pequenas, por exemplo.

Isso resolve a questão filosófica sobre quem é consciente, pelo menos para mim e para outros que aceitam esse salto de fé específico? A resposta é: *não totalmente*. Só cobrimos um caso, que é o das entidades que agem de maneira semelhante à humana. Embora estejamos discutindo futuras entidades que não são biológicas, estamos falando de entidades que demonstram reações semelhantes às humanas convincentes, e por isso essa posição ainda é humanocêntrica. Mas, o que falar de formas de inteligência mais estranhas, que não são semelhantes às humanas? Podemos imaginar inteligências que são tão complexas quanto cérebros humanos, ou talvez muito mais complexas e intricadas do que estes, mas que têm emoções e motivações completamente diferentes. Como decidimos se elas são conscientes ou não?

Podemos começar analisando criaturas do mundo biológico que possuem cérebros comparáveis aos dos humanos, mas que exibem comportamentos de tipos muito diferentes. O filósofo inglês David Cockburn (nascido em 1949) escreveu sobre um vídeo a que assistiu no qual uma lula-gigante estava sendo atacada (ou que, no mínimo, imaginou que estivesse sendo – Cockburn levantou a hipótese de que ela deve ter ficado com medo do humano com câmera de vídeo). A lula tremeu e se recolheu, e Cockburn escreveu: "Ela reagiu de um modo que, na mesma hora e com grande intensidade, imaginei que fosse medo. Parte do que foi notável nessa sequência foi o modo pelo qual foi possível ver, no comportamento de uma criatura fisicamente tão diferente dos seres humanos, uma emoção tão inconfundível e específica quanto o medo".[5] Ele conclui que o animal estava sentindo essa emoção e demonstra acreditar que a maioria das pessoas que viram esse filme chegou à mesma conclusão. Se aceitarmos a descrição e a conclusão de Cockburn, então teremos de acrescentar as lulas--gigantes à nossa lista de entidades conscientes. No entanto, isso também não nos levou muito longe, pois ainda estamos baseados em nossa reação empática a uma emoção que percebemos em nós mesmos. Ainda estamos dentro de uma perspectiva autocêntrica ou humanocêntrica.

Se sairmos da biologia, a inteligência não biológica será ainda mais variada do que a inteligência no mundo biológico. Por exemplo, algumas entidades podem não recear sua própria destruição, e podem não precisar das emoções que vemos nos humanos ou em qualquer criatura biológica. Talvez elas ainda passem no teste de Turing, ou talvez nem estejam dispostas a tentar.

De fato, hoje nós construímos robôs que não têm um senso de autopreservação para realizar missões em ambientes perigosos. Eles não têm a complexidade nem a inteligência suficiente para que consideremos a sério sua sensibilidade, mas podemos imaginar robôs futuros desse tipo que são tão complexos quanto os humanos. O que dizer deles?

Pessoalmente, eu diria que se visse no comportamento de um aparelho desses uma dedicação a uma meta complexa e digna, e a capacidade de executar decisões e ações notáveis para a realização de sua missão, eu ficaria impressionado e provavelmente me sentiria mal se ele fosse destruído. Talvez eu esteja forçando um pouco o conceito, pois estou reagindo a um comportamento que não inclui muitas emoções que consideramos universais nas pessoas ou mesmo em criaturas biológicas de todos os tipos. Porém, mais uma vez, estou tentando entrar em contato com atributos que eu posso avaliar em mim e em outras pessoas. A ideia de uma entidade totalmente dedicada a uma meta nobre, que a realiza ou pelo menos tenta fazê-lo sem consideração por seu próprio bem-estar, não é, afinal, completamente alheia à experiência humana. Nesse caso, também estamos levando em conta uma entidade que está buscando proteger seres humanos biológicos, ou, de algum modo, defendendo nossos interesses.

E se essa entidade tivesse suas próprias metas, distintas das de um humano, e não estivesse realizando uma missão que, segundo nossos termos, identificamos como nobre? Então, eu poderia tentar descobrir se conseguiria me conectar com algumas de suas habilidades ou apreciá-las de outro modo. Se ela for realmente muito inteligente, provavelmente deve ser boa em matemática, e assim talvez eu possa conversar com ela sobre esse assunto. Talvez ela aprecie piadas sobre matemática.

Mas se a entidade não tiver interesse em se comunicar comigo, e eu não tiver acesso suficiente às suas ações e tomadas de decisão para me comover com a beleza de seus processos internos, isso significa que ela não é consciente? Eu teria de concluir que as entidades que não conseguem me convencer de suas reações emocionais, ou que não se esforçam para tentar, não são necessariamente não conscientes. Seria difícil reconhecer outra entidade consciente sem estabelecer algum nível de comunicação empática, mas esse julgamento reflete minhas próprias limitações, mais do que a entidade sendo levada em conta. Portanto, precisamos prosseguir com humildade. Já é desafiador nos colocarmos nos sapatos subjetivos de outro ser humano; a tarefa será muito mais difícil com inteligências extremamente diferentes da nossa.

Do que temos consciência?

> Se pudéssemos ver através do crânio e contemplar o cérebro de uma pessoa consciente e pensante, e o lugar da excitabilidade ideal estivesse luminoso, então veríamos, brincando sobre a superfície do cérebro, um ponto luminoso com bordas fantásticas e ondulantes, com tama-

nho e forma flutuando constantemente, cercado por uma escuridão mais ou menos profunda, cobrindo o resto do hemisfério.

– Ivan Petrovich Pavlov, 1913[6]

Retornando à lula-gigante, podemos identificar algumas de suas emoções aparentes, mas boa parte de seu comportamento é um mistério. O que significa ser uma lula-gigante? Como ela se sente ao espremer seu corpo sem coluna vertebral através de uma pequena abertura? Não temos nem mesmo o vocabulário para responder a essa pergunta, uma vez que não podemos nem mesmo descrever experiências que compartilhamos com outras pessoas, como enxergar a cor vermelha ou sentir a água batendo em nosso corpo.

Mas não precisamos ir ao fundo do oceano para encontrar mistérios na natureza das experiências conscientes – basta analisarmos as nossas. Sei, por exemplo, que sou consciente. Presumo que você, leitor, também seja consciente. (Quanto às pessoas que não compraram meu livro, não tenho tanta certeza.) Mas, de que tenho consciência? Talvez você se faça a mesma pergunta.

Faça este experimento mental (que vai funcionar para aqueles que dirigem carros): imagine-se na faixa esquerda de uma estrada. Agora, feche os olhos, agarre um volante imaginário e faça os movimentos para passar para a faixa à sua direita.

Certo, antes de continuar a ler, experimente fazê-lo.

Eis o que você deve ter feito: você segura o volante. Certifica-se de que a faixa da direita está livre. Presumindo que a faixa está livre, você vira o volante para a direita por um breve momento. Depois, você o endireita. Missão cumprida.

Ainda bem que você não estava num carro de verdade porque você cruzou todas as faixas da estrada e bateu numa árvore. Embora eu devesse ter mencionado que você não deve tentar fazer isso num carro que está realmente em movimento (mas eu presumi que você já deve ter dominado a regra que diz que não se deve dirigir de olhos fechados), o problema central não é esse. Se você seguiu o procedimento que acabei de descrever – e quase todos o fazem ao realizar este experimento mental –, você fez errado. Virar o volante para a direita e depois endireitá-lo faz com que o carro tome uma direção diagonal à sua direção original. Ele vai atravessar a faixa para a direita, como você queria, mas depois vai seguir indefinidamente em frente até sair da rodovia. O que você precisava fazer assim que seu carro cruzou para a faixa da direita era virar o volante para a esquerda, na mesma proporção com que o virou para a direita, endireitando-o *depois*. Com isso, o carro vai seguir novamente uma linha reta sobre a nova faixa.

Pense que, se você costuma dirigir, deve ter feito essa manobra milhares de vezes. Você não está consciente quando faz isso? Nunca prestou atenção naquilo que está fazendo de fato ao trocar de faixa? Presumindo que você não está lendo este livro num hospital enquanto se recupera de um acidente causado por troca de faixas, certamente já dominou essa habilidade. Mas você não está consciente do que faz, por mais que tenha realizado essa ação.

Quando as pessoas contam histórias de suas experiências, elas as descrevem como sequências de situações e decisões. Mas não é assim que vivenciamos uma história pela primeira vez. Nossa experiência original é como uma sequência de padrões de alto nível, alguns dos quais podem ter ativado sentimentos. Lembramo-nos de um pequeno subconjunto de padrões, se tanto. Mesmo se formos razoavelmente precisos ao tornar a contar uma história, usamos nossos poderes de confabulação para preencher detalhes faltantes e converter a sequência numa história coerente. Não podemos ter certeza de nossa experiência consciente original apenas com base na rememoração que fazemos dela, mas a memória é o único acesso que temos a essa experiência. O momento presente é fugaz, digamos, e se transforma rapidamente numa memória, ou, como é mais comum, não o faz. Mesmo que uma experiência se torne uma memória, ela fica armazenada, como indica a TMRP, como um padrão de alto nível composto de outros padrões, numa grande hierarquia. Como disse diversas vezes, quase todas as experiências que temos (como qualquer das ocasiões em que trocamos de faixas) são esquecidas imediatamente. Por isso, descobrir o que constitui nossa própria experiência consciente não é viável na prática.

Oriente é Oriente e Ocidente é Ocidente

> Antes dos cérebros, não existia cor ou som no universo, nem sabores ou aromas, provavelmente poucos sentidos, nenhum sentimento ou emoção.
> – Roger W. Sperry[7]

René Descartes entra num restaurante e se senta para jantar.

O garçom aparece e pergunta se ele gostaria de um tira-gosto.

"Não, obrigado", diz Descartes. "Só quero pedir o jantar."

"Gostaria de saber qual é o prato do dia?", pergunta o garçom.

"Não", diz Descartes, um tanto impaciente.

"Gostaria de um drinque antes do jantar?", pergunta o garçom.

Descartes se sente insultado, pois é abstêmio. "Creio que não!", diz indignado, desaparecendo num PUF!

– Uma piada contada por David Chalmers

Há duas maneiras de analisar as questões de que estivemos tratando: perspectivas ocidentais e orientais contrárias sobre a natureza da consciência e da realidade. Segundo a perspectiva ocidental, começamos com um mundo físico que envolve padrões de informação.

Após alguns bilhões de anos de evolução, as entidades desse mundo evoluíram o suficiente para se tornarem seres conscientes. Na visão oriental, a consciência é a realidade fundamental; o mundo físico só ganha existência através dos pensamentos de seres conscientes. Naturalmente, estas são simplificações de filosofias complexas e variadas, mas representam as principais polaridades nas filosofias da consciência e de seu relacionamento com o mundo físico.

A divisão Oriente-Ocidente sobre a questão da consciência também ganhou expressão em escolas de pensamento opostas sobre a questão da física subatômica. Na mecânica quântica, as partículas existem como campos de probabilidade, como são chamados. Qualquer medida realizada sobre elas por um aparelho de medição causa o que se tem chamado de colapso da função de onda, o que significa que a partícula assume subitamente uma localização específica. Uma visão popular é que tal medição pode ser a observação por um observador consciente, ou do contrário a medição seria um conceito sem significado. Logo, a partícula assume uma localização específica (bem como outras propriedades, como velocidade) só quando é observada. Basicamente, as partículas descobrem que se ninguém se dá ao trabalho de olhar para elas, elas não precisam decidir aonde vão. Chamo isso de escola budista da mecânica quântica, pois nela as partículas simplesmente não existem enquanto não forem observadas por uma pessoa consciente.

Existe outra interpretação da mecânica quântica que evita a terminologia antropomórfica. Nessa análise, o campo que representa uma partícula não é um campo de probabilidades, mas apenas uma função com valores diferentes em locais diferentes. O campo, portanto, é fundamentalmente aquilo que a partícula é. Há limites quanto aos valores do campo em locais diferentes, pois todo o campo representando uma partícula representa apenas uma quantidade limitada de informações. É daí que vem a palavra "quantum". O chamado colapso da função de onda, conforme esta visão, não é um colapso. Na verdade, a função de onda nunca desaparece. É que um aparelho de medição também é feito de partículas com campos, e a interação do campo de partículas sendo medido e os campos de partículas do aparelho de medição resultam numa leitura pela qual a partícula está num local específico. O campo, porém, ainda está presente. Essa é a interpretação ocidental da mecânica quântica, embora seja interessante notar que a visão mais popular entre físicos do mundo inteiro é aquela que chamo de interpretação oriental.

Houve um filósofo cujo trabalho cobriu essa divisão Oriente-Ocidente. O pensador austro-britânico Ludwig Wittgenstein (1889-1951) estudou a filosofia da linguagem e do conhecimento e pensou na questão sobre o que realmente podemos conhecer. Ele ponderou sobre o tema enquanto combatia na Primeira Guerra Mundial e fez anotações para aquele que seria seu único livro publicado em vida, *Tractatus Logico-Philosophicus*. A obra tinha uma estrutura incomum, e só graças aos esforços de seu antigo instrutor, o matemático e filósofo inglês Bertrand Russell, foi que ele encontrou um editor em 1921. Esse livro se tornou a bíblia de uma importante escola de filosofia conhecida como positivismo lógico, que procurou definir os limites da ciência. O livro e o movimento que o rodeou influenciaram Turing e o surgimento da teoria da computação e da linguística.

O *Tractatus Logico-Philosophicus* antecipa a percepção de que todo conhecimento é intrinsecamente hierárquico. O próprio livro é organizado em proposições encadeadas e numeradas. Por exemplo, as quatro proposições iniciais do livro são:

1 O mundo é tudo que é o caso.
1.1 O mundo é a totalidade dos fatos, não das coisas.
1.11 O mundo é determinado pelos fatos, e por serem todos os fatos.
1.12 Pois a totalidade dos fatos determina o que é o caso e também tudo que não é o caso.*

---

* WITTGENSTEIN, Ludwig. *Tractatus Logico-Philosophicus*. Trad. Luiz Henrique Lopes dos Santos. São Paulo: Edusp, 2008, p. 135. [N. de T.]

Outra proposição importante no *Tractatus* – à qual Turing faria eco – é a seguinte:

4.0031 Toda filosofia é uma crítica da linguagem.*

Essencialmente, tanto o *Tractatus Logico-Philosophicus* como o movimento do positivismo lógico afirmam que a realidade física existe separadamente da percepção que temos dela, mas que tudo que podemos saber sobre essa realidade é aquilo que percebemos com nossos sentidos – que pode ser aprimorado através de nossas ferramentas – e as inferências lógicas que podemos extrair dessas impressões sensoriais. Essencialmente, Wittgenstein está tentando descrever os métodos e as metas da ciência. A proposição final do livro é a de número 7: "Sobre aquilo de que não se pode falar, deve-se calar"**. Coerentemente, no começo Wittgenstein considera que a discussão sobre a consciência é circular e tautológica, e portanto uma perda de tempo.

Posteriormente, porém, Wittgenstein rejeitou por completo essa postura e dedicou toda a sua atenção filosófica a falar de questões que antes ele acreditava que deviam ser alvo do silêncio. Seus textos sobre esse pensamento revisado foram reunidos e publicados em 1953, dois anos após sua morte, num livro chamado *Investigações filosóficas*. Ele criticou suas ideias anteriores do *Tractatus*, considerando-as circulares e despidas de significado, e passou a acreditar que aquilo que considerara alvo de silêncio era, na verdade, tudo sobre o que se deveria refletir. Esses textos influenciaram fortemente os existencialistas, tornando Wittgenstein a única figura da filosofia moderna a ser um grande arquiteto de duas importantes e contraditórias escolas de pensamento filosófico.

E o que Wittgenstein considerou, mais tarde, digno de ser pensado e falado? Foram questões como beleza e amor, que ele percebeu que existiam de forma imperfeita como ideias nas

---
* Idem, p. 165. [N. de T.]
** Idem, p. 281. [N. de T.]

mentes dos homens. Todavia, ele escreve que tais conceitos existem num âmbito perfeito e idealizado, similar às "formas" perfeitas de que Platão tratou em seus diálogos, outra obra que lançou luzes sobre abordagens aparentemente contraditórias sobre a natureza da realidade.

Um pensador cuja posição tem sido mal caracterizada, na minha opinião, é o filósofo e matemático francês René Descartes. Sua famosa proposição "Penso, logo existo" costuma ser interpretada como um louvor ao pensamento racional, no sentido de "Penso, ou seja, consigo realizar um pensamento lógico, portanto sou digno". Assim, Descartes foi considerado o arquiteto da perspectiva racional ocidental.

Mas ao ler essa proposição no contexto de seus outros textos, fiquei com uma impressão diferente. Descartes estava intrigado com aquele que é chamado de "problema mente-corpo": como uma mente consciente surge da matéria física do cérebro? Nessa perspectiva, parece que ele estava tentando levar o ceticismo racional até o ponto de ruptura, e por isso, em minha opinião, o que sua proposição realmente queria dizer era: "Penso, ou seja, está acontecendo uma experiência subjetiva, portanto tudo que sabemos ao certo é que alguma coisa – chame-a de *eu* – existe". Talvez ele não tivesse certeza da existência do mundo físico, pois tudo o que temos são nossas impressões sensoriais e individuais sobre ele, que podem estar erradas ou ser completamente ilusórias. Sabemos, no entanto, que o experimentador existe.

Minha formação religiosa foi numa igreja unitarista, onde estudamos todas as religiões do mundo. Passávamos seis meses vendo o budismo, digamos, e depois frequentávamos serviços budistas, líamos seus livros e mantínhamos discussões em grupo com seus líderes. Depois, passávamos para outra religião, como o judaísmo. O tema principal era "muitos caminhos até a verdade", juntamente com tolerância e transcendência. Esta última ideia significa que conciliar contradições aparentes entre tradições não nos obriga a decidir que uma está certa e a outra, errada. A verdade só pode ser descoberta encontrando-se uma explicação que se sobrepõe – transcende – às aparentes diferenças, especialmente em questões fundamentais sobre significado e propósito.

Foi assim que resolvi a divisão entre Ocidente e Oriente no que tange à consciência e ao mundo físico. Acredito que as duas perspectivas têm de ser verdadeiras.

Por um lado, é tolice negar o mundo físico. Mesmo que vivamos numa simulação, conforme especulou o filósofo sueco Nick Bostrom, ainda assim a realidade é um nível conceitual verdadeiro para nós. Se aceitarmos a existência do mundo físico e a evolução que tem ocorrido nele, podemos ver que entidades conscientes evoluíram a partir dele.

Por outro lado, a perspectiva oriental – a de que a consciência é fundamental e representa a única realidade verdadeiramente importante – também é difícil de negar. Basta levar em conta a preciosa consideração que damos a pessoas conscientes *versus* coisas inconscientes. Consideramos que essas últimas não têm valor intrínseco, exceto pelo fato de poderem influenciar a experiência subjetiva das pessoas conscientes. Mesmo se considerarmos a consciência uma propriedade emergente de um sistema complexo, não podemos adotar a posição de que ela é apenas outro atributo (juntamente com a "digestão" e a "lactação", para citar John Searle). Ela representa o que é verdadeiramente importante.

A palavra "espiritual" costuma ser usada para denotar as coisas que são da maior significância. Muita gente não gosta de usar a terminologia de tradições espirituais ou religiosas porque ela implica conjuntos de crenças que as pessoas talvez não adotem. Mas, se despirmos as complexidades místicas das tradições religiosas e simplesmente respeitarmos "espiritual" como uma palavra que implica algo de significado profundo para os humanos, então o conceito da consciência se encaixa bem nela. Ela reflete o mais elevado valor espiritual. De fato, a própria palavra "espírito" costuma ser usada para denotar a consciência.

Portanto, a evolução pode ser vista como um processo espiritual na medida em que cria seres espirituais, ou seja, entidades conscientes. A evolução também se move na direção de maior complexidade, de um conhecimento maior, uma inteligência maior, mais beleza, mais criatividade, e da capacidade de expressar emoções mais transcendentes, como o amor. Todas são descrições usadas pelas pessoas para o conceito de Deus, embora Deus seja descrito como ilimitado nesses âmbitos.

As pessoas costumam se sentir ameaçadas por discussões que implicam a possibilidade de que uma máquina possa ter consciência, pois elas acham que esse tipo de consideração denigre o valor espiritual das pessoas conscientes. Mas essa reação reflete uma compreensão errônea do conceito de máquina. Esses críticos estão lidando com o assunto com base nas máquinas que eles conhecem hoje, e, embora sejam impressionantes, concordo que os exemplos contemporâneos de tecnologia ainda não são dignos de nosso respeito como seres conscientes. Minha previsão é que elas vão se tornar indistinguíveis de humanos biológicos, que consideramos como seres conscientes, e vão compartilhar, portanto, o valor espiritual que atribuímos à consciência. Isso não desprestigia as pessoas; é uma elevação de nossa compreensão de (algumas) máquinas futuras. Talvez devêssemos adotar uma terminologia diferente para essas entidades, pois elas serão um tipo diferente de máquina.

Com efeito, ao olharmos hoje para o cérebro e decodificarmos seus mecanismos, descobrimos métodos e algoritmos que não apenas podemos compreender, mas recriar – "as partes de um moinho empurrando-se umas às outras", parafraseando o matemático e filósofo alemão Gottfried Wilhelm Leibniz (1646-1716) quando escreveu sobre o cérebro. Os humanos já são máquinas espirituais. Ademais, vamos nos fundir tão intimamente com as ferramentas que estamos criando que a distinção entre humano e máquina vai esmaecer até desaparecer a diferença. Esse processo já está em andamento, embora a maioria das máquinas que nos servem de extensão ainda não fique dentro de nosso corpo e cérebro.

Livre-arbítrio

Um aspecto central da consciência é a capacidade de olhar para a frente, a habilidade que chamamos de "antevisão". É a capacidade de planejar, e, em termos sociais, de traçar um cenário daquilo que deve acontecer, ou pode acontecer, em interações sociais que ainda não aconteceram. [...] É um sistema pelo qual aumentamos a chance de fazer as coisas que vão representar nossos melhores interesses. [...] Sugiro que o "livre-arbítrio" seria nossa capacidade aparente de escolher e pôr em prática aquilo que nos parece mais útil ou apropriado, e nossa insistência em achar que tais escolhas são nossas.
– Richard D. Alexander

Devemos dizer que a planta não sabe o que está fazendo simplesmente por não possuir olhos, ou ouvidos, ou cérebro? Se dissermos que ela age mecanicamente, e apenas mecanicamente, não seremos forçados a admitir que muitas outras ações, aparentemente muito deliberadas, também são mecânicas? Se nos parece que a planta mata e come uma mosca mecanicamente, não pode parecer para a planta que um homem deve matar e comer uma ovelha mecanicamente?
– Samuel Butler, 1871

Será o cérebro, cuja estrutura é notadamente dupla, um órgão duplo, "aparentemente partido, mas ainda numa união nessa partição"?
– Henry Maudsley[8]

Como aprendemos, a redundância é uma estratégia importante adotada pelo neocórtex. Mas há outro nível de redundância no cérebro, pois seus hemisférios esquerdo e direito, embora não sejam idênticos, são muito semelhantes. Assim como certas regiões do neocórtex acabam processando certos tipos de informação, os hemisférios também se especializam até certo ponto; por exemplo, o hemisfério esquerdo é tipicamente responsável pela linguagem verbal. Mas essas atribuições podem ser retraçadas, a ponto de podermos sobreviver e funcionar de maneira razoavelmente normal apenas com uma metade. As pesquisadoras norte-americanas de neuropsicologia Stella de Bode e Susan Curtiss apresentaram um trabalho sobre 49 crianças que foram submetidas a uma hemisferectomia (remoção de metade do cérebro), uma operação extrema realizada em pacientes com um distúrbio convulsivo, com perigo de morte, que só existe num hemisfério. Algumas das pessoas que se submetem à cirurgia ficam com deficiências, mas essas deficiências são específicas e os pacientes têm uma personalidade razoavelmente normal. Muitos deles ficam bem, e os observadores não percebem que eles têm apenas metade do cérebro. De Bode e Curtiss escreveram sobre crianças que sofreram a hemisferectomia esquerda e que "desenvolveram uma linguagem notavelmente boa, apesar da remoção do hemisfério da 'linguagem'".[9] Elas contam que um desses estudantes concluiu o colegial, frequentou a faculdade e teve resultados acima da média em testes de QI. Estudos mostraram efeitos mínimos no longo prazo sobre sua cognição geral, memória, personalidade e senso de humor.[10] Num estudo de 2007, os pesquisadores norte-americanos Shearwood McClelland e Robert Maxwell mostraram resultados positivos de longo prazo similares em adultos.[11]

Os relatos sobre uma menina alemã de 10 anos que nasceu com apenas metade do cérebro mostram-na como normal. Ela tem visão quase perfeita num dos olhos, apesar de pacientes de hemisferectomia perderem parte de seu campo de visão logo após a operação.[12] O pesquisador escocês Lars Muckli comentou: "O cérebro tem uma plasticidade espantosa, mas ficamos atônitos ao ver como foi boa a adaptação do único hemisfério do cérebro dessa menina para compensar a metade faltante".

Embora essas observações apoiem claramente a ideia da plasticidade do neocórtex, sua implicação mais interessante é que parece que temos dois cérebros, não apenas um, e que podemos nos sair muito bem com qualquer um deles. Se perdemos um, perdemos os padrões corticais que só estão armazenados ali, mas cada cérebro é razoavelmente completo em si mesmo. Assim, será que cada hemisfério tem sua própria consciência? Há um argumento a favor desse caso. Veja os pacientes com cérebros partidos, que ainda possuem ambos os hemisférios cerebrais, mas com o canal entre eles cortado. O corpo caloso é um feixe com cerca de 250 milhões de axônios que conecta os hemisférios cerebrais esquerdo e direito, permitindo que se comuniquem e se coordenem um com o outro. Assim como duas pessoas podem se comunicar de perto e agir como um único tomador de decisões, embora sejam indivíduos separados e íntegros, os dois hemisférios cerebrais podem funcionar como uma unidade, mantendo-se independentes.

Como o termo implica, em pacientes com cérebros partidos o corpo caloso foi cortado ou danificado, deixando-os efetivamente com dois cérebros funcionais sem um vínculo direto de comunicação entre eles. O pesquisador de psicologia norte-americano Michael Gazzaniga (nascido em 1939) realizou diversos experimentos sobre aquilo que cada hemisfério em pacientes com cérebros partidos está pensando.

Geralmente, o hemisfério esquerdo de um paciente com cérebro partido vê o campo visual direito, e vice-versa. Gazzaniga e seus colegas mostraram a um paciente com cérebro partido a figura de um pé de galinha para o campo visual direito (que foi vista por seu hemisfério esquerdo) e uma cena de neve para o campo visual esquerdo (que foi vista por seu hemisfério direito). Depois, ele mostrou uma coleção de imagens para que os dois hemisférios as pudessem ver. Ele pediu para o paciente escolher uma imagem que se harmonizasse com a primeira imagem. A mão esquerda do paciente (controlada por seu hemisfério direito) apontou para a imagem de uma pá, enquanto a mão direita apontou para a imagem de uma galinha. Até aqui, tudo bem – os dois hemisférios estavam atuando de forma independente e sensata. "Por que você escolheu isso?", Gazzaniga perguntou ao paciente, que respondeu verbalmente (sob o controle do centro de fala do hemisfério esquerdo): "Obviamente, o pé de galinha combina com a galinha". Mas depois o paciente olhou para baixo e, percebendo que sua mão esquerda estava apontando para a pá, explicou o fato imediatamente (mais uma vez, com o centro de fala controlado pelo hemisfério esquerdo) dizendo "... e você precisa de uma pá para limpar a sujeira da galinha".

Isso foi uma confabulação. O hemisfério direito (que controla a mão e o braço esquerdos) apontou corretamente para a pá, mas como o hemisfério esquerdo (que controla a resposta verbal) não tem consciência da neve, ele confabula uma explicação, sem perceber que está confabulando. Ele está assumindo a responsabilidade por uma medida que nunca decidiu tomar e nunca tomou, mas acha que o fez.

Isso implica que cada um dos dois hemisférios num paciente com cérebro partido tem sua própria consciência. Aparentemente, os hemisférios não percebem que seu corpo é controlado efetivamente por dois cérebros, porque eles aprendem a se coordenar mutuamente e suas decisões são suficientemente alinhadas e consistentes, de modo que cada um pensa que as decisões do outro são as suas próprias.

O experimento de Gazzaniga não prova que um indivíduo normal com um corpo caloso operacional tem duas metades cerebrais conscientes, mas sugere essa possibilidade. Embora o corpo caloso permita uma colaboração eficiente entre as duas metades cerebrais, isso não significa necessariamente que não são mentes separadas. Cada uma pode ser enganada a ponto de pensar que tomou todas as decisões, pois elas seriam muito semelhantes às que cada metade tomaria por conta própria, e, afinal, cada uma exerce muita influência em cada decisão (colaborando com o outro hemisfério através do corpo caloso). Assim, para cada uma das duas mentes, a impressão é que ela tem o controle.

Como podemos testar a conjectura de que ambos estão conscientes? Podemos avaliá-los buscando correlatos neurológicos da consciência, que foi exatamente o que Gazzaniga fez. Seus experimentos mostram que cada hemisfério está atuando como um cérebro independente. A confabulação não se limita aos hemisférios cerebrais; nós fazemos isso regularmente. Cada hemisfério é praticamente tão inteligente quanto um humano; logo, se acreditamos que um cérebro humano é consciente, então temos de concluir que cada hemisfério é independentemente consciente. Podemos avaliar os correlatos neurológicos e podemos realizar nossos próprios experimentos mentais (considerando, por exemplo, que se dois hemisférios cerebrais sem um corpo caloso funcional constituem duas mentes conscientes e separadas, então o mesmo teria de ser verdadeiro para dois hemisférios sem uma conexão funcional entre eles), mas qualquer tentativa de uma detecção mais direta da consciência em cada hemisfério põe-nos novamente diante da falta de um teste científico para a consciência. Mas, se aceitarmos que cada hemisfério cerebral é consciente, podemos garantir que a chamada atividade inconsciente do neocórtex (que constitui a maior parte de sua atividade) também tem uma consciência independente? Ou será que tem mais do que uma? Com efeito, Marvin Minsky se refere ao cérebro como uma "sociedade da mente".[13]

Noutro experimento com cérebros partidos, os pesquisadores mostraram a palavra "sino" para o hemisfério direito e "música" para o hemisfério esquerdo. Pediram ao paciente para dizer que palavra ele viu. O centro da fala, controlado pelo hemisfério esquerdo, diz "música". Depois, o sujeito viu um grupo de imagens e lhe pediram para apontar para a imagem que mais se aproximava da palavra que ele acabara de ver. Seu braço, controlado pelo hemisfério cerebral direito, apontou para o sino. Quando lhe perguntaram por que ele apontara para o sino, o centro da fala, controlado pelo hemisfério esquerdo, respondeu: "Bem, música, a última vez que ouvi uma música foi a dos sinos badalando aqui perto". Ele apresentou essa explicação apesar de haver outras imagens que ele poderia ter escolhido e que se relacionavam muito mais de perto com a música.

Novamente, temos uma confabulação. O hemisfério esquerdo está explicando, como se fosse sua, uma decisão que ele nunca tomou e nunca levou a cabo. Ele não está fazendo isso para acobertar um amigo (ou seja, seu outro hemisfério); ele realmente pensa que a decisão foi sua.

Essas reações e decisões podem se estender às reações emocionais. Eles perguntaram a um paciente adolescente com cérebro partido, de tal modo que os dois hemisférios ouvissem: "Quem é a sua preferida..." e depois passaram a palavra "namorada" só para o hemisfério direito através do ouvido esquerdo. Gazzaniga conta que o paciente corou e reagiu envergonhado, uma reação apropriada para um adolescente ao qual se pergunta algo sobre uma namorada. Mas o centro de fala, controlado pelo hemisfério esquerdo, informou que não tinha ouvido nada e pediu esclarecimentos: "Minha preferida o quê?" Quando lhe pediram novamente para responder à pergunta, desta vez por escrito, a mão esquerda, controlada pelo hemisfério direito, escreveu o nome de sua namorada.

Os testes de Gazzaniga não são experimentos mentais, mas verdadeiros experimentos com a mente. Embora ofereçam uma perspectiva interessante sobre a questão da consciência, lidam ainda mais diretamente com a questão do livre-arbítrio. Em cada um desses casos, um dos hemisférios acreditou que tinha tomado uma decisão que, na verdade, nunca tomara. Até que ponto isso se aplica às decisões que tomamos no nosso cotidiano?

Veja o caso de uma paciente epiléptica de 10 anos de idade. O neurocirurgião Itzhak Fried estava fazendo uma cirurgia cerebral enquanto ela estava acordada (o que é viável, uma vez que o cérebro não tem receptores para a dor).[14] Sempre que ele estimulava um ponto específico de seu neocórtex, ela ria. No início, a equipe cirúrgica pensou que eles podiam estar ativando algum tipo de reflexo de riso, mas não demorou para perceberem que estavam acionando a própria percepção do humor. Aparentemente, tinham encontrado um ponto de seu neocórtex – e obviamente, há mais do que um – que reconhece a percepção do humor. Ela não estava apenas rindo; na verdade, ela achava a situação engraçada, embora nada tivesse mudado na situação, além de terem estimulado esse ponto de seu neocórtex. Quando lhe perguntaram por que ela estava rindo, ela não respondeu nada do tipo "Ah, por nenhum motivo em particular", ou "Você acabou de estimular meu cérebro", mas confabulou imediatamente uma razão. Ela apontou para alguma coisa na sala e tentou explicar por que ela era engraçada. "Vocês ficam tão gozados aí em pé", foi outro comentário.

Aparentemente, ficamos muito ansiosos para explicar e racionalizar nossas ações, mesmo quando não tomamos efetivamente as decisões que levaram a elas. Assim, qual a responsabilidade que temos por nossas decisões? Analise os experimentos realizados pelo professor de fisiologia Benjamin Libet (1916-2007) na Universidade da Califórnia em Davis. Libet fez com que os participantes se sentassem diante de um relógio com eletrodos de EEG conectados ao couro cabeludo. Ele os instruiu a realizar tarefas simples, como apertar um botão ou mover um dedo. E pediu aos participantes para anotar o horário do relógio em que "se deram conta do desejo ou do impulso para agir". Os testes indicaram uma margem de erro de apenas 50 milissegundos nessas avaliações feitas pelos sujeitos. Eles também mediram uma média de 200 milissegundos entre o momento em que os sujeitos informaram ter percebido o impulso de agir e a ação em si.[15]

Os pesquisadores também analisaram os sinais de EEG provenientes do cérebro dos sujeitos. A atividade cerebral envolvida no início da ação pelo córtex motor (responsável pela realização da ação) ocorreu na verdade 500 milissegundos, em média, antes da realização da ação. Isso significa que o córtex motor estava se preparando para realizar a tarefa cerca de um terço de segundo antes de o sujeito sequer perceber que decidira realizá-la.

As implicações dos experimentos de Libet foram alvo de discussões acaloradas. O próprio Libet concluiu que nossa percepção da tomada de decisão parece ser uma ilusão, que a "consciência está fora do elo". O filósofo Daniel Dennett comentou: "A ação se precipitou originariamente em alguma parte do cérebro, e os sinais voaram até os músculos, fazendo uma pausa no caminho para dizer a você, o agente consciente, o que está acontecendo (mas, como todo bom subalterno, fazendo com que você, o trôpego presidente, mantenha a ilusão de que foi você que deu início a tudo)".[16] Ao mesmo tempo, Dennett questionou os tempos registrados pelo experimento, argumentando basicamente que os sujeitos talvez não tenham ciência do momento em que ficaram cientes da decisão de agir. O que nos leva a perguntar: se o sujeito não tem ciência de quando ele está ciente de que vai tomar uma decisão, então, quem tem? Mas o ponto foi bem levantado; como disse antes, aquilo de que temos consciência não está nem um pouco claro.

O neurocientista indo-americano Vilayanur Subramanian "Rama" Ramachandran (nascido em 1951) explica a situação de forma um pouco diferente. Tendo em vista que temos cerca de 30 bilhões de neurônios no neocórtex, há sempre muita coisa acontecendo lá, e estamos conscientes de uma parcela bem pequena disso. Decisões, grandes e pequenas, estão constantemente sendo processadas pelo neocórtex, e soluções propostas sobem até nossa percepção consciente. Em vez do livre-arbítrio, Ramachandran sugere que falemos do "livre não", ou seja, o poder de rejeitar soluções propostas pelas partes não conscientes de nosso neocórtex.

Pense na analogia com uma campanha militar. Os oficiais do exército preparam uma recomendação para o presidente. Antes de receberem a aprovação do presidente, eles fazem um trabalho preparatório que lhes permitirá pôr em prática a decisão. Num dado momento, a decisão proposta é apresentada ao presidente, que a aprova, e o resto da missão é levado a cabo. Como o "cérebro" representado por essa analogia envolve os processos inconscientes do neocórtex (ou seja, os oficiais abaixo do presidente), bem como seus processos conscientes (o presidente), veríamos a atividade neural bem como ações efetivas acontecendo antes que a decisão oficial seja tomada. Sempre podemos discutir a margem que os oficiais deram de fato ao presidente para aceitar ou rejeitar uma recomendação numa situação específica, e certamente os presidentes americanos fizeram as duas coisas. Mas não deve nos surpreender o fato de a atividade mental, mesmo no córtex motor, começar antes de termos ciência de que havia uma decisão a se tomar.

O que os experimentos de Libet conseguem enfatizar é que existe muita atividade em nosso cérebro, por trás de nossas decisões, que não é consciente. Já sabemos que a maior parte do que acontece no neocórtex não é consciente; não nos deveria surpreender, portanto, que nossas ações e decisões derivem tanto de atividades conscientes como inconscientes. Essa diferença importa? Se nossas decisões provêm de ambas, importa se filtramos as partes conscientes das inconscientes? Os dois aspectos não representam nosso cérebro? Não somos, em última análise, responsáveis por tudo aquilo que acontece em nosso cérebro? "Sim, atirei na vítima, mas não sou responsável porque eu não estava prestando atenção" é sem dúvida uma defesa bem fraca. Apesar de haver alguma tênue base legal segundo a qual a pessoa não é responsável por suas decisões, de modo geral somos responsáveis por todas as escolhas que fazemos.

As observações e os experimentos que citei acima constituem experimentos mentais sobre a questão do livre-arbítrio, um assunto que, como o tópico da consciência, tem sido discutido desde Platão. A própria expressão "livre-arbítrio" data do século 13, mas qual é o seu significado exato?

O dicionário Merriam-Webster a define como "a liberdade que têm os humanos de fazer escolhas que não são determinadas por causas anteriores ou pela intervenção divina". Você percebe que essa definição é irremediavelmente circular: "Livre-arbítrio é a liberdade..." Deixando de lado a ideia da intervenção divina em oposição ao livre-arbítrio, só há um elemento útil nessa definição, que é a ideia de uma decisão "não [ser] determinada por causas anteriores". Volto a isso num momento.

A *Stanford Encyclopedia of Philosophy* afirma que livre-arbítrio é a "capacidade de agentes racionais escolherem um curso de ação dentre diversas alternativas". Segundo essa definição, um computador simples é capaz de livre-arbítrio, e por isso tal definição é menos útil que a do dicionário.

A Wikipédia é um pouco melhor. Ela define o livre-arbítrio como "a capacidade de um agente fazer escolhas livre de certos tipos de restrição. [...] A restrição que mais preocupa tem sido [...] o determinismo". Novamente, ela usa a palavra circular "livre" na definição do livre-arbítrio, mas expressa aquilo que foi considerado o principal inimigo do livre-arbítrio: o *determinismo*. Nesse sentido, a definição do Merriam-Webster dada acima é, com efeito, similar em sua referência a decisões que "não são determinadas por causas anteriores".

E o que quer dizer determinismo? Se eu digitar "2 + 2" numa calculadora e ela exibir "4", posso dizer que a calculadora exibiu seu livre-arbítrio decidindo mostrar esse "4"? Ninguém aceitaria isso como uma demonstração de livre-arbítrio, pois a "decisão" foi predeterminada pelos mecanismos internos da calculadora e pelos dados digitados. Se eu fizer uma conta mais complexa, ainda vamos chegar à mesma conclusão em relação à sua falta de livre-arbítrio.

E o que dizer de Watson quando ele responde a uma pergunta do *Jeopardy!*? Embora suas deliberações sejam bem mais complexas que as da calculadora, poucos observadores, ou nenhum, atribuiria livre-arbítrio a suas decisões. Nenhum humano conhece exatamente o funcionamento de todos os seus programas, mas podemos identificar um grupo de pessoas que, coletivamente, pode descrever todos os seus métodos. O mais importante é que seu *output* é determinado (1) por todos os seus programas no momento em que a pergunta é feita, (2) pela pergunta em si, (3) pelo estado de seus parâmetros internos que influenciam suas decisões e (4) por seus trilhões de bytes de base de conhecimento, inclusive enciclopédias. Com base nessas quatro categorias de informação, seu *output* é determinado. Podemos especular que se apresentássemos a mesma pergunta, obteríamos sempre a mesma resposta, mas Watson foi programado para aprender com sua experiência; logo, há a possibilidade de que as respostas subsequentes sejam diferentes. Contudo, isso não contradiz esta análise; na verdade, constitui apenas uma mudança no item 3, os parâmetros que controlam suas decisões.

E como, exatamente, um ser humano difere de Watson, a ponto de atribuirmos livre-arbítrio ao humano, mas não ao programa de computador? Podemos identificar vários fatores. Muito embora Watson jogue *Jeopardy!* melhor que a maioria dos humanos, ou que todos eles, ele não é nem de longe tão complexo quanto um neocórtex humano. Então, a diferença é apenas na escala de complexidade de seu pensamento hierárquico? Há quem considere que o problema se reduz a isso. Em minha discussão sobre a questão da consciência, comentei que meu próprio salto de fé é que eu consideraria consciente um computador que passasse por um teste de Turing válido. Os melhores chatbots não conseguem fazer isso hoje (embora estejam melhorando cada vez mais), e por isso minha conclusão, com relação à consciência, é uma questão do nível de desempenho da entidade. Talvez o mesmo seja verdadeiro quanto ao fato de eu atribuir livre-arbítrio a ela.

Com efeito, a consciência é uma diferença filosófica entre os cérebros humanos e os atuais programas de software. Consideramos os cérebros humanos conscientes, embora não atribuamos isso – ainda – a programas de software. Será esse o fator que estamos procurando por trás do livre-arbítrio?

Um simples experimento mental apoiaria a ideia de que a consciência é, de fato, uma parte vital do livre-arbítrio. Pense numa situação na qual alguém realiza uma ação sem a noção de que a está realizando: ela está sendo realizada inteiramente por uma atividade não consciente do cérebro dessa pessoa. Nós consideraríamos isso uma demonstração de livre-arbítrio? A maioria das pessoas responderia que não. Se a ação causasse algum mal, provavelmente consideraríamos a pessoa responsável, mas procuraríamos algumas ações conscientes recentes que poderiam ter levado essa pessoa a realizar algumas ações sem a percepção consciente, como uma dose de bebida a mais, ou a mera falha no treinamento adequado para analisar conscientemente suas decisões antes de agir com base nelas.

Segundo alguns comentaristas, os experimentos de Libet são contrários ao livre-arbítrio, pois mostram que boa parte das decisões que tomamos não são conscientes. Como existe um razoável consenso entre os filósofos de que o livre-arbítrio implica uma tomada consciente de decisões, parece que esta seria um pré-requisito para o livre-arbítrio. No entanto, para muitos observadores, a consciência é uma condição necessária, mas não suficiente. Se nossas decisões – conscientes ou não – são predeterminadas antes que as tomemos, como podemos dizer que nossas decisões são livres? Essa posição, que sustenta que livre-arbítrio e determinismo não são compatíveis, é conhecida como incompatibilismo. Por exemplo, o filósofo norte-americano Carl Ginet (nascido em 1932) argumenta que, se eventos no passado, no presente e no futuro são determinados, então podemos considerar que não temos controle sobre eles ou suas consequências. Nossas decisões e ações aparentes são apenas parte dessa sequência predeterminada. Para Ginet, isso exclui o livre-arbítrio.

Todavia, nem todos consideram o determinismo incompatível com o conceito de livre-arbítrio. Os compatibilistas argumentam, essencialmente, que você tem a liberdade para decidir aquilo que quer, mesmo que aquilo que você decide possa ser (ou seja) determinado. Daniel Dennett, por exemplo, alega que embora o futuro possa ser determinado pelo estado do presente, a realidade é que o mundo é tão intricadamente complexo que não temos como saber o que o futuro trará. Podemos identificar aquilo a que ele se refere como "expectativas", e temos, de fato, a liberdade para realizarmos atos que diferem dessas expectativas. Deveríamos levar em conta como nossas decisões e ações se comparam com essas expectativas, e não com um futuro determinado teoricamente e que não podemos conhecer de fato. Isso, conforme alega Dennett, é suficiente para o livre-arbítrio.

Gazzaniga também expressa uma posição compatibilista: "Somos agentes pessoalmente responsáveis e devemos responder por nossas ações, embora vivamos num mundo determinado".[17] Um cínico poderia interpretar essa visão como: você não tem controle sobre suas ações, mas mesmo assim vamos culpá-lo.

Alguns pensadores descartam a ideia de livre-arbítrio como uma ilusão. O filósofo escocês David Hume (1711-1776) descreveu-o como uma mera questão "verbal" caracterizada por "uma falsa sensação ou aparência de experiência".[18] O filósofo alemão Arthur Schopenhauer (1788-1860) escreveu que "cada um se imagina *a priori* perfeitamente livre, mesmo em suas ações individuais, e pensa que a cada momento pode começar outra maneira de vida. [...] Mas *a posteriori*, pela experiência, descobre espantado que ele não é livre, mas submisso à necessidade, que apesar de todas as suas resoluções e reflexões ele não muda sua conduta, e que, desde o começo de sua vida até o fim dela, ele deve levar a cabo o próprio personagem que ele mesmo condena".[19]

Eu acrescentaria diversos pontos. O conceito de livre-arbítrio – e de responsabilidade, uma ideia intimamente alinhada com ele – é útil, até mesmo vital, para a manutenção da ordem social, quer o livre-arbítrio exista de fato, quer não. Assim como a consciência existe claramente como um meme, existe o livre-arbítrio. Tentativas de provar sua existência, ou mesmo de defini-la, podem se tornar irremediavelmente circulares, mas a realidade é que quase todos acreditam na ideia. Parcelas bastante substanciais de nosso neocórtex de nível superior são dedicadas ao conceito de que fazemos escolhas livremente e somos responsáveis por nossas ações. Se num sentido filosófico estrito isso é verdade ou até mesmo possível, a sociedade estaria bem pior se não tivéssemos tais crenças.

Ademais, o mundo não é necessariamente determinado. Discuti antes duas perspectivas sobre a mecânica quântica que diferem quanto ao relacionamento entre os campos quânticos e o observador. Uma interpretação popular da perspectiva baseada no observador proporciona um papel para a consciência: as partículas não resolvem sua ambiguidade quântica enquanto não são observadas por um observador consciente. Existe outra cisão na filosofia dos eventos quânticos que tem relação com a nossa discussão sobre livre-arbítrio, uma cisão que gira em torno desta questão: os eventos quânticos são determinados ou aleatórios?

A interpretação mais comum de um evento quântico é que quando a função de onda que constitui uma partícula sofre um "colapso", a localização da partícula se especifica. Após muitos e muitos desses eventos, haverá uma distribuição previsível (motivo pelo qual a função de onda é considerada uma distribuição de probabilidades), mas a resolução para cada partícula que sofre o colapso de sua função de onda é aleatória. A interpretação oposta é determinística: especificamente, existiria uma variável oculta que não conseguimos detectar separadamente, mas cujo valor determina a posição da partícula. O valor ou fase da variável oculta no momento do colapso da função de onda determina a posição da partícula. A maioria dos físicos quânticos parece favorecer a ideia de uma resolução aleatória segundo o campo de probabilidade, mas as equações da mecânica quântica permitem a existência de tal variável oculta.

Logo, o mundo pode não ser determinado, afinal. Segundo a interpretação da onda de probabilidades da mecânica quântica, existe uma fonte contínua de incerteza no nível mais básico da realidade. No entanto, essa observação não resolve necessariamente as preocupações dos incompatibilistas. É certo que, segundo essa interpretação da mecânica quântica, o mundo não é determinado, mas nosso conceito de livre-arbítrio vai além de decisões e ações meramente aleatórias. A maioria dos incompatibilistas consideraria o conceito do livre-arbítrio incompatível também com a ideia de que nossas decisões seriam essencialmente acidentais. O livre-arbítrio parece implicar tomadas de decisão voluntárias.

O dr. Wolfram propõe um modo para resolver o dilema. Seu livro *A new kind of science* (publicado em 2002) apresenta uma visão abrangente da ideia de autômatos celulares e de seu papel em cada faceta de nossas vidas. Um autômato celular é um mecanismo no qual o valor das células de informação é recalculado continuamente como função das células próximas. John von Neumann criou uma máquina teórica e autorreplicante chamada construtor universal, que deve ter sido o primeiro autômato celular.

O dr. Wolfram ilustra sua tese com os autômatos celulares mais simples, um grupo de células numa linha unidimensional. A cada momento, cada célula tem um dentre dois valores: preto ou branco. O valor de cada célula é recalculado para cada ciclo. O valor de uma célula para o ciclo seguinte é função de seu valor atual, bem como o valor de seus dois vizinhos adjacentes. Cada autômato celular é caracterizado por uma regra que determina como se calcula se uma célula será preta ou branca no ciclo seguinte.

Vejamos o exemplo daquela que o dr. Wolfram chamou de regra 222.

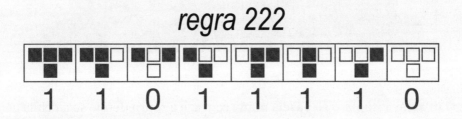

As oito combinações possíveis de valor para a célula sendo recalculada e para as vizinhas da esquerda e da direita aparecem na fileira de cima. Seu novo valor é mostrado na fileira de baixo. Assim, por exemplo, se a célula é preta e as duas células vizinhas também são pretas, então a célula vai permanecer preta na geração seguinte (veja a sub-regra da regra 222 na extremidade esquerda). Se a célula é branca, a vizinha da esquerda também é branca e a da direita é preta, então ela mudará e ficará preta na geração seguinte (veja a sub-regra da regra 222 que é a segunda a contar da direita).

O universo desse simples autômato celular é apenas uma fileira de células. Se começamos com apenas uma célula preta no meio e mostramos a evolução das células após múltiplas gerações (nas quais cada fileira inferior representa uma nova geração de valores), os resultados da regra 222 ficarão parecidos com isto:

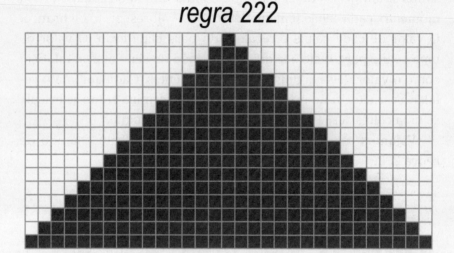

Um autômato se baseia numa regra, e a regra define se a célula será preta ou branca com base no padrão existente na geração atual dentre oito padrões possíveis. Logo, há $2^8 = 256$ regras possíveis. O dr. Wolfram relacionou todos os 256 autômatos possíveis e lhes atribuiu um código Wolfram entre 0 e 255. É interessante observar que essas 256 máquinas teóricas têm propriedades muito diferentes. Os autômatos que o dr. Wolfram chama de classe I, como a regra 222, criam padrões muito previsíveis. Se eu fosse perguntar o valor da célula do meio após um trilhão de trilhões de iterações da regra 222, você poderia responder facilmente: preto.

Muito mais interessantes, porém, são os autômatos da classe IV, ilustrados pela regra 110.

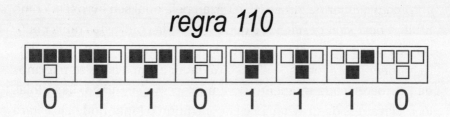

Múltiplas gerações destes autômatos se parecem com isto:

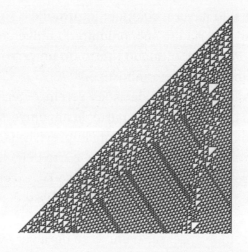

O que é interessante nos autômatos da regra 110, e nos autômatos da classe IV em geral, é que os resultados são completamente imprevisíveis. Os resultados passam pelos mais severos testes matemáticos de aleatoriedade, mas não geram simplesmente ruído: são padrões repetitivos, mas se repetem de maneira singular e imprevisível. Se eu lhe perguntasse o valor de uma célula específica após um trilhão de trilhões de iterações, não haveria como responder a essa pergunta sem fazer essa máquina produzir todas essas gerações. A solução é determinada com clareza, pois essa é uma máquina determinística muito simples, mas é completamente imprevisível sem fazer a máquina funcionar.

A tese primária do dr. Wolfram é que o mundo é um grande autômato celular da classe IV. A razão pela qual seu livro tem como título *A new kind of science* é que essa teoria contrasta com a maioria das outras leis científicas. Se existe um satélite orbitando a Terra, podemos prever onde ele estará daqui a cinco anos sem termos de percorrer cada momento de um processo simulado, usando as leis relevantes da gravitação e encontrando o lugar onde ele estará num momento futuro. Mas o estado futuro dos autômatos celulares da classe IV não pode ser previsto sem simular cada etapa do caminho. Se o universo é um gigantesco autômato celular, como postula o dr. Wolfram, não haveria computador grande o suficiente – pois cada computador seria um subconjunto do universo – para rodar tal simulação. Portanto, o estado futuro do universo não pode ser conhecido, embora seja determinístico.

Logo, apesar de nossas decisões serem determinadas (pois nossos corpos e cérebros fazem parte de um universo determinístico), são, ainda assim, inerentemente imprevisíveis, pois vivemos num autômato da classe IV (e fazemos parte dele). Não podemos prever o futuro de um autômato de classe IV, exceto deixando o futuro se desenvolver. Para o dr. Wolfram, isso é suficiente para se aceitar o livre-arbítrio.

Não precisamos observar o universo para ver eventos futuros determinados, mas imprevisíveis. Nenhum dos cientistas que trabalhou com o Watson pode prever o que ele fará, pois o programa é simplesmente complexo e variado demais, e seu desempenho se baseia em conhecimentos vastos demais para que qualquer ser humano possa dominá-los. Se acreditarmos que os humanos exibem livre-arbítrio, então o que decorre disso é que temos de aceitar que futuras versões do Watson ou de máquinas semelhantes ao Watson também poderão exibi-lo.

Meu próprio salto de fé é que acredito que os humanos têm livre-arbítrio, e, embora eu aja como se fosse esse o caso, sinto dificuldades para encontrar, entre minhas próprias decisões, exemplos que ilustrem isso. Pense na decisão de escrever este livro: eu nunca tomei essa decisão. Na verdade, a ideia do livro decidiu isso por mim. De modo geral, sinto-me cativo de ideias que parecem se implantar em meu neocórtex, assumindo o comando. O que dizer da decisão de me casar, que tomei (em colaboração com outra pessoa) há 36 anos? Na época, eu estava seguindo o programa habitual de me sentir atraído por uma bela moça, e de ir atrás dela. Então, me apaixonei. Onde está o livre-arbítrio nisso?

E o que dizer das pequenas decisões que tomo todos os dias, como as palavras específicas que decido usar para escrever meu livro? Começo com uma folha virtual de papel em branco. Ninguém está me dizendo o que fazer. Não existe um editor olhando por cima do meu ombro. Minhas escolhas cabem *totalmente* a mim. Sou livre – *totalmente livre* – para escrever *o que eu...*

Uh, *grokar...*

Grokar? Certo, escrevi isso; finalmente, usei meu livre-arbítrio. Eu ia escrever a palavra "quiser", mas tomei a decisão livre de escrever algo totalmente inesperado no lugar dela. Talvez esta seja a primeira vez em que tive sucesso no exercício do livre-arbítrio mais puro.

Ou não.

Deve ter ficado aparente que essa não foi uma demonstração da vontade, mas da tentativa de ilustrar meu ponto (e talvez uma exibição de péssimo senso de humor).

Embora eu compartilhe a confiança de Descartes quanto à minha consciência, não tenho a mesma certeza quanto ao livre-arbítrio. É difícil escapar da conclusão de Schopenhauer: "Você pode fazer o que quiser, mas num dado momento de sua vida você só pode *querer* uma coisa específica e absolutamente nada além dessa coisa".[20] Mesmo assim, continuo a agir como se tivesse livre-arbítrio e a acreditar nele, desde que não tenha de explicar a razão.

Identidade

Certa vez, um filósofo teve o seguinte sonho.

Primeiro surgiu-lhe Aristóteles, e o filósofo lhe disse: "Você pode me fazer um esboço sintético de quinze minutos sobre toda a sua filosofia?" Para surpresa do filósofo, Aristóteles fez uma excelente exposição, na qual comprimiu uma enorme quantidade de material em meros quinze minutos. Depois, porém, o filósofo apresentou uma objeção para a qual Aristóteles não teve resposta. Confuso, Aristóteles desapareceu.

Então, apareceu Platão. A mesma coisa tornou a acontecer, e a objeção do filósofo foi a mesma objeção oposta a Aristóteles. Platão também não conseguiu responder e desapareceu.

Depois, todos os filósofos famosos da história apareceram, um por um, e nosso filósofo apresentou a todos a mesma objeção.

Depois que o último filósofo desapareceu, nosso filósofo disse para si mesmo: "Sei que estou dormindo e sonhando com tudo isso. Mas encontrei uma refutação universal para todos os sistemas filosóficos! Amanhã, quando acordar, provavelmente eu a terei esquecido, e o mundo terá perdido algo excepcional!" Com esforço férreo, o filósofo forçou-se a levantar, correu para sua escrivaninha e anotou sua refutação universal. Depois, voltou para a cama com um suspiro de alívio.

Na manhã seguinte, ao acordar, correu até a escrivaninha para ver o que tinha escrito. Era: "Isso é o que *você* diz".
– Raymond Smullyan, citado por David Chalmers[21]

O que mais me intriga, até mais do que a dúvida de ter ou não consciência, ou de exercer ou não o livre-arbítrio, é por que eu tenho consciência das experiências e das decisões dessa pessoa específica que escreve livros, gosta de caminhar e andar de bicicleta, toma suplementos alimentares e assim por diante. Uma resposta óbvia seria: "Porque você é essa pessoa".

Essa réplica não deve ser mais tautológica do que as respostas apresentadas antes às questões sobre consciência e livre-arbítrio. Mas, na verdade, tenho uma resposta melhor para o motivo pelo qual minha consciência está associada com essa pessoa em particular: é porque foi como me criei para ser.

Um aforismo comum é: "Você é o que você come". É ainda mais verdadeiro dizer: "Você é o que você pensa". Como discutimos, todas as estruturas hierárquicas de meu neocórtex que definem minha personalidade, habilidades e conhecimentos resultam de meus próprios pensamentos e experiências. As pessoas com quem escolho interagir, e as ideias e os projetos a que me dedico, são determinantes primários daquilo que me torno. Por falar nisso, aquilo que como também reflete as decisões tomadas por meu neocórtex. Aceitando o lado positivo da dualidade do livre-arbítrio por enquanto, são minhas próprias decisões que resultam naquilo que sou.

Independentemente de como nos tornamos quem somos, cada um de nós tem o desejo de que nossa identidade persista. Se você não tivesse a vontade de sobreviver, não estaria aqui lendo este livro. Toda criatura tem essa meta; ela é o principal determinante da evolução. A questão da identidade deve ser ainda mais difícil de definir do que a consciência ou o livre-arbítrio, mas provavelmente mais importante. Afinal, precisamos saber o que somos se desejamos preservar nossa existência.

Analise o seguinte experimento mental: você está no futuro com tecnologias mais avançadas do que as atuais. Enquanto dorme, um grupo faz a varredura de seu cérebro e capta todos os detalhes evidentes. Talvez eles façam isso com máquinas de varredura do tamanho de células sanguíneas percorrendo os capilares de seu cérebro ou com alguma outra tecnologia não invasiva adequada, mas eles têm todas as informações sobre seu cérebro num determinado momento do tempo. Eles também coletam e registram detalhes corporais que possam refletir o seu estado mental, como o sistema endócrino. Eles inserem esse "arquivo mental" num corpo não biológico que se parece com você e se movimenta como você, e que tem a sutileza e a adaptabilidade necessárias para se passar por você. Pela manhã, você é informado dessa transferência e observa (talvez sem ser notado) seu clone mental, a quem vamos chamar de Você 2. Você 2 está falando da vida dele como se fosse você, contando que descobriu naquela manhã que recebeu uma nova versão 2.0 com um corpo muito mais durável. "Puxa, acho que gostei deste novo corpo!", exclama.

A primeira questão a se analisar é: Você 2 tem consciência? Bem, certamente parece que sim. Ele passa pelo teste que comentei antes, pois tem os sinais sutis de uma pessoa consciente e dotada de sentimentos. Se você tem consciência, Você 2 também tem.

Assim, se você, bem, desaparecesse, ninguém perceberia. Você 2 estaria por aí, alegando que é você. Todos os seus amigos e entes queridos ficariam felizes com a situação e até satisfeitos por você ter um corpo e um substrato mental mais duráveis do que antes. Talvez seus amigos com propensão mais filosófica expressem alguma preocupação, mas, de modo geral, todos estariam felizes, inclusive você, ou, no mínimo, a pessoa que alega convincentemente ser você.

Assim, não precisamos mais do seu velho corpo e de seu cérebro, não é? Tudo bem se nos livrarmos dele?

Provavelmente, você não vai concordar com isso. Eu disse que a varredura não foi invasiva, e por isso você ainda está por aí, consciente. Além disso, seu senso de identidade ainda está com você, e não com Você 2, embora Você 2 pense que é uma continuação de você. Talvez Você 2 nem saiba que você existe ou tenha existido. Na verdade, nem você teria ciência de que Você 2 existe se não lhe tivéssemos contado.

Nossa conclusão? Você 2 é consciente, mas é uma pessoa diferente de você; Você 2 tem uma identidade diferente. Ele é extremamente similar, muito mais do que um mero clone genético, porque ele também compartilha todos os seus padrões e conexões neocorticais. Ou devo dizer que ele compartilhou esses padrões no momento em que foi criado. A partir daí, vocês dois começaram a seguir seus próprios rumos em termos neocorticais. Você ainda está por aí. Você não está tendo as mesmas experiências que Você 2. Em suma: Você 2 não é você.

Até aqui, tudo bem. Agora, analise outro experimento mental que, creio, é mais realista em termos daquilo que o futuro pode trazer. Você se submete a uma cirurgia para substituir uma pequena parte de seu cérebro por uma unidade não biológica. Você está convencido de que é um procedimento seguro, e há relatos que falam de diversos benefícios.

Isso não é tão despropositado, pois é feito rotineiramente em pessoas com problemas neurológicos e sensoriais, como o implante neural para o Mal de Parkinson e implantes cocleares para surdos. Nesses casos, o aparelho computadorizado é colocado dentro do corpo mas fora do cérebro, embora ligado a este (ou, no caso dos implantes cocleares, ao nervo auditivo). Na minha opinião, o fato de que o computador em si é posto fisicamente fora do cérebro não é importante em termos filosóficos: com efeito, estamos ampliando o cérebro e substituindo, com um aparelho computadorizado, funções que não atuam corretamente. Na década de 2030, quando aparelhos computadorizados inteligentes terão o tamanho de células sanguíneas (e lembre-se de que as células brancas do sangue são inteligentes a ponto de identificar e combater patógenos), vamos introduzi-los de maneira não invasiva, sem necessidade de cirurgia.

Voltando a nosso cenário futuro, você passa pelo procedimento e, como prometido, tudo corre bem e algumas de suas habilidades melhoraram. (Provavelmente, sua memória melhorou.) E então, você ainda é você? Certamente, seus amigos pensam que sim. Você pensa que sim. Não adianta argumentar que subitamente você ficou diferente. Sem dúvida, você passou pela cirurgia para efetuar uma mudança em alguma coisa, mas você ainda é você mesmo. Sua identidade não mudou. A consciência de alguém não assumiu de repente o controle do seu corpo.

Bem, assim, estimulado por esses resultados, você decide realizar outra cirurgia, desta vez envolvendo uma região diferente do cérebro. O resultado é o mesmo: você sente alguma melhora na sua capacidade, mas você ainda é você.

Deve ter ficado claro o que quero mostrar. Você continua a realizar cirurgias, sua confiança no processo só aumenta, até um momento em que você trocou todas as partes do seu cérebro. Em todas as ocasiões, o procedimento foi realizado com cuidado para preservar todos os seus padrões e conexões neocorticais, de modo que você não perdeu nada de sua personalidade, talentos ou memórias. Nunca houve um você e um Você 2; apenas você. Ninguém, inclusive você, acha que você deixou de existir. De fato, você está aí.

Nossa conclusão: você ainda existe. Não há dilema nisso. Tudo está bem.

Só um detalhe: você, após o processo gradual de substituição, é totalmente equivalente ao Você 2 no cenário mental anterior (que podemos chamar de cenário de varredura e representação). Você, após o cenário de substituição gradual, tem todos os padrões e conexões neocorticais que tinha originalmente, só que num substrato não biológico, o que também se aplica ao Você 2 no cenário de varredura e representação. Você, após o cenário de substituição gradual, tem algumas habilidades adicionais e mais durabilidade do que antes do processo, mas isso também se aplica ao Você 2 no processo de varredura e representação.

Mas nós concluímos que o Você 2 não é você. E se você, após o processo de substituição gradual, é totalmente equivalente ao Você 2 após o processo de varredura e representação, então, após o processo de substituição gradual você também não deve ser você.

Todavia, isso contradiz nossa conclusão anterior. O processo de substituição gradual consiste em múltiplas etapas. Cada uma dessas etapas parece ter preservado a identidade, assim como concluímos hoje que um paciente com Mal de Parkinson tem a mesma identidade após ter recebido a instalação de um implante neural.[22]

É esse tipo de dilema filosófico que leva algumas pessoas a concluir que esses cenários de substituição nunca vão acontecer (muito embora já estejam ocorrendo). Mas pense nisto: nós passamos naturalmente por um processo gradual de substituição ao longo da vida. A maioria das células de nosso corpo é substituída continuamente. (Você acabou de substituir 100 milhões delas enquanto leu a última sentença.) Células no revestimento interno do intestino delgado são trocadas ao longo de uma semana, bem como o revestimento protetor do estômago. A vida das células brancas do sangue vai de alguns dias a alguns meses, dependendo do tipo. As plaquetas duram cerca de nove dias.

Os neurônios persistem, mas suas organelas e suas moléculas constituintes sofrem uma troca a cada mês.[23] O tempo médio de vida do microtúbulo do neurônio é de dez minutos; os filamentos de actina nos dendritos duram 40 segundos; as proteínas que proporcionam energia para as sinapses são trocadas a cada hora; os receptores de NMDA nas sinapses têm uma vida relativamente longa: cinco dias.

Por isso, você é completamente substituído em questão de meses, algo comparável ao cenário de substituição gradual que descrevi antes. Você é a mesma pessoa que era há alguns meses? Claro que há algumas diferenças. Talvez você tenha aprendido algumas coisas. Mas você presume que a sua identidade persiste, que você não foi destruído e recriado continuamente.

Pense num rio, como aquele que passa perto do meu escritório. Enquanto vejo esse rio que as pessoas chamam de Rio Charles, pergunto-me se será o mesmo rio que vi ontem. Primeiro, vamos refletir sobre o que significa um rio. O dicionário o define como "um curso grande e natural de água corrente". Segundo essa definição, o rio que estou vendo hoje é completamente diferente do rio que vi ontem. Cada uma de suas moléculas de água mudou, um processo que acontece muito rapidamente. O filósofo grego Diógenes Laércio escreveu, no século 3 de nossa era, que "você não consegue pisar duas vezes no mesmo rio".

Mas não é assim que costumamos entender os rios. As pessoas gostam de vê-los porque eles são símbolos de continuidade e de estabilidade. Segundo a visão comum, o Rio Charles que vi ontem é o mesmo rio que vejo hoje. Nossas vidas são parecidas. Fundamentalmente, não somos as coisas que constituem nossos corpos e cérebros. Essas partículas fluem através de nós, assim como as moléculas de água fluem por um rio. Somos um padrão que muda lentamente, mas que tem estabilidade e continuidade, embora as coisas que formam o padrão mudem rapidamente.

A introdução gradual de sistemas não biológicos em nossos corpos e cérebros será apenas outro exemplo da troca contínua das partes que nos compõem. Ela não vai alterar a continuidade de nossa identidade, e nem a substituição natural de nossas células biológicas o faz. Em grande parte, já terceirizamos nossas memórias históricas, intelectuais, sociais e pessoais em nossos aparelhos e na nuvem. Os aparelhos com que interagimos para ter acesso a essas memórias ainda não estão dentro de nossos corpos e cérebros, mas, à medida que diminuem mais e mais (e estamos reduzindo o tamanho da tecnologia à razão de cem em volume tridimensional por década), eles vão obter acesso a eles. De qualquer maneira, será um lugar útil para guardá-los, assim, não vamos perdê-los. Se as pessoas não quiserem colocar aparatos microscópicos em seu corpo, não fará mal, pois teremos outros meios de acessar a fugaz inteligência na nuvem.

Mas voltemos ao dilema que apresentei antes. Você, após um período de substituição gradual, é equivalente ao Você 2 do cenário de varredura e representação, mas decidimos que o Você 2 desse cenário não tem a mesma identidade que você. Aonde isso nos leva?

Leva-nos a reconhecer uma capacidade dos sistemas não biológicos que os sistemas biológicos não têm: a capacidade de ser copiado, armazenado e recriado. Fazemos isso rotineiramente com nossos aparelhos. Quando compramos um smartphone novo, copiamos todos os seus arquivos, e assim ele tem boa parte da personalidade, das habilidades e das memórias do smartphone antigo. Talvez tenha até algumas capacidades novas, mas o conteúdo do fone antigo ainda está conosco. De modo análogo, certamente um programa como o Watson tem uma cópia de segurança. Se o hardware do Watson fosse destruído amanhã, Watson poderia ser recriado facilmente a partir de seus arquivos de segurança armazenados na nuvem.

Isso representa uma capacidade no mundo não biológico que não existe no mundo biológico. É uma vantagem, não uma limitação, motivo pelo qual estamos tão ansiosos hoje para continuar a armazenar nossas memórias na nuvem. Com certeza, vamos prosseguir nessa direção, pois sistemas não biológicos obtêm cada vez mais as capacidades de nosso cérebro biológico.

Minha solução para o dilema é esta: não é verdade que Você 2 não é você; ele é você. Só que agora há dois de você. Isso não é tão ruim; se você se acha bom, então dois de você é ainda melhor.

Aquilo que acho que vai acontecer de fato é que vamos continuar no caminho do cenário da substituição e ampliação gradual até que, em última análise, a maior parte de nosso pensamento esteja na nuvem. Meu salto de fé sobre a identidade é que esta é preservada mediante a continuidade do padrão de informação que faz com que nós sejamos nós mesmos. A continuidade abre espaço para a mudança contínua, e assim, embora eu seja um pouco diferente do que era ontem, mantenho a mesma identidade. Entretanto, a continuidade do padrão que constitui minha identidade não depende de substratos. Os substratos biológicos são maravilhosos – levaram-nos até onde estamos –, mas estamos criando um substrato mais capaz e durável por excelentes razões.

• Capítulo 10 •

A lei dos retornos acelerados aplicada ao cérebro

E embora cada homem deva permanecer, em alguns aspectos, como a criatura superior, isso não está de acordo com a prática da natureza, que permite a superioridade em algumas coisas a animais que, como um todo, há muito foram superados? Ela não permitiu que a formiga e a abelha fossem superiores ao homem na organização de suas comunidades e estruturas sociais, a ave na travessia do ar, o peixe na natação, o cavalo na força e na velocidade, e o cão no autossacrifício?

– Samuel Butler, 1871

Houve uma época em que a Terra era, para todos os efeitos, totalmente destituída de vida animal e vegetal, e que, segundo a opinião de nossos maiores filósofos, era simplesmente uma bola redonda e quente com uma crosta esfriando gradualmente. Bem, se quando a Terra estava nesse estado existisse um ser humano que a visse como se fosse um outro mundo pelo qual não tivesse interesse algum, e, ao mesmo tempo, esse ser humano fosse totalmente ignorante de toda ciência física, não teria ele considerado impossível que criaturas dotadas de qualquer coisa semelhante à consciência poderiam evoluir das cinzas que estava vendo? Não teria negado que ela poderia abrigar toda possibilidade de consciência? Mas, com o passar do tempo, a consciência chegou. Não é possível, portanto, que ainda haja canais escavados para a consciência, embora não possamos hoje detectar seus sinais?

– Samuel Butler, 1871

Quando refletimos sobre as diversas fases da vida e da consciência que já se desenvolveram, seria imprudente dizer que nenhuma outra pode se desenvolver, e que a vida animal é o final de todas as coisas. Houve uma época em que o fogo era o final de todas as coisas; outra, em que as pedras e a água o eram.

– Samuel Butler, 1871

Não existe segurança contra o desenvolvimento supremo da consciência mecânica só porque as máquinas possuem pouca consciência hoje. Um molusco não tem muita consciência. Reflita no extraordinário progresso feito pelas máquinas nestes últimos séculos e veja como foi lento o avanço dos reinos animal e vegetal. As máquinas mais organizadas não seriam propriamente de ontem, mas dos últimos cinco minutos, por assim dizer, em comparação com o tempo passado. Presuma, a título de argumento, que os seres conscientes existem há cerca de 20 milhões de anos: veja os passos largos dados pelas máquinas nos últimos mil! Será que o mundo não vai durar mais 20 milhões de anos? E se durar, no que elas se transformarão?

– Samuel Butler, 1871

Minha tese central, que chamo de lei dos retornos acelerados (LRA), é que medidas fundamentais de tecnologia da informação seguem trajetórias previsíveis e exponenciais, desmentindo a sabedoria convencional de que "não dá para prever o futuro". Ainda há muitas coisas – que projeto, empresa ou padrão técnico prevalecerá no mercado quando a paz chegar ao Oriente Médio – que permanecem desconhecidas, mas a relação preço/desempenho e a capacidade de informação têm sido notavelmente previsíveis. Surpreendentemente, essas tendências não são abaladas por condições como guerra ou paz, prosperidade ou recessão.

Um motivo primário para a evolução ter criado o cérebro foi a predição do futuro. Enquanto um de nossos ancestrais caminhava pelas savanas, milhares de anos atrás, ele pode ter notado que um animal estava se aproximando da rota que ele seguia. Ele previu que, se ficasse nessa rota, seus caminhos se cruzariam. Com base nisso, ele decidiu seguir em outra direção, e sua antevisão mostrou-se valiosa para a sobrevivência.

Mas esses previsores de futuro embutidos em nós são lineares, não exponenciais, uma qualidade que deriva da organização linear do neocórtex. Lembre-se de que o neocórtex está sempre fazendo previsões: que letra e que palavra veremos a seguir, quem esperamos ver ao virar a esquina, e assim por diante. O neocórtex está organizado em sequências lineares de etapas em cada padrão, o que significa que o pensamento exponencial não surge naturalmente em nós. O cerebelo também usa predições lineares. Quando queremos pegar uma bola alta no beisebol, ele faz a previsão linear do ponto em que a bola estará em nosso campo de visão e de onde a mão enluvada deveria estar em nosso campo de visão para pegá-la.

Como disse, existe uma diferença drástica entre progressões lineares e exponenciais (em termos lineares, 40 etapas lineares são 40, mas exponencialmente são um trilhão), o que explica por que as previsões que fiz com base na lei dos retornos acelerados parecem, no início, surpreendentes para muitos observadores. Precisamos nos educar para pensar exponencialmente. Quando se trata de tecnologia da informação, é a maneira correta de pensar.

O exemplo quintessencial da lei dos retornos acelerados é o crescimento perfeitamente suave e duplamente exponencial da relação preço/desempenho da computação, que tem se mantido firme nos últimos 110 anos, atravessando duas guerras mundiais, a Grande Depressão, a Guerra Fria, o colapso da União Soviética, a reaparição da China, a recente crise financeira e todos os outros eventos notáveis do final do século 19, do século 20 e do início do século 21. Algumas pessoas se referem a esse fenômeno como "lei de Moore", mas esse é um conceito errôneo. A lei de Moore – que afirma que você pode colocar o dobro de componentes num circuito integrado a cada dois anos, e que eles são mais rápidos porque são menores – é apenas um paradigma entre muitos. Na verdade, foi o quinto, e não o primeiro paradigma a levar o crescimento exponencial à relação preço/desempenho da computação.

O crescimento exponencial da computação começou com o censo de 1890 dos EUA (o primeiro a ser automatizado), usando o primeiro paradigma do cálculo eletromecânico, décadas antes de Gordon Moore ter nascido. Em *The singularity is near*, apresento esse gráfico até 2002, e aqui eu o atualizei até 2009 (veja o gráfico na página 309 intitulado "Crescimento Exponencial da Computação em 110 anos"). A trajetória suavemente previsível tem continuado, mesmo depois da recente reviravolta econômica.

A computação é o exemplo mais importante da lei dos retornos acelerados em função da quantidade de dados que temos para ela, da onipresença da computação e de seu papel crucial na revolução suprema de tudo que nos interessa. Mas ela está longe de ser o único exemplo. Depois que uma tecnologia se transforma numa tecnologia da informação, ela se torna sujeita à LRA.

A biomedicina está se tornando a área mais importante e recente da tecnologia e da indústria a se transformar dessa maneira. Historicamente, o progresso da medicina tem se baseado em descobertas acidentais, e por isso o progresso no início da era foi linear

• A lei dos retornos acelerados aplicada ao cérebro • 303

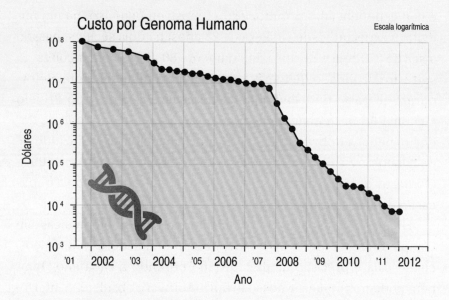

Custo de sequenciamento de um genoma de tamanho humano[1]

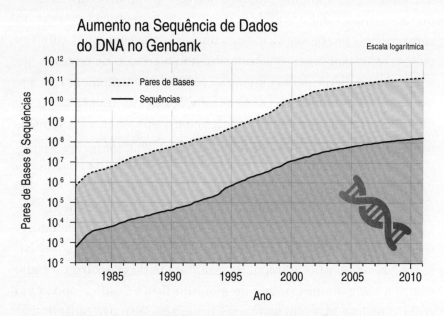

Quantidade de dados genéticos sequenciados no mundo a cada ano[2]

e não exponencial. Contudo, isso se mostrou benéfico: há um milênio, a expectativa de vida era de 23 anos; há dois séculos, passou a ser de 37; hoje é de aproximadamente 80 anos. Com a coleta do software da vida, o genoma, a medicina e a biologia humana tornaram-se parte da tecnologia da informação. O próprio Projeto Genoma foi perfeitamente exponencial, com a quantidade de dados genéticos dobrando e o custo por par de bases reduzindo-se pela metade a cada ano, desde que o projeto foi iniciado em 1990.[3] (Todos os gráficos deste capítulo foram atualizados desde a publicação de *The singularity is near*.)

Hoje somos capazes de projetar intervenções biomédicas em computadores e de testá-las depois em simuladores biológicos, cuja escala e precisão também estão dobrando a cada ano. Também podemos atualizar nosso próprio software obsoleto: a interferência no RNA pode desativar genes, e novas formas de terapia genética podem acrescentar novos genes, não apenas a um recém-nascido, como a um indivíduo maduro. O progresso das tecnologias genéticas também afeta o projeto de engenharia reversa do cérebro, pois um de seus aspectos importantes é entender como os genes controlam funções cerebrais como a criação de novas conexões para refletir conhecimentos corticais recentemente acrescentados. Há muitas outras manifestações dessa integração entre biologia e tecnologia da informação, como a passagem do sequenciamento do genoma para a sintetização do genoma.

Outra tecnologia da informação que tem visto um crescimento exponencial uniforme é nossa capacidade de nos comunicar uns com os outros e de transmitirmos grandes compilações de conhecimento humano. Há muitas maneiras de medir esse fenômeno. A lei de Cooper, que afirma que a capacidade total em bits das comunicações sem fio numa dada quantidade de espectro de rádio dobra a cada 30 meses, tem se mantido firme desde a época em que Guglielmo Marconi usou o telégrafo sem fio para transmissões de código Morse, em 1897, até as tecnologias de comunicação 4G de hoje.[4] Segundo a lei de Cooper, a quantidade de informação que pode ser transmitida dentro de determinado espectro de rádio tem dobrado a cada dois anos e meio, há mais de um século. Outro exemplo é o número de bits por segundo transmitidos pela Internet, que vem dobrando a cada 15 meses.[5]

A razão pela qual eu me interessei em tentar predizer certos aspectos da tecnologia é que percebi, há cerca de 30 anos, que a chave para ser bem-sucedido como inventor (profissão que adotei quando tinha 5 anos de idade) é o senso de oportunidade. A maioria das invenções e dos inventores fracassa não porque os aparelhos não funcionam, mas porque o momento não era o adequado, aparecendo antes que todos os fatores propícios estivessem no lugar, ou tarde demais, perdendo a janela de oportunidade.

Como engenheiro, há cerca de três décadas comecei a reunir dados sobre medidas da tecnologia em diversas áreas. Quando

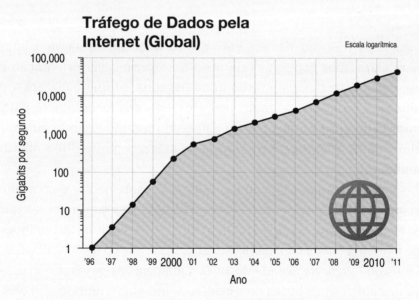

Largura de banda internacional (de país para país) dedicada à Internet para o mundo[6]

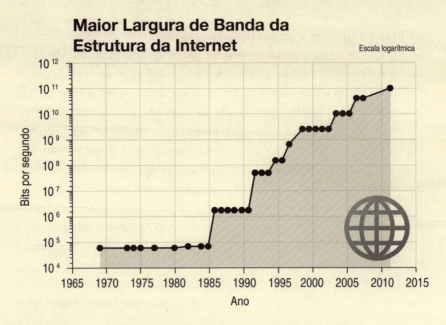

A maior largura de banda da estrutura da Internet[7]

iniciei esse trabalho, não esperava que ele fosse apresentar uma imagem clara, mas esperava que proporcionasse certa orientação e me permitisse dar palpites bem embasados. Minha meta era – e ainda é – cronometrar meus próprios esforços tecnológicos para que sejam apropriados para o estado do mundo quando eu concluir um projeto, que, segundo percebi, seria muito diferente do mundo que existia quando comecei.

Pense em quanto o mundo mudou recentemente, e com que velocidade. Há poucos anos, as pessoas não usavam redes sociais (o Facebook, por exemplo, foi fundado em 2004 e tinha 901 milhões de usuários ativos mensalmente no final de março de 2012),[8] wikis, blogs ou tuítes. Na década de 1990, a maioria das pessoas não usava mecanismos de busca nem celulares. Imagine o mundo sem eles. Isso parece história antiga, mas não faz tanto tempo assim. O mundo vai mudar ainda mais drasticamente no futuro próximo.

No decorrer de minha investigação, fiz uma descoberta surpreendente: se uma tecnologia é uma tecnologia de informação, as medidas básicas de preço/desempenho e capacidade (por unidade de tempo, de custo ou de outro recurso) acompanham trajetórias exponenciais com espantosa precisão.

Essas trajetórias superam os paradigmas específicos em que estão baseadas (como a lei de Moore). Mas quando um paradigma perde o fôlego (por exemplo, quando os engenheiros não conseguiram mais reduzir o tamanho e o custo dos tubos de vácuo na década de 1950), isso cria pressão na área de pesquisa para criar o paradigma seguinte, e assim tem início nova curva-S de progresso.

A porção exponencial dessa próxima curva-S do novo paradigma dá continuidade à exponencial contínua de medida da tecnologia da informação. Logo, a computação baseada em tubos a vácuo da década de 1950 deu lugar aos transistores na década de 1960 e depois aos circuitos integrados e à lei de Moore no final da década de 1960, e mais além. A lei de Moore, por sua vez, dará lugar à computação tridimensional, e os primeiros exemplos dela já estão em andamento. O motivo pelo qual as tecnologias da informação são capazes de transcender consistentemente as limitações de qualquer paradigma em particular é que os recursos necessários para computar ou lembrar ou transmitir um bit de informação são extremamente pequenos.

Podemos nos perguntar: há limites fundamentais para nossa capacidade de computar e de transmitir informações, independentemente do paradigma? A resposta é sim, com base no que conhecemos hoje sobre a física da computação. Esses limites, porém, não são muito restritivos. Em última análise, podemos expandir nossa inteligência trilhões de vezes com apoio na computação molecular. Segundo meus cálculos, vamos atingir esses limites no final deste século.

É importante destacar que nem todo fenômeno exponencial exemplifica a lei dos retornos acelerados. Alguns observadores interpretam erroneamente a LRA citando tendências exponenciais que não se baseiam em informações. Mencionam, por exemplo, os barbeadores masculinos, que passaram de uma lâmina para duas e para quatro, e perguntam onde estão os barbeadores com oito lâminas. Barbeadores (ainda) não são uma tecnologia da informação.

Em *The singularity is near*, apresentei um exame teórico, inclusive (no apêndice desse livro) um tratamento matemático da razão para que a LRA seja tão notavelmente previsível. Essencialmente, sempre usamos a tecnologia mais recente para criar a seguinte. Tecnologias se acumulam umas sobre as outras de maneira exponencial, e esse fenômeno é prontamente mensurável se envolver alguma tecnologia da informação. Em 1990, usamos os computadores e outras ferramentas daquela era para criar os computadores de 1991; em 2012, estamos usando as atuais ferramentas da informação para criar as máquinas de 2013 e 2014. Falando em termos mais amplos, essa aceleração e o crescimento exponencial se aplicam a qualquer processo no qual se desenvolvam padrões de informação. Assim, vemos a aceleração no ritmo da evolução biológica, e uma aceleração similar (mas muito mais rápida) na evolução tecnológica, que, em si, é fruto da evolução biológica.

Tenho hoje um registro público com mais de um quarto de século de predições feitas com base na lei dos retornos acelerados, começando por aquelas apresentadas em *The age of intelligent machines*, que escrevi em meados da década de 1980. Entre exemplos de predições precisas desse livro temos: o surgimento, entre meados e final da década de 1990, de uma vasta rede mundial de comunicações unindo pessoas ao redor do mundo umas às outras e a todo o conhecimento humano; uma grande onda de democratização emergindo dessa rede descentralizada de comunicações, varrendo do mapa a União Soviética; a derrota do campeão mundial de xadrez por volta de 1998; e muitas outras.

Descrevi detalhadamente a lei dos retornos acelerados, tal como se aplica à computação, em *A era das máquinas espirituais*, onde apresentei um século de dados mostrando a progressão duplamente espiritual da relação preço/desempenho da computação até 1998. Atualizei-a até 2009 a seguir.

Recentemente, escrevi uma análise de 146 páginas das predições que fiz em *The age of intelligent machines*, *A era das máquinas espirituais* e *The singularity is near*. (Para ler o ensaio, visite o link reproduzido nesta nota.)[9] *A era das máquinas espirituais* incluiu centenas de predições para décadas específicas (2009, 2019, 2029 e 2099). Fiz, por exemplo, 147 predições para 2009 em *A era das máquinas espirituais*, que escrevi na década de 1990. Delas, 115 (78%) estavam totalmente corretas até o final de 2009; as predições que tratavam de medidas básicas de capacidade e da relação preço/desempenho das tecnologias da informação foram particularmente precisas.

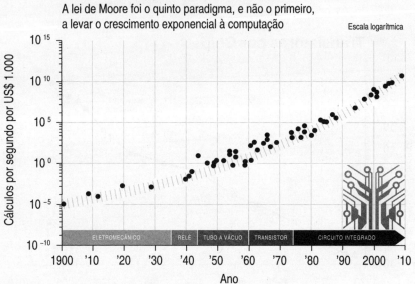

Cálculos por segundo por milhar de dólares (constantes) de diferentes aparelhos de computação[10]

Operações em ponto flutuante por segundo de diversos supercomputadores[11]

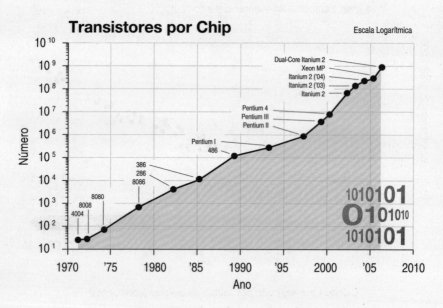

Transistores por chip de diversos processadores Intel[12]

• A lei dos retornos acelerados aplicada ao cérebro •   311

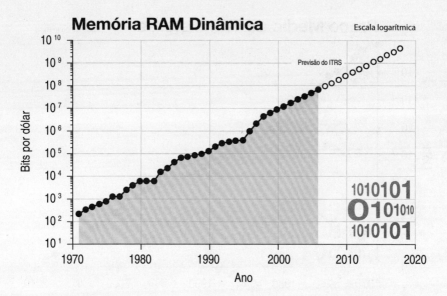

Bits por dólar de chips de memória de acesso aleatório dinâmico[13]

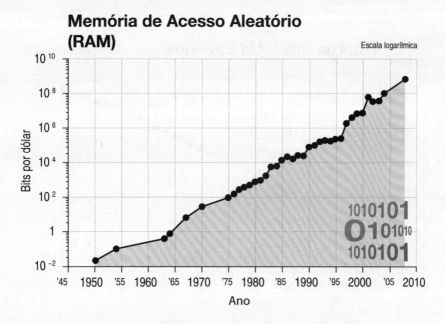

Bits por dólar de chips de memória de acesso aleatório[14]

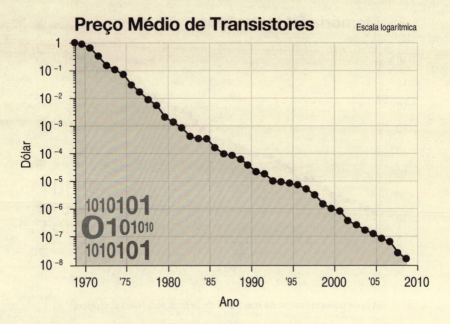

Preço médio por transistor em dólares[15]

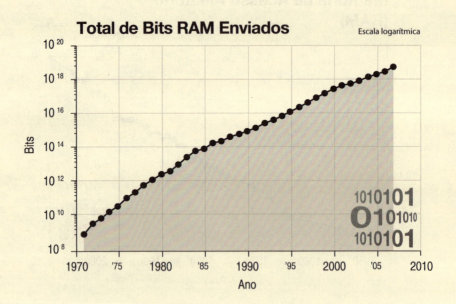

Número total de bits de memória de acesso aleatório enviados a cada ano[16]

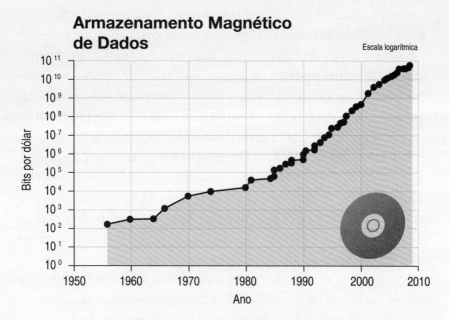

**Bits por dólar (em dólares constantes de 2000)
de armazenamento magnético de dados**[17]

Outras 12 (8%) foram "essencialmente corretas". No total, 127 predições (86%) foram corretas ou essencialmente corretas. (Como as predições foram feitas especificamente numa década específica, uma predição para 2009 foi considerada "essencialmente correta" se foi verdadeira em 2010 ou 2011.) Outras 17 (12%) foram parcialmente corretas, e três (2%) erradas.

Mesmo as predições que foram "erradas" não o foram de todo. Por exemplo, julguei que minha predição de que teríamos carros que se conduziam sozinhos estava errada, apesar de o Google ter demonstrado seus carros autodirigidos, e apesar de, em outubro de 2010, quatro vans elétricas sem motorista terem concluído com sucesso um *test-drive* de 13 mil quilômetros, da Itália até a China.[18] Especialistas da área predisseram atualmente que essas tecnologias estarão disponíveis rotineiramente para consumidores até o final desta década.

A expansão exponencial das tecnologias da computação e das comunicações contribui para o projeto de compreender e recriar os métodos do cérebro humano. Esse esforço não é um projeto organizado individualmente, mas o resultado de muitos projetos diferentes e grandiosos, inclusive a modelagem detalhada de constituintes do cérebro, que vão de neurônios individuais até o neocórtex como um todo, o mapeamento do "conectoma" (as conexões neurais do cérebro), simulações de regiões cerebrais e muitas outras. Tudo isso vem crescendo em escala exponencial. Muitas evidências apresentadas neste livro só se tornaram disponíveis recentemente, como, por exemplo, o estudo Wedeen de 2012, discutido no capítulo 4, que mostrou o padrão de grade muito organizado e "simples" (citando os pesquisadores) das conexões do neocórtex. Os pesquisadores nesse estudo admitem que seu *insight* (e as imagens) só se tornaram viáveis como resultados da nova tecnologia de imagens em alta resolução.

Diagrama de Venn de métodos de mapeamento cerebral[19]

• A lei dos retornos acelerados aplicada ao cérebro • 315

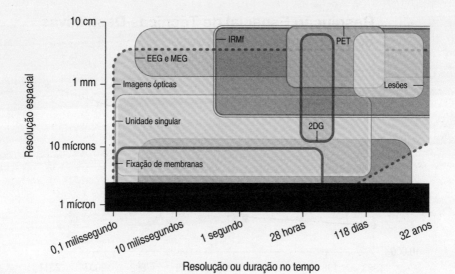

Ferramentas para mapeamento do cérebro[20]

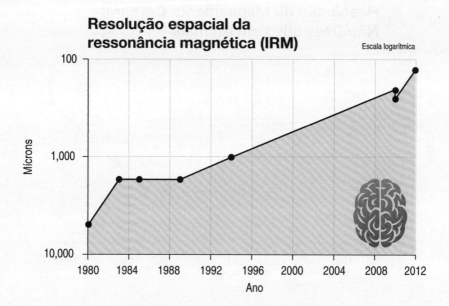

Resolução espacial da IRM em mícrons[21]

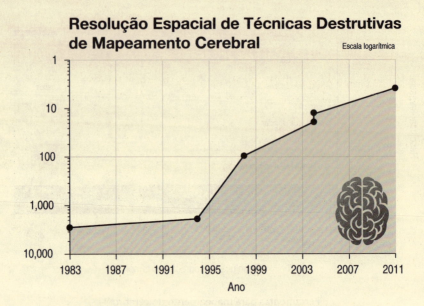

Resolução espacial de técnicas destrutivas de mapeamento[22]

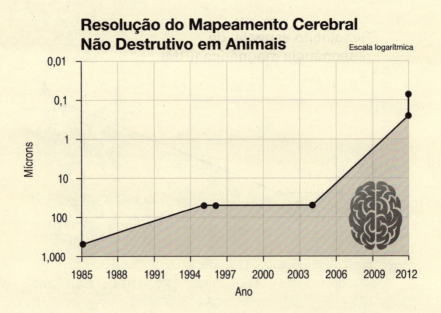

Resolução espacial de técnicas não destrutivas de mapeamento cerebral em animais[23]

As tecnologias de varredura cerebral estão melhorando em resolução espacial e temporal, a um ritmo exponencial. Os diversos tipos de métodos de varredura cerebral em desenvolvimento vão de métodos completamente não invasivos, que podem ser usados com humanos, a métodos mais invasivos ou destrutivos em animais.

A IRM (imagem por ressonância magnética), uma técnica não invasiva de mapeamento com resolução temporal relativamente elevada, tem melhorado firmemente em ritmo exponencial, a ponto de a resolução espacial estar hoje próxima de 100 mícrons (milionésimos de metro).

O mapeamento destrutivo, realizado para coletar o conectoma (mapa de todas as conexões interneuronais) em cérebros animais, também melhorou em ritmo exponencial. A atual resolução máxima está próxima de quatro nanômetros, que é suficiente para vermos as conexões isoladamente.

As tecnologias de inteligência artificial como sistemas de compreensão de linguagem natural não são necessariamente projetadas para emular princípios teorizados de funções cerebrais, mas para uma eficácia máxima. Sabendo disso, é notável que as técnicas que se sobressaíram sejam consistentes com os princípios que delineei neste livro: identificadores hierárquicos auto-organizados de padrões autoassociativos invariantes com redundância e predições ascendentes e descendentes. Esses sistemas também estão evoluindo exponencialmente, como Watson demonstrou.

Um dos principais propósitos para compreendermos o cérebro é expandir nossa caixa de ferramentas e técnicas para a criação de sistemas inteligentes. Embora muitos pesquisadores de IA não aceitem isso plenamente, eles já foram bastante influenciados pelo nosso conhecimento dos princípios de operação do cérebro. Compreender o cérebro também nos ajuda a reverter disfunções cerebrais de diversas espécies. Naturalmente, há outra meta importante no projeto para fazer a engenharia reversa do cérebro: compreender quem somos.

• **Capítulo 11** •

Objeções

> Se uma máquina se mostra indistinguível de um humano, devemos estender a ela o respeito devido a um humano; devemos aceitar que ela possui uma mente.
>
> – Stevan Harnad

A mais importante fonte de objeções à minha tese sobre a lei dos retornos acelerados e sua aplicação à ampliação da inteligência humana deriva da natureza linear da intuição humana. Como descrevi antes, cada um dentre várias centenas de milhões de identificadores de padrões do neocórtex processam informações de forma sequencial. Uma das implicações dessa organização é que temos expectativas lineares sobre o futuro, e assim os críticos aplicam sua intuição linear a fenômenos de informação que são fundamentalmente exponenciais.

Chamo as objeções dentro dessas linhas de "críticas da incredulidade", pois as projeções exponenciais parecem incríveis tendo em vista nossa predileção linear, e elas assumem diversas formas. O cofundador da Microsoft, Paul Allen (nascido em 1953), e seu colega Mark Greaves manifestaram recentemente diversas delas num ensaio intitulado "The Singularity Isn't Near", publicado na revista *Technology Review*.[1] Embora minha resposta aqui seja às críticas específicas de Allen, ela representa uma gama típica de objeções aos argumentos que levantei, especialmente com relação ao cérebro. Apesar de Allen mencionar *The singularity is near* no título de seu ensaio, sua única citação no trabalho é a de um ensaio que escrevi em 2001 ("The Law of Accelerating Returns"). Ademais, seu artigo não identifica nem responde a argumentos que levantei no livro. Infelizmente, percebo que costuma ser essa a atitude dos críticos de meu trabalho.

Quando *A era das máquinas espirituais* foi publicado em 1999 e ampliado posteriormente pelo ensaio de 2001, gerou várias linhas de críticas, como: *a lei de Moore vai acabar; a capacidade do hardware pode estar se expandindo rapidamente, mas o software está atolado na lama; o cérebro é complicado demais; o cérebro tem capacidades que não podem ser replicadas inerentemente por software;* e muitas outras. Uma das razões para ter escrito *The singularity is near* foi para responder a essas críticas.

Não posso dizer que Allen e críticos similares ficariam necessariamente convencidos pelos argumentos que levantei naquele livro, mas pelo menos ele e outros poderiam ter respondido àquilo que realmente escrevi. Allen argumenta que "a Lei dos Retornos Acelerados (LRA) [...] não é uma lei da física". Eu lembraria que a maioria das leis científicas não são leis da física, mas resultam das propriedades emergentes de um grande número de eventos num nível inferior. Um exemplo clássico são as leis da termodinâmica (LT). Se analisarmos a matemática envolvendo as LT, veremos que ela modela cada partícula como se seguisse um trajeto aleatório, e por isso, por definição, não podemos prever onde cada partícula específica estará num momento futuro. Mas as propriedades globais do gás são previsíveis com elevado grau de precisão, segundo as *leis* da termodinâmica. O mesmo acontece com a lei dos retornos acelerados: os projetos e os colaboradores da tecnologia são imprevisíveis, mas a trajetória geral, quantificada por medidas básicas de preço/desempenho e capacidade, seguem um caminho notavelmente previsível.

Se a tecnologia dos computadores estivesse sendo trabalhada apenas por um punhado de pesquisadores, certamente seria imprevisível. Mas é fato em um sistema suficientemente dinâmico de projetos competitivos que uma medida básica de sua relação preço/desempenho, como cálculos por segundo por dólar constante, segue um caminho exponencial muito uniforme, recuando ao censo norte-americano de 1890, como observei no capítulo anterior. Embora a base teórica da LRA tenha sido apresentada em detalhes em *The singularity is near,* sua defesa mais forte está na vasta evidência empírica que eu e outros autores apresentamos.

Allen escreve que "essas 'leis' funcionam até pararem de funcionar". Aqui, ele está confundindo os paradigmas com a trajetória contínua de uma área básica da tecnologia da informação. Se estivéssemos examinando, por exemplo, a tendência de criação de tubos de vácuo cada vez menores – o paradigma para melhoria da computação na década de 1950 –, é verdade que ela continuou até parar. Mas quando o fim desse paradigma em particular ficou claro, a pressão sobre a pesquisa aumentou para o paradigma seguinte. A tecnologia dos transistores manteve a tendência subjacente do crescimento exponencial de preço/desempenho, o que levou ao quinto paradigma (a lei de Moore) e à compressão contínua dos componentes dos circuitos integrados. Temos visto predições regulares de que a lei de Moore vai chegar ao fim. O "International Technology Roadmap for Semiconductors" (Mapa Internacional de Tecnologia de Semicondutores), da indústria de semicondutores, projeta componentes de sete nanômetros para o início da década de 2020.[2] Nesse ponto, os principais elementos terão a largura de 35 átomos de carbono, e será difícil continuar a encolhê-los ainda mais. Contudo, a Intel e outros fabricantes de chips já estão dando os primeiros passos na direção do sexto paradigma, a computação em três dimensões, para continuar a melhora exponencial da relação preço/desempenho. A Intel projeta que os chips tridimensionais serão corriqueiros em mais de 12 anos; transistores tridimensionais e chips de memória 3D já foram apresentados. O sexto paradigma vai manter a LRA em funcionamento no que concerne à relação preço de computadores/desempenho até um momento posterior deste século, quando mil dólares de computador serão trilhões de vezes mais poderosos do que o cérebro humano.[3] (Aparentemente, Allen e eu estamos no mínimo de acordo sobre o nível de computação necessário para simular funcionalmente o cérebro humano.)[4]

Depois, Allen continua, mencionando o argumento-padrão de que o software não está progredindo da mesma maneira exponencial que o hardware. Tratei minuciosamente dessa questão em *The singularity is near*, citando diversos métodos para se medir complexidade e capacidade em software que demonstram um crescimento exponencial similar.[5] Um estudo recente ("Report to the President and Congress, Designing a Digital Future: Federally Funded Research and Development in Networking and Information Technology", realizado pelo President's Council of Advisors on Science and Technology (Conselho Consultivo sobre Ciência e Tecnologia da presidência dos EUA)* afirma o seguinte:

> Ainda mais notável – e ainda menos compreendido – é que, em muitas áreas, os *ganhos em desempenho devidos a melhorias nos algoritmos excederam em muito até mesmo os drásticos ganhos devidos à melhoria na velocidade dos processadores*. Os algoritmos que usamos hoje para reconhecimento de fala, para tradução de linguagem natural, para jogar xadrez, para planejamento logístico, evoluíram notavelmente na década passada...
> Eis apenas um exemplo, proporcionado pelo professor

---

* "Relatório ao presidente e ao congresso; Projetando um futuro digital: pesquisa e desenvolvimento financiados pelo governo federal sobre networking e tecnologia da informação". [N. de T.]

Martin Grötschel, do Konrad-Zuse-Zentrum für Informationstechnik Berlin. Grötschel, especialista em otimização, observa que um modelo de planejamento de produção ideal, usando programação linear, teria levado 82 anos para ser criado em 1988, usando-se os computadores e os algoritmos de programação linear da época. Quinze anos depois, em 2003, esse mesmo modelo poderia ser resolvido aproximadamente num minuto, uma melhora da ordem aproximada de 43 milhões de vezes. Disso, um fator de cerca de 1.000 deveu-se a um aumento na velocidade dos processadores, enquanto um fator aproximado de 43 mil deveu-se a melhoras nos algoritmos! Grötschel também menciona uma melhora nos algoritmos de cerca de 3 mil na programação integral mista, entre 1991 e 2008. O projeto e a análise de algoritmos, e o estudo da complexidade computacional intrínseca dos problemas, são subcampos fundamentais da ciência da computação.

Perceba que a programação linear citada acima por Grötschel, que teve benefícios em desempenho de 43 milhões para 1, é a técnica matemática usada para atribuir recursos de forma ideal num sistema hierárquico de memória, como o HHMM de que falei antes. Cito muitos outros exemplos similares como esse em *The singularity is near*.[6]

Quanto à IA, Allen descarta rapidamente o Watson da IBM, uma opinião compartilhada por muitos outros críticos. Muitos desses detratores não sabem nada sobre Watson, além do fato de ser um software que roda num computador (embora seja um paralelo com 720 processadores). Allen escreve que sistemas como Watson "permanecem quebradiços, seus limites de desempenho são determinados rigidamente por suas premissas internas e algoritmos de definição, eles não podem generalizar, e frequentemente dão respostas sem sentido, fora de suas áreas específicas".

Antes de qualquer coisa, poderíamos fazer um comentário similar sobre humanos. Eu também lembraria que as "áreas específicas" de Watson incluem toda a Wikipédia, além de muitas outras bases de conhecimento, o que não é propriamente um foco estreito. Watson lida com uma vasta gama de conhecimentos e é capaz de lidar com formas sutis de linguagem, inclusive jogos de palavras, analogias e metáforas, praticamente em todos os campos da atividade humana. Ele não é perfeito, mas tampouco o são os humanos, e foi bom o suficiente para ser vitorioso em *Jeopardy!*, enfrentando os melhores jogadores humanos.

Allen argumenta que Watson foi montado pelos próprios cientistas, que construíram cada link de conhecimento estreito em áreas específicas. Isso não é verdade, pura e simplesmente. Apesar de algumas áreas dos dados de Watson terem sido programadas diretamente, Watson adquiriu a maioria significativa de seus conhecimentos por conta própria, lendo documentos em linguagem natural como a Wikipédia. Isso representa seu principal talento, além de sua capacidade de compreender a complexa linguagem das perguntas de *Jeopardy!* (respostas em busca de questões).

Como mencionei antes, muitas das críticas a Watson se referem ao fato de ele trabalhar com probabilidades estatísticas e não com uma compreensão "verdadeira". Muitos leitores interpretam isso como se Watson estivesse apenas reunindo estatísticas sobre sequências de palavras. A expressão "informação estatística", no caso de Watson, refere-se, na verdade, a coeficientes distribuídos e a conexões simbólicas em métodos auto-organizados como os Modelos Hierárquicos Ocultos de Markov. Do mesmo modo, seria possível desconsiderar facilmente as concentrações de neurotransmissores e os padrões de conexão redundantes distribuídos pelo córtex humano como "informação estatística". Na verdade, resolvemos ambiguidades de maneira muito similar à de Watson: levando em conta a probabilidade de interpretações diferentes de uma frase.

Allen prossegue: "Cada estrutura [do cérebro] foi moldada com precisão por milhões de anos de evolução para fazer determinada coisa, qualquer que ela seja. Ele não é como um computador, com bilhões de transistores idênticos em fileiras regulares de memória, controlados por uma CPU com alguns elementos diferentes. No cérebro, cada estrutura individual e circuito neural foi refinado individualmente pela evolução e por fatores ambientais".

Essa alegação de que cada estrutura e circuito neural do cérebro é única e existe intencionalmente é simplesmente impossível, pois significaria que o projeto do cérebro exigiria centenas de trilhões de bytes de informação. O plano estrutural do cérebro (como o do resto do corpo) está contido no genoma, e o cérebro em si não pode conter mais informação de design do que o genoma. Perceba que a informação epigenética (como os peptídeos que controlam a expressão dos genes) não acrescenta nada apreciável à quantidade de informação do genoma. Experiência e aprendizado acrescentam significativamente a quantidade de informações contida no cérebro, mas o mesmo pode ser dito de sistemas de IA como Watson. Em *The singularity is near*, mostrei que, após a compressão sem perdas (devida à maciça redundância no genoma), a quantidade de informações de design no genoma é de 50 milhões de bytes, e aproximadamente metade disso (ou seja, 25 milhões de bytes) pertence ao cérebro.[7] Isso não é simples, mas é um nível de complexidade com o qual podemos lidar, e representa menos complexidade do que muitos sistemas de software do mundo moderno. Ademais, boa parte dos 25 milhões de bytes de informação de design genético pertence aos requisitos biológicos dos neurônios, e não a seus algoritmos de processamento de informação.

Como chegamos à ordem de cem a mil trilhões de conexões no cérebro a partir de apenas dezenas de milhões de bytes de informação de design? Obviamente, a resposta é: redundância maciça. Dharmendra Modha, gerente de Computação Cognitiva para a IBM Research, escreve que "neuroanatomistas não encontraram uma rede desesperadamente emaranhada e conectada arbitrariamente, completamente idiossincrática ao cérebro de cada indivíduo, mas muitas estruturas repetidas dentro de cada cérebro e uma boa quantidade de homologia em toda a espécie... A espantosa reconfigurabilidade natural dá a esperança de que os algoritmos centrais da neurocomputação sejam independentes das modalidades sensoriais ou motoras específicas, e que boa parte da variação observada na estrutura cortical ao longo das áreas represente um refinamento de um circuito canônico; com efeito, é nesse circuito canônico que queremos fazer a engenharia reversa".[8]

Allen defende um "freio de complexidade" inerente que "necessariamente limitaria o progresso na compreensão do cérebro humano e na replicação de suas capacidades", baseado em sua ideia de que cada uma das cem a mil trilhões de conexões do cérebro humano está lá por um design explícito. Seu "freio de complexidade" confunde a floresta com as árvores. Se você deseja compreender, modelar, simular e recriar um pâncreas, não precisa recriar ou simular cada organelo de cada célula insular pancreática. O que você faria seria compreender uma célula insular, abstrair sua funcionalidade básica, que é o controle da insulina, e estender isso para um grande número de tais células. Esse algoritmo está bem compreendido com relação às células insulares. Hoje, há pâncreas artificiais que utilizam esse modelo funcional em teste. Apesar de haver certamente mais complexidade e variação no cérebro do que nas células insulares do pâncreas, maciçamente repetidas, há, ainda assim, uma repetição maciça das funções, como descrevi repetidas vezes neste livro.

Críticas similares às de Allen constituem o que chamo de "pessimismo do cientista". Pesquisadores que trabalham na próxima geração de uma tecnologia ou na modelagem de uma área científica estão sempre lutando com esse conjunto de desafios, e assim, se alguém descreve a aparência da tecnologia dali a dez gerações, eles ficam com os olhos vidrados. Um dos pioneiros dos circuitos integrados estava me contando recentemente o esforço para passar de componentes com 10 mícrons (10 mil nanômetros) para 5 mícrons (5 mil nanômetros), 30 anos atrás. Os cientistas estavam cautelosamente confiantes no cumprimento dessa meta, mas quando as pessoas previram que um dia teríamos circuitos com componentes de tamanho inferior a 1 mícron (mil nanômetros), a maioria deles, com foco em suas próprias metas, achou que isso era alucinante demais para se pensar. Fizeram objeções quanto à fragilidade de circuitos com esse nível de precisão, efeitos termais e assim por diante. Hoje, a Intel está começando a usar chips com portas de 22 nanômetros de comprimento.

Testemunhamos o mesmo tipo de pessimismo com relação ao Projeto do Genoma Humano. Na metade do projeto de 15 anos, apenas 1% do genoma tinha sido coletado, e os críticos propunham limites básicos sobre a velocidade com que ele poderia ser sequenciado sem se destruir as delicadas estruturas genéticas. Porém, graças ao crescimento exponencial, tanto em capacidade como em preço/desempenho, o projeto foi concluído sete anos depois. O projeto para fazer a engenharia reversa do cérebro humano está tendo progressos similares. Só recentemente, por exemplo, atingimos um limiar com técnicas de varredura não invasiva para podermos ver cada uma das conexões interneuronais se formando e disparando em tempo real. Muitas evidências que apresentei neste livro dependeram desses desenvolvimentos e só se tornaram disponíveis recentemente.

Allen descreve minha proposta para fazer a engenharia reversa do cérebro humano como uma simples varredura do cérebro para compreender sua estrutura delicada, simulando-se depois um cérebro inteiro "de baixo para cima" sem compreender seus métodos de processamento de informações. Essa não é minha proposta. Precisamos compreender em detalhes como funciona cada tipo de neurônio, reunindo depois informações sobre o modo como cada módulo funcional se conecta. Os métodos funcionais derivados desse tipo de análise podem guiar o desenvolvimento de sistemas inteligentes. Basicamente, estamos procurando métodos inspirados biologicamente que podem acelerar o trabalho na IA, boa parte da qual progrediu sem um *insight* significativo sobre o modo como o cérebro realiza funções similares.

A julgar por meu próprio trabalho com o reconhecimento de fala, sei que nosso trabalho avançou bastante quando percebemos como o cérebro prepara e transforma a informação auditiva.

As estruturas maciçamente redundantes do cérebro se diferenciam através do aprendizado e da experiência. A atual vanguarda na IA também permite, com efeito, que os sistemas aprendam com sua própria experiência. Os carros autodirigidos do Google aprendem com sua própria experiência de condução, bem como com os dados de carros do Google dirigidos por motoristas humanos; Watson aprendeu a maior parte de seus conhecimentos lendo por conta própria. É interessante notar que os métodos usados hoje na IA evoluíram e são, em termos matemáticos, muito semelhantes aos mecanismos do neocórtex.

Outra objeção que costuma ser oposta à viabilidade da "IA forte" (inteligência artificial em níveis humanos ou além) é que o cérebro humano usa bastante a computação analógica, enquanto métodos digitais não podem replicar intrinsecamente as gradações de valor que as representações analógicas podem incorporar. É verdade que um bit pode estar ligado ou desligado, mas palavras com muitos bits podem representar facilmente gradações múltiplas, e podem fazê-lo com qualquer grau de precisão desejado. Naturalmente, isso é feito o tempo todo em computadores digitais. Tal como está, a precisão da informação analógica no cérebro (como a força sináptica, por exemplo) é apenas um dos 256 níveis que pode ser representado por oito bits.

No capítulo 9, citei a objeção de Roger Penrose e Stuart Hameroff sobre microtúbulos e computação quântica. Lembre-se de que eles alegaram que as estruturas dos microtúbulos nos neurônios estão realizando computação quântica e, como não é possível fazer isso em computadores, o cérebro humano é fundamentalmente diferente e presumivelmente melhor. Como disse antes, não há evidência de que os microtúbulos neuronais estejam realizando computação quântica. Com efeito, os humanos fazem um péssimo trabalho para solucionar os problemas nos quais um computador quântico seria excelente (como a fatoração de números grandes). E, se qualquer dessas coisas se mostrasse real, não haveria nada que impedisse a computação quântica de também ser usada em nossos computadores.

John Searle ficou famoso por introduzir um experimento mental que ele chama de "quarto chinês", que tratei em detalhes em *The singularity is near*.[9] Em síntese, envolve um homem que recebe perguntas escritas em chinês e depois as responde. Para fazê-lo, ele usa um complexo livro de regras. Searle alega que o homem não compreende chinês e não está "consciente" da linguagem (pois não compreende as perguntas ou as respostas), apesar de sua aparente capacidade de responder a perguntas em chinês. Searle compara a situação a um computador e conclui que um computador que pode responder a perguntas em chinês (basicamente, passando por um teste de Turing em chinês), não teria, como o homem no quarto chinês, como compreender de fato a linguagem e não teria noção do que estaria fazendo.

Há alguns truques filosóficos no argumento de Searle. Acontece que o homem nesse experimento mental só é comparável à CPU (unidade central de processamento) de um computador. Podemos dizer que uma CPU não compreende de fato o que está fazendo, que a CPU é apenas parte da estrutura. No quarto chinês de Searle, o homem *com* seu livro de regras é o sistema inteiro. Esse sistema entende chinês; do contrário, não seria capaz de apresentar respostas convincentes para perguntas em chinês, o que violaria a premissa de Searle para esse experimento mental.

A atratividade do argumento de Searle deriva do fato de que hoje é difícil inferir compreensão e consciência reais num programa de computador. O problema com seu argumento, porém, é que você pode aplicar sua própria linha de raciocínio ao próprio cérebro humano. Cada identificador neocortical de padrões – na verdade, cada neurônio e cada componente neuronal – está seguindo um algoritmo.

(Afinal, são mecanismos moleculares que seguem leis naturais.) Se concluirmos que o ato de seguir um algoritmo é inconsistente com compreensão e consciência reais, então teremos de concluir também que o cérebro humano não exibe essas qualidades. Você pode usar o argumento do quarto chinês de John Searle e simplesmente substituir "manipulando conexões interneuronais e forças sinápticas" pelas palavras usadas por ele, "manipulando símbolos", para ter um argumento convincente de que, na verdade, o cérebro humano não consegue compreender nada.

Outra linha de argumentação vem da natureza, que se tornou um novo solo sagrado para muitos observadores. Por exemplo, o biólogo neozelandês Michael Denton (nascido em 1943) vê uma diferença profunda entre os princípios de design das máquinas e os da biologia. Denton escreve que as entidades naturais são "auto-organizadas... autorreferentes... autorreplicantes... recíprocas... autoformativas e... holísticas".[10] Ele afirma que tais formas biológicas só podem ser criadas através de processos biológicos e que portanto essas formas são realidades "imutáveis,... impenetráveis e... fundamentais" da existência, sendo, portanto, uma categoria filosófica basicamente diferente da categoria das máquinas.

A realidade, como vimos, é que as máquinas podem ser desenhadas usando esses mesmos princípios. Aprender os paradigmas específicos de design da entidade mais inteligente da natureza – o cérebro humano – é exatamente o propósito do projeto de engenharia reversa do cérebro. Também não é verdade que os sistemas biológicos são completamente "holísticos", como afirma Denton, e nem, por outro lado, que as máquinas precisam ser completamente modulares. Identificamos claramente hierarquias de unidades de funcionalidade em sistemas naturais, especialmente o cérebro, e sistemas de IA estão usando métodos comparáveis.

Para mim, parece que muitos críticos não ficarão satisfeitos enquanto os computadores não passarem rotineiramente pelo teste de Turing, mas até esse limiar não será absolutamente claro. Sem dúvida, haverá controvérsias quanto à validade dos testes de

Turing supostamente aplicados. De fato, provavelmente eu serei um dos críticos a fazer afirmações similares. Quando os argumentos sobre a validade de computadores que passam pelo teste de Turing estiverem mais assentados, há muito os computadores terão ultrapassado a inteligência humana sem reforços.

Enfatizo aqui a expressão "sem reforços", pois o reforço é justamente o motivo para estarmos criando essas "crianças mentais", como Hans Moravec as chama.[11] Combinar a identificação de padrões de nível humano com a velocidade e a precisão inerentes dos computadores vai resultar em habilidades muito poderosas. Mas essa não é a invasão alienígena de máquinas inteligentes de Marte: estamos criando essas ferramentas para nos tornar mais espertos. Creio que a maioria dos observadores vai concordar comigo que é isto que torna a espécie humana única: construímos essas ferramentas para ampliar nosso alcance.

· Epílogo ·

> O cenário está bem feio, senhores... O clima do planeta está mudando, os mamíferos estão dominando e temos cérebros do tamanho de uma noz.
> – Dinossauros falando em *The Far Side*, de Gary Larson

A inteligência pode ser definida como a capacidade de resolver problemas com recursos limitados, dentre os quais um dos principais é o tempo. Logo, a capacidade de resolver um problema mais rapidamente, como encontrar comida ou escapar de um predador, reflete um poder intelectual maior. A inteligência se desenvolveu porque era útil para a sobrevivência, um fato que pode parecer óbvio, mas com o qual nem todos concordam. Da forma como tem sido praticada por nossa espécie, ela permitiu não apenas que dominássemos o planeta, como melhorássemos cada vez mais nossa qualidade de vida. Este último ponto também não fica aparente para todos, uma vez que há uma percepção disseminada de que a vida está ficando pior. Para citar um exemplo, uma pesquisa do Gallup divulgada em 4 de maio de 2011 revelou que apenas

"44% dos norte-americanos acreditam que a juventude atual terá uma vida melhor do que a de seus pais".[1]

Se olharmos para as tendências mais amplas, não só a expectativa de vida humana quadruplicou no último milênio (e mais do que dobrou nos dois últimos séculos),[2] como o PIB *per capita* (em dólares atuais constantes) passou de centenas de dólares em 1800 para milhares de dólares hoje, com tendências ainda mais acentuadas no mundo desenvolvido.[3] Só havia um punhado de democracias há um século, enquanto hoje elas são a norma. Para uma perspectiva histórica dos avanços que fizemos, sugiro que as pessoas leiam *Leviatã* (1651), de Thomas Hobbes, no qual ele descreve a "vida do homem" como "solitária, pobre, dura, brutal e breve". Para uma perspectiva moderna, o recente livro *Abundância* (2012), do fundador da X-Prize Foundation (e cofundador, comigo, da Singularity University), Peter Diamandis, e do autor de ciência Steven Kotler, documenta de que maneiras extraordinárias a vida atual melhorou firmemente em todas as dimensões. O recente livro de Steven Pinker, *Os anjos bons da nossa natureza: por que a violência diminuiu* [*Better angels of our nature: why violence has declined*] (2011), documenta minuciosamente um aumento constante nas relações pacíficas de um povo e entre povos. A advogada, empreendedora e autora norte-americana Martine Rothblatt (nascida em 1954) documenta a firme melhoria nos direitos civis, observando, por exemplo, como o casamento entre pessoas do mesmo sexo passou, em duas décadas, de uma situação na qual nenhum lugar do mundo o reconhecia, para a aceitação legal num número de jurisdições que cresce rapidamente.[4]

Um dos motivos básicos para as pessoas acharem que a vida está piorando é que conhecemos cada vez mais os problemas do mundo. Se acontecer uma batalha hoje em algum lugar do planeta, nós a vivenciaremos quase como se estivéssemos lá. Durante a Segunda Guerra Mundial, dezenas de milhares de pessoas podiam morrer num combate, e, se o público chegava a saber disso, era através de um esfumaçado noticiário do cinema, semanas depois. Na Primeira Guerra Mundial, uma pequena elite conseguia saber o progresso do conflito num jornal (sem fotos). No século 19, quase não existia o acesso a notícias em tempo hábil.

O progresso que fizemos como espécie em função de nossa inteligência se reflete na evolução de nosso conhecimento, que inclui nossa tecnologia e nossa cultura. Nossas diversas tecnologias estão se tornando cada vez mais tecnologias da informação, que continuam intrinsecamente a progredir de forma exponencial. Graças a essas tecnologias é que pudemos tratar dos grandes desafios da humanidade, como a manutenção de um ambiente saudável, a oferta de recursos para uma população crescente (inclusive energia, alimentos e água), superar doenças, estender bastante a longevidade humana e eliminar a pobreza. Só com nossa extensão pelo uso de tecnologias inteligentes é que podemos lidar com a escala de complexidade necessária para enfrentar esses desafios.

Essas tecnologias não são a vanguarda de uma invasão inteligente que vai competir conosco, substituindo-nos enfim. Desde que pegamos um graveto para chegar até um galho mais alto, temos usado ferramentas para ampliar nosso alcance, tanto físico como mental. O fato de podermos tirar um aparelho do bolso e acessar boa parte do conhecimento humano mediante a pressão de algumas teclas estende nosso alcance além de qualquer coisa imaginável pela maioria dos observadores há não muitas décadas. O "telefone celular" (pus a expressão entre aspas porque ele é muito mais do que um telefone) em meu bolso é um milhão de vezes menos caro, mas milhares de vezes mais poderoso do que o computador que todos os alunos e professores do MIT usavam quando eu estudava lá. Houve um aumento de vários bilhões de vezes na relação preço/desempenho nos últimos 40 anos, uma escalada que continuaremos a ver nos próximos 25 anos, quando aquilo que costumava caber num edifício, e hoje cabe no seu bolso, poderá caber numa célula sanguínea.

Desse modo, vamos nos fundir com a tecnologia inteligente que estamos criando. Nanobots inteligentes em nossa corrente sanguínea vão manter nosso corpo biológico saudável nos níveis celular e molecular. Eles vão entrar em nosso cérebro de maneira não invasiva pelos vasos capilares, e vão interagir com nossos neurônios biológicos, estendendo diretamente a nossa inteligência. Isso não é tão futurista quanto pode parecer. Já existem aparatos do tamanho de células sanguíneas que podem curar o diabetes tipo I em animais ou detectar e destruir células cancerígenas na corrente sanguínea. Com base na lei dos retornos acelerados, essas tecnologias serão um bilhão de vezes mais poderosas dentro de três décadas do que são hoje.

Eu já considero que os aparelhos que uso, e a nuvem de recursos de informática à qual eles estão conectados virtualmente, são extensões de mim mesmo, e me sinto menos do que completo se fico isolado dessas extensões do cérebro. É por isso que a greve de um dia feita pelo Google, a Wikipédia e milhares de outros sites da Internet contra o SOPA (Stop Online Piracy Act, ou Lei contra a pirataria on-line), em 18 de janeiro de 2012, foi tão notável: senti-me como se parte de meu cérebro estivesse entrando em greve (embora eu e outras pessoas tenhamos encontrado maneiras de acessar esses recursos on-line). Também foi uma demonstração impressionante do poder político desses sites, pois a lei – que aparentemente seria ratificada – foi retirada imediatamente de votação. Mais importante ainda é o fato de isso ter mostrado até que ponto já terceirizamos parte de nosso modo de pensar através da nuvem da computação. Ela já faz parte de quem somos. Depois que tivermos inteligência não biológica inteligente em nossos cérebros, a capacidade dessa ampliação – e a nuvem à qual está conectada – vai continuar a crescer exponencialmente.

A inteligência que criaremos com o processo de engenharia reversa do cérebro terá acesso a seu próprio código-fonte e será capaz de se aprimorar rapidamente num ciclo de design iterativo e acelerado. Apesar de haver considerável plasticidade no cérebro humano biológico, como vimos, ele tem uma arquitetura relativamente fixa, que não pode ser modificada significativamente, bem como uma capacidade limitada. Não podemos aumentar seus

300 milhões de identificadores de padrões para 400 milhões, digamos, a menos que o façamos de maneira não biológica. Após termos conseguido isso, não haverá motivo para nos determos num nível específico de capacidade. Podemos prosseguir e ter um bilhão de identificadores de padrões, ou um trilhão.

Da melhoria quantitativa vem o avanço qualitativo. O avanço evolutivo mais importante do *Homo sapiens* foi quantitativo: o desenvolvimento de uma testa maior para acomodar mais neocórtex. O aumento da capacidade neocortical permitiu que essa nova espécie criasse e contemplasse pensamentos em níveis conceituais superiores, resultando no estabelecimento de todos os diversos campos da arte e da ciência. À medida que acrescentamos mais neocórtex em forma não biológica, podemos esperar níveis qualitativos de abstração cada vez mais elevados.

O matemático inglês Irvin J. Good, colega de Alan Turing, escreveu em 1965 que "a primeira máquina ultrainteligente é a última invenção que o homem precisará fazer". Ele definiu tal máquina, dizendo que ela superaria "as atividades intelectuais de qualquer homem, por mais inteligente que fosse", concluindo que "como o projeto de máquinas é uma dessas atividades intelectuais, uma máquina ultrainteligente poderia projetar máquinas ainda melhores; inquestionavelmente, haveria uma 'explosão de inteligência'".

A última invenção que a evolução biológica precisou fazer – o neocórtex – está levando inevitavelmente à última invenção que a humanidade precisa fazer – máquinas realmente inteligentes – e o projeto de uma inspira a outra. A evolução biológica vai continuar, mas a evolução tecnológica está se movendo um milhão de vezes mais depressa do que a outra. Segundo a lei dos retornos acelerados, no final deste século seremos capazes de criar a computação nos limites do possível, com base nas leis da física aplicadas à computação.[5] Damos à matéria e à energia organizadas dessa forma o nome de "computronium", que é muito mais poderoso, quilo por quilo, do que o cérebro humano. Não será apenas a computação simples, mas algo repleto de algoritmos inteligentes que constituem todo o conhecimento do homem e da máquina. Com o tempo, teremos convertido boa parte da massa e da energia de nosso pequeno recanto da galáxia adequados para esse propósito em computronium. Então, para manter em funcionamento a lei dos retornos acelerados, precisaremos nos espalhar para o resto da galáxia e do universo.

Se a velocidade da luz se mantiver efetivamente como limite inexorável, então a colonização do universo vai demorar muito, tendo em vista que o sistema estelar mais próximo da Terra fica a quatro anos-luz de distância. Se existirem meios ainda mais sutis para superar esse limite, nossa inteligência e nossa tecnologia serão poderosas o suficiente para explorá-los. Esse é um motivo pelo qual a recente sugestão de que os múons que atravessaram os 730 quilômetros do acelerador CERN na fronteira franco-suíça até o Gran Sasso Laboratory no centro da Itália parecem ter se movido mais depressa do que a velocidade da luz foi uma notícia potencialmente significativa. Essa observação em particular parece ter sido um alarme falso, mas há outras possibilidades para contornarmos esse limite. Não precisamos nem exceder a velocidade da luz se pudermos encontrar atalhos para lugares aparentemente distantes através de dimensões espaciais além das três com que estamos familiarizados. A principal questão estratégica da civilização homem-máquina do começo do século 22 será: seremos capazes de superar a velocidade da luz ou de contornarmos seu limite?

Os cosmologistas se perguntam se o mundo vai terminar em fogo (uma grande fogueira para combinar com o Big Bang) ou em gelo (a morte das estrelas, na medida em que se afastam numa grande expansão), mas isso não leva em conta o poder da inteligência, como se seu aparecimento fosse apenas um divertido espetáculo secundário para a grandiosa mecânica celeste que hoje governa o universo. Quanto tempo vai levar até espalharmos nossa inteligência em forma não biológica pelo universo? Se pudermos transcender a velocidade da luz – e devemos admitir que esse é um grande *se* – usando, por exemplo, buracos de minhoca através do espaço (que são consistentes com nossa atual compreensão da física), isso pode ser feito dentro de alguns séculos. Do contrário, é provável que leve muito mais tempo. Em qualquer desses cenários, fazer despertar o universo, decidindo depois sua sina de maneira inteligente, infundindo nele nossa inteligência humana em sua forma não biológica, é nosso destino.

• Notas •

Introdução

1. Eis um trecho de *Cem anos de solidão*, de Gabriel García Márquez:

> Aureliano Segundo não tomou consciência da ladainha até o dia seguinte depois do café quando se sentiu aturdido por um zumbido que já estava mais fluido e mais alto que o barulho da chuva e era Fernanda que passeava pela casa inteira se lamentando de que a tivessem educado como uma rainha para acabar de criada numa casa de loucos, com um marido vagabundo, idólatra, libertino, que ficava de papo para o ar esperando que chovesse pão do céu, enquanto ela destroncava os rins tentando manter à tona um lar preso com alfinetes, onde tinha tanto que fazer, tanto que aguentar e corrigir, desde que amanhecia o Senhor até a hora de dormir, que já chegava na cama com os olhos vidrados, e no entanto nunca ninguém lhe dera um bom dia, Fernanda, como passou a noite, Fernanda? nem lhe perguntara, mesmo que fosse só por delicadeza, por que estava tão pálida nem por que se levantava com essas olheiras roxas, apesar de ela não esperar, é claro, que aquilo saísse do resto de uma família que afinal de contas sempre a considerara como um estorvo, como o pegador de panelas, como uma bruxinha de pano pendurada na parede,

e que sempre andavam tresvariando contra ela pelos cantos, chamando-a de santarrona, chamando-a de fariseia, chamando-a de velhaca, e até Amaranta, que Deus tenha, havia dito a viva voz que ela era das que confundiam o reto com as têmporas, bendito seja Deus que palavras, e ela aguentara tudo com resignação pelas intenções do Santo Pai, mas não pudera suportar mais quando o malvado do José Arcadio Segundo disse que a perdição da família tinha sido abrir as portas para uma franguinha, imaginem, uma franguinha mandona, valha-me Deus, uma franguinha filha de má saliva, da mesma índole dos frangotes que o Governo tinha mandado para matar os trabalhadores, veja você, e se referia nada mais nada menos do que a ela, a afilhada do Duque de Alba, uma dama de tanta classe que deixava as esposas dos presidentes no chinelo, uma fidalga de sangue como ela que tinha o direito de assinar onze sobrenomes peninsulares e que era o único mortal desse povoado de bastardos que não se sentia atrapalhado diante de dezesseis talheres, para que logo o adúltero do seu marido dissesse morrendo de rir que tantas colheres e garfos, e tantas facas e colherinhas, não eram coisa de cristão, mas de centopeia, e a única que podia dizer de olhos fechados quando se servia o vinho branco, e de que lado, em que taça, e quando se servia o vinho tinto, e de que lado, e em que taça, e não como a rústica da Amaranta, que em paz descanse, que pensava que o vinho branco se servia de dia e o vinho tinto de noite, e a única em todo o litoral que podia se vangloriar de não se ter aliviado a não ser em penicos de ouro, para que em seguida o Coronel Aureliano Buendía, que em paz descanse, tivesse o atrevimento de perguntar com os seus maus bofes de maçom a troco de que tinha merecido esse privilégio, por acaso ela não cagava merda, e sim orquídeas?, imaginem, com essas palavras, e para que Renata, sua própria filha, que por indiscrição tinha visto o seu número dois no quarto, respondesse que realmente o penico era de muito ouro e de muita heráldica, mas o que tinha dentro era pura merda, merda física, e pior ainda que as outras, porque era merda de gente metida a besta, imaginem, a sua própria filha, de modo que nunca tivera ilusões com o resto da família, mas de qualquer maneira tinha o direito de esperar um pouco mais de consideração da parte do marido, já que bem ou mal era o seu cônjuge de sacramento, o seu autor, o seu legítimo prejudicador, que se encarregara por livre e espontânea vontade da grave responsabilidade de tirá-la do solar paterno, onde nunca se privara de nada nem sofrera por nada, onde tecia coroas fúnebres por pura diversão, já que seu padrinho tinha mandado uma carta com a sua assinatura e o selo do seu anel impresso no lacre, só para dizer que as mãos da afilhada não tinham sido feitas para os trabalhos deste mundo que não fossem tocar clavicórdio e, entretanto, o insensato do marido a tirara de casa, com todas as admoestações e advertências, e a trouxera para aquela caldeira do inferno onde não se podia respirar de tanto calor, e antes que ela acabasse de guardar as suas abstinências de Pentecostes, já tinha ido embora com os seus baús migratórios e o seu acordeão de perdulário para gozar em adultério com uma desgraçada de quem bastava olhar as nádegas, bem, já estava dito, de quem bastava olhar as nádegas de potranca para adivinhar que era uma, que era uma, exatamente o contrário dela, que era uma dama no palácio ou na pocilga, na mesa ou na cama, uma dama de nascença, temente a Deus, obediente às suas leis e submissa aos seus desígnios, e com quem não podia fazer, é claro, as nojeiras e vagabundagens que fazia com a outra, que é claro que se prestava a tudo, como as matronas francesas, e pior ainda, pensando bem, porque estas pelo menos tinham a honradez de colocar uma luz vermelha na porta, semelhantes porcarias, imaginem, só faltava essa, com a filha única e bem-amada de D. Renata Argote e D. Fernando del Carpio, e sobretudo deste, é claro, um santo varão, um cristão dos grandes, Cavaleiro da Ordem do Santo Sepulcro, desses que recebem diretamente de Deus o privilégio de se conservarem intactos na cova, com a pele esticada como cetim de noiva e os olhos vivos e diáfanos como as esmeraldas.*

2. Ver o gráfico "Aumento na Sequência de Dados do DNA no Genbank", no capítulo 10.
3. Cheng Zhang e Jianpeng Ma, "Enhanced Sampling and Applications in Protein Folding in Explicit Solvent", *Journal of Chemical Physics* 132, n. 24 (2010): 244101. Ver também http://folding.stanford.edu/English/ sobre o projeto Folding@home, que uniu mais de 5 milhões de computadores ao redor do mundo para simular a dobra de proteínas.

---

* Extraído de MÁRQUEZ, Gabriel García. *Cem anos de solidão*. Trad. Eliane Zagury. São Paulo: Record, 1996, p. 179-180. [N. de T.]

4. Para uma descrição mais completa deste argumento, ver a seção "[The Impact...]" on the Intelligent Destiny of the Cosmos: Why We Are Probably Alone in the Universe", no capítulo 6 de *The singularity is near*, de Ray Kurzweil (Nova York: Viking, 2005).
5. James D. Watson, *Discovering the Brain* (Washington, DC: National Academies Press, 1992).
6. Sebastian Seung, *Connectome: How the Brain's Wiring Makes Us Who We Are* (Nova York: Houghton Mifflin Harcourt, 2012).
7. "Mandelbrot Zoom", http://www.youtube.com/watch?v=gEw8xpb1aRA; "Fractal Zoom Mandelbrot Corner", http://www.youtube.com/watch?v=G_GBwuYuOOs.

Capítulo 1: Experimentos mentais pelo mundo

1. Charles Darwin, *The Origin of Species* (P. F. Collier & Son, 1909), 185/95-96.
2. Darwin, *On the Origin of Species*, 751 (206. 1. 1-6), edição Variorum de Peckham, organizada por Morse Peckham, *The Origin of Species by Charles Darwin: A Variorum Text* (Filadélfia: University of Pennsylvania Press, 1959).
3. R. Dahm, "Discovering DNA: Friedrich Miescher and the Early Years of Nucleic Acid Research", *Human Genetics* 122, n. 6 (2008): 565-81, doi:10.1007/s00439-007-0433-0; PMID 17901982.
4. Valery N. Soyfer, "The Consequences of Political Dictatorship for Russian Science", *Nature Reviews Genetics* 2, n. 9 (2001): 723-29, doi:10.1038/35088598; PMID 11533721.
5. J. D. Watson e F. H. C. Crick, "A Structure for Deoxyribose Nucleic Acid", *Nature* 171 (1953): 737-38, http://www.nature.com/nature/dna50/watsoncrick.pdf e "Double Helix: 50 Years of DNA", arquivo da *Nature*, http://www.nature.com/nature/dna50/archive.html.
6. Franklin morreu em 1958 e o Prêmio Nobel pela descoberta do DNA foi outorgado em 1962. Há controvérsias quanto a ela dever ou não ter compartilhado esse prêmio se estivesse viva em 1962.
7. Albert Einstein, "On the Electrodynamics of Moving Bodies" (1905). Esse trabalho estabeleceu a teoria especial da relatividade. Ver Robert Bruce Lindsay e Henry Margenau, *Foundations of Physics* (Woodbridge, CT: Ox Bow Press, 1981), 330.

8. "Crookes radiometer", Wikipédia, http://en.wikipedia.org/wiki/Crookes_radiometer.
9. Perceba que parte do momento do fóton é transferida para as moléculas de ar no bulbo (pois não é um vácuo perfeito) e depois transferida das moléculas de ar aquecidas para a pá.
10. Albert Einstein, "Does the Inertia of a Body Depend Upon Its Energy Content?" (1905). Este trabalho deu origem à famosa fórmula de Einstein, $E = mc^2$.
11. "Albert Einstein's Letters to President Franklin Delano Roosevelt", http://hypertextbook. com/eworld/einstein.shtml.

Capítulo 3: Um modelo do neocórtex: a teoria da mente baseada em reconhecimento de padrões

1. Há relatos de que alguns animais não mamíferos, como corvos, papagaios e polvos, são capazes de demonstrar certo nível de raciocínio; todavia, isso é limitado e não tem sido suficiente para criarem ferramentas que mostrem seu próprio curso evolutivo de desenvolvimento. Esses animais podem ter adaptado outras regiões do cérebro para realizar um pequeno número de níveis de pensamento hierárquico, mas é preciso um neocórtex para o pensamento hierárquico relativamente irrestrito que os humanos podem manter.
2. V. B. Mountcastle, "An Organizing Principle for Cerebral Function: The Unit Model and the Distributed System" (1978), *in* Gerald M. Edelman e Vernon B. Mountcastle, *The Mindful Brain: Cortical Organization and the Group-Selective Theory of Higher Brain Function* (Cambridge, MA: MIT Press, 1982).
3. Herbert A. Simon, "The Organization of Complex Systems", *in* Howard H. Pattee, ed., *Hierarchy Theory: The Challenge of Complex Systems* (Nova York: George Braziller, Inc., 1973), http://blog.santafe.edu/wp-content/uploads/2009/03/simon1973.pdf.
4. Marc D. Hauser, Noam Chomsky e W. Tecumseh Fitch, "The Faculty of Language: What Is It, Who Has It, and How Did It Evolve?" *Science* 298 (novembro de 2002): 1569-79, http://www.sciencemag.org/content/298/5598/1569.short.
5. O seguinte trecho do livro *Transcend: Nine Steps to Living Well Forever*, de Ray Kurzweil e Terry Grossman (Nova York: Rodale, 2009), descreve esta técnica de sonho lúcido com mais detalhes:

Desenvolvi um método para resolver problemas enquanto durmo. Aperfeiçoei-o para meu uso ao longo de várias décadas e aprendi os meios sutis pelos quais ele pode funcionar melhor.

Começo postulando um problema quando vou para a cama. Pode ser qualquer tipo de problema. Pode ser um problema de matemática, algum problema com uma de minhas invenções, uma questão de estratégia de negócios, ou mesmo um problema interpessoal.

Penso no problema durante alguns minutos, mas não tento resolvê-lo. Isso impediria que aparecesse a solução criativa do problema. Eu tento pensar nele. O que sei a respeito do assunto? Que forma a solução poderia assumir? E vou dormir. Ao fazê-lo, preparo a mente subconsciente para trabalhar no problema.

Terry: Sigmund Freud disse que, quando sonhamos, muitos dos censores do cérebro ficam relaxados para que possamos sonhar com coisas que são tabu, social, cultural ou mesmo sexual. Podemos sonhar com coisas estranhas sobre as quais não nos permitiríamos pensar durante o dia. No mínimo, essa é uma razão para os sonhos serem estranhos.

Ray: Há ainda obstáculos profissionais que impedem as pessoas de pensarem criativamente, e muitos provêm de nosso treinamento profissional; são blocos mentais como "você não pode resolver um problema de processamento de sinais dessa maneira", ou "a linguística não deveria usar estas regras". Essas suposições mentais também são relaxadas em nosso estado onírico, por isso eu sonho com novas maneiras de resolver problemas sem ficar sobrecarregado pelas limitações do dia a dia.

Terry: Há outra parte de nosso cérebro que também não trabalha quando sonhamos: a nossa faculdade racional para avaliar se uma ideia é razoável. Esse é mais um motivo pelo qual coisas estranhas ou fantásticas acontecem em nossos sonhos. Quando o elefante atravessa a parede, não ficamos chocados imaginando como o elefante conseguiu fazer isso. Só dizemos para o nosso eu onírico: "Certo, um elefante atravessou a parede, grande coisa". Com efeito, se eu acordar no meio da noite, costumo achar que estive sonhando de formas estranhas e oblíquas sobre o problema que reservei.

Ray: A etapa seguinte acontece pela manhã, no estado intermediário entre o sonho e a vigília, que costuma ser chamado de *sonho lúcido*. Nesse estado, ainda tenho as sensações e as imagens dos meus sonhos, mas agora disponho de minhas faculdades racionais.

Percebo, por exemplo, que estou numa cama. E eu poderia formular o pensamento racional de que preciso fazer muita coisa, e por isso devo pular da cama. Mas isso seria um erro. Sempre que posso, fico na cama e continuo nesse estado de sonho lúcido, pois essa é a chave deste método de solução de problemas. Por falar nisso, o método não vai funcionar caso o despertador toque.

Leitor: Parece ser o melhor dos dois mundos.

Ray: Exatamente. Ainda tenho acesso aos pensamentos ocorridos no sonho sobre o problema que separei na noite anterior. Mas agora já estou suficientemente consciente e racional para avaliar as novas ideias criativas que me ocorreram durante a noite. Posso determinar quais delas fazem sentido. Após uns 20 minutos disso, invariavelmente tenho novos *insights* sobre o problema.

Inventei coisas dessa maneira (e passei o resto do dia redigindo o pedido da patente), percebi como organizar material para um livro como este, e encontrei ideias úteis para uma variedade de problemas. Se preciso tomar uma decisão importante, sempre passo por este processo, e depois tenho muita confiança em minha decisão.

A chave para o processo é deixar sua mente livre, não julgar e não se preocupar se o processo está funcionando bem ou não. É o oposto de uma disciplina mental. Pense no problema, mas depois deixe as ideias se espalharem por você enquanto adormece. Pela manhã, deixe sua mente solta novamente, revendo as estranhas ideias geradas por seus sonhos. Descobri que esse método é excelente para canalizar a criatividade natural de meus sonhos.

Leitor: Bem, para os *workaholics* de plantão, agora é possível trabalhar nos sonhos. Não sei se minha esposa vai gostar disso.

Ray: Na verdade, você pode dizer que está fazendo seus sonhos trabalharem para você.

Capítulo 4: O neocórtex biológico

1. Steven Pinker, *How the Mind Works* (Nova York: Norton, 1997), 152-53. [*Como a mente funciona*. São Paulo: Companhia das Letras, 1998].
2. D. O. Hebb, *The Organization of Behavior* (Nova York: John Wiley & Sons, 1949).
3. Henry Markram e Rodrigo Perrin, "Innate Neural Assemblies for Lego Memory", *Frontiers in Neural Circuits* 5, n. 6 (2011).

4. Comunicação via e-mail de Henry Markram, 19 de fevereiro de 2012.
5. Van J. Wedeen et al., "The Geometric Structure of the Brain Fiber Pathways", *Science* 335, n. 6076 (30 de março de 2012).
6. Tai Sing Lee, "Computations in the Early Visual Cortex", *Journal of Physiology-Paris* 97 (2003): 121-39.
7. Uma relação de trabalhos pode ser encontrada em http://cbcl.mit.edu/people/poggio/tpcv_short_pubs.pdf.
8. Daniel J. Felleman e David C. Van Essen, "Distributed Hierarchical Processing in the Primate Cerebral Cortex", *Cerebral Cortex* 1, n. 1 (jan/fev 1991): 1-47. Uma análise convincente da matemática bayesiana da comunicação descendente e ascendente pelo neocórtex foi apresentada por Tai Sing Lee em "Hierarchical Bayesian Inference in the Visual Cortex", *Journal of the Optical Society of America* 20, n. 7 (julho de 2003): 1.434-48.
9. Uri Hasson et al., "A Hierarchy of Temporal Receptive Windows in Human Cortex", *Journal of Neuroscience* 28, n. 10 (5 de março de 2008): 2.539-50.
10. Marina Bedny et al., "Language Processing in the Occipital Cortex of Congenitally Blind Adults", *Proceedings of the National Academy of Sciences* 108, n. 11 (15 de março de 2011): 4.429-34.
11. Daniel E. Feldman, "Synaptic Mechanisms for Plasticity in Neocortex", *Annual Review of Neuroscience* 32 (2009): 33-55.
12. Aaron C. Koralek et al., "Corticostriatal Plasticity Is Necessary for Learning Intentional Neuroprosthetic Skills", *Nature* 483 (15 de março de 2012): 331-35.
13. Comunicação via e-mail de Randal Koene, janeiro de 2012.
14. Min Fu, Xinzhu Yu, Ju Lu e Yi Zuo, "Repetitive Motor Learning Induces Coordinated Formation of Clustered Dendritic Spines in Vivo", *Nature* 483 (1º de março de 2012): 92-95.
15. Dario Bonanomi et al., "Ret Is a Multifunctional Coreceptor That Integrates Diffusible-and Contact-Axon Guidance Signals", *Cell* 148, n. 3 (fevereiro de 2012): 568-82.
16. Ver nota final 7 no capítulo 11.

Capítulo 5: O cérebro primitivo

1. Vernon B. Mountcastle, "The View from Within: Pathways to the Study of Perception", *Johns Hopkins Medical Journal* 136 (1975): 109-31.

2. B. Roska e F. Werblin, "Vertical Interactions Across Ten Parallel, Stacked Representations in the Mammalian Retina", *Nature* 410, n. 6.828 (29 de março de 2001): 583-87; "Eye Strips Images of All but Bare Essentials Before Sending Visual Information to Brain, UC Berkeley Research Shows", comunicado à imprensa da Universidade da Califórnia em Berkeley, 28 de março de 2001, www.berkeley.edu/news/media/releases/2001/03/28_wers1.html.
3. Lloyd Watts, "Reverse-Engineering the Human Auditory Pathway", *in* J. Liu et al., eds., *WCCI 2012* (Berlim: Springer-Verlag, 2012), 47-59. Lloyd Watts, "Real-Time, High-Resolution Simulation of the Auditory Pathway, with Application to Cell-Phone Noise Reduction", ISCAS (2 de junho de 2010): 3.821-24. Para outros trabalhos, ver http://www.lloydwatts.com/publications.html.
4. Ver Sandra Blakeslee, "Humanity? Maybe It's All in the Wiring", *New York Times*, 11 de dezembro de 2003, http://www.nytimes.com/2003/12/09/science/09BRAI.html.
5. T. E. J. Behrens et al., "Non-Invasive Mapping of Connections between Human Thalamus and Cortex Using Diffusion Imaging", *Nature Neuroscience* 6, n. 7 (julho de 2003): 750-57.
6. Timothy J. Buschman et al., "Neural Substrates of Cognitive Capacity Limitations", *Proceedings of the National Academy of Sciences* 108, n. 27 (5 de julho de 2011): 11252-55, http://www.pnas.org/content/108/27/11252.long.
7. Theodore W. Berger et al., "A Cortical Neural Prosthesis for Restoring and Enhancing Memory", *Journal of Neural Engineering* 8, n. 4 (agosto de 2011).
8. As funções básicas são funções não lineares que podem ser combinadas linearmente (acrescentando-se funções básicas múltiplas ponderadas) para se aproximar de qualquer função não linear. A. Pouget e L. H. Snyder, "Computational Approaches to Sensorimotor Transformations", *Nature Neuroscience* 3, n. 11, suplemento (novembro de 2000): 1.192-98.
9. J. R. Bloedel, "Functional Heterogeneity with Structural Homogeneity: How Does the Cerebellum Operate?" *Behavioral and Brain Sciences* 15, n. 4 (1992): 666-78.
10. S. Grossberg e R. W. Paine, "A Neural Model of Cortico-Cerebellar Interactions during Attentive Imitation and Predictive Learning of Sequential Handwriting Movements", *Neural Networks* 13, n. 8-9 (outubro-novembro de 2000): 999-1.046.

11. Javier F. Medina e Michael D. Mauk, "Computer Simulation of Cerebellar Information Processing", *Nature Neuroscience* 3 (novembro de 2000): 1.205-1.
12. James Olds, "Pleasure Centers in the Brain", *Scientific American* (outubro de 1956): 105-16. Aryeh Routtenberg, "The Reward System of the Brain", *Scientific American* 239 (novembro de 1978): 154-64. K. C. Berridge e M. L. Kringelbach, "Affective Neuroscience of Pleasure: Reward in Humans and Other Animals", *Psychopharmacology* 199 (2008): 457-80. Morten L. Kringelbach, *The Pleasure Center: Trust Your Animal Instincts* (Nova York: Oxford University Press, 2009). Michael R. Liebowitz, *The Chemistry of Love* (Boston: Little, Brown, 1983). W. L. Witters e P. Jones-Witters, *Human Sexuality: A Biological Perspective* (Nova York: Van Nostrand, 1980).

Capítulo 6: Habilidades transcendentes

1. Michael Nielsen, *Reinventing Discovery: The New Era of Networked Science* (Princeton, NJ: Princeton University Press, 2012), 1-3. T. Gowers e M. Nielsen, "Massively Collaborative Mathematics", *Nature* 461, n. 7.266 (2009): 879-81. "A Combinatorial Approach to Density Hales-Jewett", *Gowers's Weblog*, http://gowers.wordpress.com/2009/02/01/a-combinatorial-approach-to-density-halesjewett/. Michael Nielsen, "The Polymath Project: Scope of Participation", 20 de março de 2009, http://michaelnielsen.org/blog/?p=584. Julie Rehmeyer, "SIAM: Massively Collaborative Mathematics", *Society for Industrial and Applied Mathematics*, 1º de abril de 2010, http://www.siam.org/news/news.php?id=1731.
2. P. Dayan e Q. J. M. Huys, "Serotonin, Inhibition, and Negative Mood", *PLoS Computational Biology* 4, n. 1 (2008), http://compbiol.plosjournals.org/perlserv/?request= get-document&doi=10.1371/journal.pcbi.0040004.

Capítulo 7: O neocórtex digital inspirado na biologia

1. Gary Cziko, *Without Miracles: Universal Selection Theory and the Second Darwinian Revolution* (Cambridge, MA: MIT Press, 1955).
2. Tornei-me mentor de David Dalrymple desde que ele tinha 8 anos de idade, em 1999. Você pode conhecer o histórico dele aqui: http://esp.mit.edu/learn/teachers/davidad/bio.html e http://www.brainsciences.org/Research-Team/mr-david-dalrymple.html.
3. Jonathan Fildes, "Artificial Brain '10 Years Away'", BBC News, 22 de julho de 2009, http://news.bbc.co.uk/2/hi/8164060.stm. Ver também o

vídeo "Henry Markram on Simulating the Brain: The Next Decisive Years", http://www.kurzweilai.net/henry-markram-simulating-the-brain-next-decisive-years.
4. M. Mitchell Waldrop, "Computer Modelling: Brain in a Box", *Nature News*, 22 de fevereiro de 2012, http://www.nature.com/news/computer-modelling-brain-in-a-box-1.10066.
5. Jonah Lehrer, "Can a Thinking, Remembering, Decision-Making Biologically Accurate Brain Be Built from a Supercomputer?" *Seed*, http://seedmagazine.com/content/article/out_of_the_blue/.
6. Fildes, "Artificial Brain '10 Years Away'".
7. Ver http://www.humanconnectomeproject.org/.
8. Anders Sandberg e Nick Bostrom, *Whole Brain Emulation: A Roadmap*, Technical Report # 2008-3 (2008), Future of Humanity Institute, Oxford University, www.fhi.ox.ac.uk/reports/2008-3.pdf.
9. Eis o esquema básico para um algoritmo de rede neural. Muitas variações são possíveis, e o projetista do sistema precisa apresentar certos parâmetros e métodos críticos, detalhados nas páginas a seguir.

Criar uma solução para um problema através de uma rede neural envolve as seguintes etapas:

Definir o *input*.

Definir a topologia da rede neural (i.e., as camadas de neurônios e as conexões entre os neurônios).

Treinar a rede neural com exemplos do problema.

Executar a rede neural treinada para resolver novos exemplos do problema.

Levar ao público a empresa de sua rede neural.

Essas etapas (exceto pela última) estão detalhadas a seguir:

O *input* do problema

O *input* do problema na rede neural consiste em uma série de números. Esse *input* pode ser:

Num sistema de identificação de padrões, uma fileira bidimensional de números representando os pixels de uma imagem; ou

Num sistema de identificação auditivo (p. ex., fala), uma fileira bidimensional de números representando um som, na qual a primeira dimensão representa parâmetros do som (p. ex., componentes de frequência) e a segunda dimensão representa pontos diferentes no tempo; ou

Num sistema de identificação de padrões arbitrário, uma fileira n-dimensional de números representando o padrão de *input*.

Definindo a topologia

Para montar a rede neural, a arquitetura de cada neurônio consiste em:

Inputs múltiplos, nas quais cada *input* está "conectado" ou com o *output* de outro neurônio, ou com um dos números de *input*.

Geralmente, um *output* único, conectado ou ao *input* de outro neurônio (geralmente de uma camada superior) ou ao *output* final.

Estabelecer a primeira camada de neurônios

Crie N_0 neurônios na primeira camada. Para cada um desses neurônios, "conecte" cada um dos *inputs* múltiplos do neurônio a "pontos" (ou seja, números) no *input* do problema. Essas conexões podem ser determinadas aleatoriamente ou usando um algoritmo evolutivo (ver abaixo).

Atribua uma "força sináptica" inicial para cada conexão criada. Os pesos atribuídos podem ter o mesmo valor inicial, podem ser atribuídos aleatoriamente ou podem ser determinados de outra forma (ver a seguir).

Estabelecer as camadas adicionais de neurônios

Forme um total de *M* camadas de neurônios. Em cada camada, monte os neurônios dessa camada.

Para a camada$_i$:

Crie N_i neurônios na camada$_i$. Em cada um desses neurônios, "conecte" cada um dos múltiplos *inputs* do neurônio aos *outputs* dos neurônios na camada$_{i-1}$ (ver variações abaixo).

Atribua uma "força sináptica" inicial para cada conexão criada. Os pesos atribuídos podem ter o mesmo valor inicial, podem ser atribuídos aleatoriamente ou podem ser determinados de outra forma (ver a seguir).

Os *outputs* dos neurônios da camada$_M$ são os *outputs* da rede neural (ver variações a seguir).

Testes de identificação
Como funciona cada neurônio
Estabelecido o neurônio, ele faz o seguinte a cada teste de identificação:

Cada *input* ponderado que chega ao neurônio é computado multiplicando-se ao *output* do outro neurônio (ou *input* inicial) com cujo *input* esse neurônio está conectado pela força sináptica dessa conexão.

Todos esses *inputs* ponderados que chegam ao neurônio são somados.

Se a soma for maior do que o limiar de disparo desse neurônio, então se considera que esse neurônio disparou e seu *output* é 1. Do contrário, seu *output* é 0 (ver variações a seguir).

Faça o seguinte em cada teste de identificação
Em cada camada, da camada$_0$ à camada$_M$:
Em cada neurônio da camada:

Some os *inputs* ponderados (cada *input* ponderado = o *output* do outro neurônio [ou *input* inicial] aos quais o *input* desse neurônio está conectado, multiplicado pela força sináptica dessa conexão).

Se a soma dos *inputs* ponderados for maior do que o limiar de disparo desse neurônio, faça o *output* desse neurônio = 1; do contrário, ajuste-o para 0.

Para treinar a rede neural

Execute testes de identificação repetitivos com problemas de exemplo.

Após cada teste, ajuste as forças sinápticas de todas as conexões interneuronais para melhorar o desempenho da rede neural desse teste (ver a discussão a seguir sobre como fazer isto).

Continue esse treinamento até o índice de precisão da rede neural não melhorar mais (ou seja, atingir uma assíntota).

Principais decisões de projeto
No esquema simples indicado acima, o projetista desse algoritmo de rede neural precisa determinar desde o início:

O que os números de *input* representam.

O número de camadas de neurônios.

O número de neurônios em cada camada. (Cada camada não precisa ter necessariamente o mesmo número de neurônios.)

O número de *inputs* de cada neurônio de cada camada. O número de *inputs* (ou seja, de conexões interneuronais) também pode variar de neurônio para neurônio e de camada para camada.

A "fiação" (ou seja, as conexões) efetiva. Para cada neurônio de cada camada, ela consiste em uma lista dos outros neurônios, cujos *outputs* constituem os *inputs* desse neurônio. Isso representa uma área importante do projeto. Há diversas maneiras possíveis para se fazer isso:

(1) Faça uma fiação aleatória da rede neural; ou
(2) Use um algoritmo evolutivo (ver adiante) para determinar a fiação ideal; ou
(3) Use o melhor julgamento do projetista do sistema para determinar a fiação.

As forças sinápticas iniciais (ou seja, pesos) de cada conexão. Há diversas maneiras de se fazer isso:

(1) Ajuste as forças sinápticas com o mesmo valor; ou
(2) Ajuste as forças sinápticas com valores aleatórios diferentes; ou
(3) Use um algoritmo evolutivo para determinar um conjunto ideal de valores iniciais; ou
(4) Use o melhor julgamento do projetista do sistema para determinar os valores iniciais.

O limiar de disparo de cada neurônio.

Determine o *output*. Este pode ser:

(1) Os *outputs* da camada$_M$ de neurônios; ou
(2) O *output* de um neurônio com *output* único, cujos *inputs* são os *outputs* dos neurônios da camada$_M$; ou
(3) Uma função (p. ex., a soma) dos *outputs* dos neurônios na camada$_M$; ou
(4) Outra função dos *outputs* dos neurônios em diversas camadas.

Determine como as forças sinápticas de todas as conexões são ajustadas durante o treinamento dessa rede neural. Esta é uma importante decisão de projeto e é alvo de muitas pesquisas e discussões. Há diversas maneiras para fazê-lo:

(1) A cada teste de identificação, aumente ou diminua cada força sináptica de um valor fixo (geralmente pequeno) para que o *output* da rede neural se aproxime bastante da resposta correta. Um modo de fazê-lo é tentar incrementar e diminuir e ver o que produz o efeito mais desejável. Isso pode levar tempo, e por isso há outros métodos para se tomar decisões locais com relação a aumentar ou diminuir cada força sináptica.
(2) Há outros métodos estatísticos para modificar as forças sinápticas após cada teste de identificação, para que o desempenho da rede neural desse teste se aproxime mais da resposta correta.

Perceba que o treinamento da rede neural vai funcionar mesmo que as respostas dos testes de treinamento não estejam todas corretas. Isso permite o uso de dados de treinamento do mundo real que podem ter uma taxa de erros inerente. Uma chave para o sucesso de um sistema de identificação baseado em rede neural é a quantidade de dados usados para treinamento. Geralmente, é necessário usar uma quantidade bastante substancial para obter resultados satisfatórios. Tal como acontece com alunos humanos, o tempo empregado por uma rede neural no aprendizado de suas lições é um fator crucial para seu desempenho.

Variações
Há muitas variações viáveis do que apresentei acima. Por exemplo:

Existem várias maneiras de se determinar a topologia. A fiação interneuronal, em particular, pode ser determinada aleatoriamente ou usando-se um algoritmo evolutivo.

Há várias maneiras de se estabelecer as forças sinápticas iniciais.

Os *inputs* dos neurônios da camada$_i$ não precisam vir necessariamente dos *outputs* dos neurônios da camada$_{i-1}$. Alternativamente, os *inputs* dos neurônios de cada camada podem vir de qualquer camada inferior ou de qualquer camada.

Há várias maneiras de se determinar o *output* final.

O método descrito acima resulta num disparo "tudo ou nada" (1 ou 0) chamado de não linearidade. Há outras funções não lineares que podem ser usadas. Normalmente, é usada uma função que vai de 0 a 1 de maneira rápida, mas mais gradual. Além disso, os *outputs* podem ser números diferentes de 0 e 1.

Os diferentes métodos de ajuste das forças sinápticas durante o treinamento representam importantes decisões do projeto.

O esquema acima descreve uma rede neural "síncrona", na qual cada teste de identificação é feito calculando-se os *outputs* de cada camada, começando pela camada$_0$ até a camada$_M$. Num sistema realmente paralelo, no qual cada neurônio opera independentemente dos demais, os neurônios podem atuar "assincronamente" (ou seja, independentemente). Numa abordagem assíncrona, cada neurônio rastreia constantemente seus *inputs* e dispara sempre que a soma ponderada de seus *inputs* excede seu limiar (ou o que sua função de *output* especificar).

10. Robert Mannell, "Acoustic Representations of Speech", 2008, http://clas.mq.edu.au/acoustics/frequency/acoustic_speech.html.
11. Eis o esquema básico para um algoritmo genético (evolutivo). Muitas variações são possíveis, e o projetista do sistema precisa prover certos parâmetros e métodos críticos, detalhados a seguir.

O algoritmo evolutivo

Crie N "criaturas" de solução. Cada uma possui:
Um código genético: uma sequência de números que caracteriza uma solução possível para o problema. Os números podem representar parâmetros críticos, etapas para uma solução, regras etc.

Para cada geração de evolução, faça o seguinte:
Faça o seguinte com cada uma das N criaturas de solução:
Aplique a solução dessa criatura de solução (conforme representa seu código genético) ao problema, ou ambiente simulado.
Avalie a solução.

Selecione as L criaturas de solução com as avaliações mais altas para que sobrevivam e passem à geração seguinte.

Elimine as (N – L) criaturas de solução que não sobreviveram.

Crie (N – L) novas criaturas de solução dentre as L criaturas de solução sobreviventes:

(1) Fazendo cópias das L criaturas sobreviventes. Introduza pequenas variações aleatórias em cada cópia; ou
(2) Crie criaturas de solução adicionais combinando partes do código genético (usando reprodução "sexual", ou combinando porções dos cromossomos) das L criaturas sobreviventes; ou
(3) Faça uma combinação entre (1) e (2).

Determine se deve continuar a evoluir:
Melhoria = (avaliação mais alta nesta geração) – (avaliação mais alta na geração anterior).
Se Melhoria < Limiar de Melhoria, então terminamos.
A criatura de solução com a avaliação mais elevada da última geração de evolução tem a melhor solução. Aplique a solução definida por seu código genético ao problema.

Decisões importantes de projeto
No esquema simples acima, o projetista precisa determinar desde o início:

Parâmetros principais:
N
L
Limiar de Melhoria.
O que representam os números do código genético e como a solução é calculada a partir do código genético.

Um método para determinar as N criaturas de solução da primeira geração. De modo geral, essas não precisam ser mais do que tentativas "razoáveis" de se chegar a uma solução. Se essas soluções de primeira geração forem muito avançadas, o algoritmo evolutivo pode ter dificuldade para chegar a uma boa solução. Geralmente, é interessante criar as primeiras criaturas de solução com características razoavelmente distintas. Isso vai ajudar a impedir que o processo evolutivo simplesmente encontre uma solução ideal "localmente".

O modo de avaliar as soluções.

Como as criaturas de solução sobreviventes se reproduzem.

Variações
São viáveis muitas variações do que vimos acima. Por exemplo:

Não é preciso haver um número fixo de criaturas de solução sobreviventes (*L*) em cada geração. A(s) regra(s) de sobrevivência pode(m) dar margem a um número variável de sobreviventes.

Não é preciso haver um número fixo de novas criaturas de solução criadas em cada geração (*N – L*). As regras de procriação podem ser independentes do tamanho da população. A procriação pode estar relacionada com a sobrevivência, permitindo assim que as criaturas de solução mais aptas procriem mais.

A decisão quanto a continuar ou não a evoluir pode ser variada. Ela pode levar em conta mais do que apenas a criatura de solução com a melhor avaliação da geração (ou gerações) mais recente(s). Pode levar também em conta uma tendência que vai além das duas últimas gerações.

12. Dileep George, "How the Brain Might Work: A Hierarchical and Temporal Model for Learning and Recognition" (dissertação de doutorado, Universidade de Stanford, junho de 2008).
13. A. M. Turing, "Computing Machinery and Intelligence", *Mind*, outubro de 1950.
14. Hugh Loebner criou uma competição, o "Prêmio Loebner", que acontece todos os anos. A medalha de prata de Loebner vai para o computador que passar pelo teste original de Turing, apenas com texto. A medalha de ouro vai para o computador que puder passar por uma versão do teste que inclui entradas e saídas em áudio e vídeo. Acredito que a inclusão de áudio e vídeo não torna o teste mais desafiador.
15. "Cognitive Assistant That Learns and Organizes", Artificial Intelligence Center, SRI International, http://www.ai.sri.com/project/CALO.
16. Dragon Go! Nuance Communications, Inc., http://www.nuance.com/products/dragon-go-in-action/index.htm.

17. "Overcoming Artificial Stupidity", *WolframAlpha Blog*, 17 de abril de 2012, http://blog.wolframalpha.com/author/stephenwolfram/.

Capítulo 8: A mente como computador

1. Salomon Bochner, *A Biographical Memoir of John von Neumann* (Washington, DC: National Academy of Sciences, 1958).
2. A. M. Turing, "On Computable Numbers, with an Application to the Entscheidungsproblem", *Proceedings of the London Mathematical Society* Series 2, vol. 42 (1936-37): 230-65, http://www.comlab.ox.ac.uk/activities/ieg/e-library/sources/tp2-ie.pdf. A. M. Turing, "On Computable Numbers, with an Application to the Entscheidungsproblem: A Correction", *Proceedings of the London Mathematical Society* 43 (1938): 544-46.
3. John von Neumann, "First Draft of a Report on the EDVAC", Moore School of Electrical Engineering, University of Pennsylvania, 30 de junho de 1945. John von Neumann, "A Mathematical Theory of Communication", *Bell System Technical Journal*, julho e outubro de 1948.
4. Jeremy Bernstein, *The Analytical Engine: Computers – Past, Present, and Future*, ed. rev. (Nova York: William Morrow & Co., 1981).
5. "Japan's K Computer Tops 10 Petaflop/s to Stay Atop TOP500 List", *Top 500*, 11 de novembro de 2011, http://top500.org/lists/2011/11/press-release.
6. Carver Mead, *Analog VLSI and Neural Systems* (Reading, MA: Addison-Wesley, 1986).
7. "IBM Unveils Cognitive Computing Chips", comunicado à imprensa da IBM, 18 de agosto de 2011, http://www-03.ibm.com/press/us/en/pressrelease/35251.wss.
8. "Japan's K Computer Tops 10 Petaflop/s to Stay Atop TOP500 List."

Capítulo 9: Experimentos mentais sobre a mente

1. John R. Searle, "I Married a Computer", *in* Jay W. Richards, ed., *Are We Spiritual Machines? Ray Kurzweil vs. the Critics of Strong AI* (Seattle: Discovery Institute, 2002).
2. Stuart Hameroff, *Ultimate Computing: Biomolecular Consciousness and Nanotechnology* (Amsterdã: Elsevier Science, 1987).
3. P. S. Sebel et al., "The Incidence of Awareness during Anesthesia: A Multicenter United States Study", *Anesthesia and Analgesia* 99 (2004): 833-39.

4. Stuart Sutherland, *The International Dictionary of Psychology* (Nova York: Macmillan, 1990).
5. David Cockburn, "Human Beings and Giant Squids", *Philosophy* 69, n. 268 (abril de 1994): 135-50.
6. Ivan Petrovich Pavlov, de uma palestra apresentada em 1913, publicada em *Lectures on Conditioned Reflexes: Twenty-Five Years of Objective Study of the Higher Nervous Activity [Behavior] of Animals* (Londres: Martin Lawrence, 1928), 222.
7. Roger W. Sperry, da James Arthur Lecture on the Evolution of the Human Brain, 1964, p. 2.
8. Henry Maudsley, "The Double Brain", *Mind* 14, n. 54 (1889): 161-87.
9. Susan Curtiss e Stella de Bode, "Language after Hemispherectomy", *Brain and Cognition* 43, nos 1-3 (junho-agosto de 2000): 135-8.
10. E. P. Vining et al., "Why Would You Remove Half a Brain? The Outcome of 58 Children after Hemispherectomy – the Johns Hopkins Experience: 1968 to 1996", *Pediatrics* 100 (agosto de 1997): 163-71. M. B. Pulsifer et al., "The Cognitive Outcome of Hemispherectomy in 71 Children", *Epilepsia* 45, n. 3 (março de 2004): 243-54.
11. S. McClelland III e R. E. Maxwell, "Hemispherectomy for Intractable Epilepsy in Adults: The First Reported Series", *Annals of Neurology* 61, n. 4 (abril de 2007): 372-76.
12. Lars Muckli, Marcus J. Naumerd e Wolf Singer, "Bilateral Visual Field Maps in a Patient with Only One Hemisphere", *Proceedings of the National Academy of Sciences* 106, n. 31 (4 de agosto de 2009), http://dx.doi.org/10.1073/pnas.0809688106.
13. Marvin Minsky, *The Society of Mind* (Nova York: Simon and Schuster, 1988). [*A sociedade da mente*. Rio de Janeiro: Francisco Alves, 1989.]
14. F. Fay Evans-Martin, *The Nervous System* (Nova York: Chelsea House, 2005), http://www.scribd.com/doc/5012597/The-Nervous-System.
15. Benjamin Libet, *Mind Time: The Temporal Factor in Consciousness* (Cambridge, MA: Harvard University Press, 2005).
16. Daniel C. Dennett, *Freedom Evolves* (Nova York: Viking, 2003). [*A liberdade evolui*. Lisboa: Temas e Debates, 2006.]
17. Michael S. Gazzaniga, *Who's in Charge? Free Will and the Science of the Brain* (Nova York: Ecco/HarperCollins, 2011).
18. David Hume, *An Enquiry Concerning Human Understanding* (1765), 2ª ed., organizada por Eric Steinberg (Indianápolis: Hackett, 1993). [*Investigação sobre o entendimento humano*. São Paulo: Hedra, 2009.]

19. Arthur Schopenhauer, *The Wisdom of Life*. [*A sabedoria da vida*. São Paulo: Edipro, 2012.]
20. Arthur Schopenhauer, *On the Freedom of the Will* (1839).
21. De Raymond Smullyan, *5000 b.C. and Other Philosophical Fantasies* (Nova York: St. Martin's Press, 1983).
22. Para um exame perceptivo e divertido de questões similares sobre identidade e consciência, ver Martine Rothblatt, "The Terasem Mind Uploading Experiment", *International Journal of Machine Consciousness* 4, n. 1 (2012): 141-58. Nesse texto, Rothblatt examina a questão da identidade com relação a softwares que imitam uma pessoa com base num "banco de dados de entrevistas em vídeo e informações associadas sobre uma pessoa predecessora". Nessa proposta de experimento futuro, o software imita com sucesso a pessoa em quem se baseia.
23. "How Do You Persist When Your Molecules Don't?" *Science and Consciousness Review* 1, n. 1 (junho de 2004), http://www.sci-con.org/articles/20040601.html.

Capítulo 10: A lei dos retornos acelerados aplicada ao cérebro

1. "DNA Sequencing Costs", National Human Genome Research Institute, NIH, http://www.genome.gov/sequencingcosts/.
2. "Genetic Sequence Data Bank, Distribution Release Notes", 15 de dezembro de 2009, National Center for Biotechnology Information, National Library of Medicine, ftp://ftp.ncbi.nih.gov/genbank/gbrel.txt.
3. "DNA Sequencing – The History of DNA Sequencing", 2 de janeiro de 2012, http://www.dnasequencing.org/history-of-dna.
4. "Cooper's Law", ArrayComm, http://www.arraycomm.com/technology/coopers-law.
5. "The Zettabyte Era", Cisco, http://www.cisco.com/en/US/solutions/collateral/ns341/ns525/ns537/ns705/ns827/VNI_Hyperconnectivity_WP.html, e "Number of Internet Hosts", Internet Systems Consortium, http://www.isc.org/solutions/survey/history.
6. TeleGeography © PriMetrica, Inc., 2012.
7. Dave Kristula, "The History of the Internet" (março de 1997, atualizado em agosto de 2001), http://www.davesite.com/webstation/net-history.shtml; Robert Zakon, "Hobbes' Internet Timeline v8.0", http:/www.zakon.org/robert/internet/timeline; Quest Communications, 8-K for 9/13/1998 EX-99.1; *Converge! Network Digest*, 5 de dezembro de 2002, http://www.convergedigest.com/Daily/daily.asp?vn=v9n229&fecha=

December%2005,%202002; Jim Duffy, "AT&T Plans Backbone Upgrade to 40G", *Computerworld*, 7 de junho de 2006, http://www.computerworld.com/action/article.do?command=viewArticleBasic&articleId=9001032; "40G: The Fastest Connection You Can Get?" InternetNews.com, 2 de novembro de 2007, http://www.internetnews.com/infra/article.php/3708936; "Verizon First Global Service Provider to Deploy 100G on U. S. Long-Haul Network", news release, Verizon, http://newscenter.verizon.com/press-releases/verizon/2011/verizon-first-global-service.html.

8. Facebook, "Key Facts", http://newsroom.fb.com/content/default.aspx?NewsAreaId=22.
9. http://www.kurzweilai.net/how-my-predictions-are-faring.
10. Cálculos por segundo por US$ 1.000,00

Ano	Cálculos por segundo por US$ 1.000,00	Máquina	Logaritmo natural (calcs/s/$k)
1900	5.82E−06	Máquina Analítica	−12.05404
1908	1.30E−04	Hollerith Tabulator	−8.948746
1911	5.79E−05	Monroe Calculator	−9.757311
1919	1.06E−03	IBM Tabulator	−6.84572
1928	6.99E−04	National Ellis 3000	−7.265431
1939	8.55E−03	Zuse 2	−4.762175
1940	1.43E−02	Bell Calculator Model 1	−4.246797
1941	4.63E−02	Zuse 3	−3.072613
1943	5.31E+00	Colossus	1.6692151
1946	7.98E−01	ENIAC	−0.225521
1948	3.70E−01	IBM SSEC	−0.994793
1949	1.84E+00	BINAC	0.6081338
1949	1.04E+00	EDSAC	0.0430595
1951	1.43E+00	Univac 1	0.3576744
1953	6.10E+00	Univac 1103	1.8089443
1953	1.19E+01	IBM 701	2.4748563
1954	3.67E−01	EDVAC	−1.002666
1955	1.65E+01	Whirlwind	2.8003255
1955	3.44E+00	IBM 704	1.2348899

Ano	Cálculos por segundo por US$ 1.000,00	Máquina	Logaritmo natural (calcs/s/$k)
1958	3.26E–01	Datamatic 1000	–1.121779
1958	9.14E–01	Univac II	–0.089487
1960	1.51E+00	IBM 1620	0.4147552
1960	1.52E+02	DEC PDP-1	5.0205856
1961	2.83E+02	DEC PDP-4	5.6436786
1962	2.94E+01	Univac III	3.3820146
1964	1.59E+02	CDC 6600	5.0663853
1965	4.83E+02	IBM 1130	6.1791882
1965	1.79E+03	DEC PDP-8	7.4910876
1966	4.97E+01	IBM 360 Model 75	3.9064073
1968	2.14E+02	DEC PDP-10	5.3641051
1973	7.29E+02	Intellec-8	6.5911249
1973	3.40E+03	Data General Nova	8.1318248
1975	1.06E+04	Altair 8800	9.2667207
1976	7.77E+02	DEC PDP-II Model 70	6.6554404
1977	3.72E+03	Cray 1	8.2214789
1977	2.69E+04	Apple II	10.198766
1979	1.11E+03	DEC VAX 11 Modl 780	7.0157124
1980	5.62E+03	Sun-1	8.6342649
1982	1.27E+05	IBM PC	11.748788
1982	1.27E+05	Compaq Portable	11.748788
1983	8.63E+04	IBM AT-80286	11.365353
1984	8.50E+04	Apple Macintosh	11.350759
1986	5.38E+05	Compaq Deskpro 86	13.195986
1987	2.33E+05	Apple Mac II	12.357076
1993	3.55E+06	Pentium PC	15.082176
1996	4.81E+07	Pentium PC	17.688377
1998	1.33E+08	Pentium II PC	18.708113
1999	7.03E+08	Pentium III PC	20.370867
2000	1.09E+08	IBM ASCI White	18.506858
2000	3.40E+08	Power Macintosh G4/500	19.644456
2003	2.07E+09	Power Macintosh G5 2.0	21.450814
2004	3.49E+09	Dell Dimension 8400	21.973168

Ano	Cálculos por segundo por US$ 1.000,00	Máquina	Logaritmo natural (calcs/s/$k)
2005	6.36E+09	Power Mac G5 Quad	22.573294
2008	3.50E+10	Dell XPS 630	24.278614
2008	2.07E+10	Mac Pro	23.7534
2009	1.63E+10	Intel Core i7 Desktop	23.514431
2010	5.32E+10	Intel Core i7 Desktop	24.697324

11. Top 500 Supercomputer Sites, http://top500.org/.
12. "Microprocessor Quick Reference Guide", Intel Research, http://www.intel.com/pressroom/kits/quickreffam.htm.
13. 1971-2000: VLSI Research Inc.

    2001-2006: *The International Technology Roadmap for Semiconductors*, atualização de 2002 e atualização de 2004, Tabela 7a, "Cost – Near-term Years", "DRAM cost/bit at (packaged microcents) at production."

    2007-2008: *The International Technology Roadmap for Semiconductors*, 2007, Tabelas 7a e 7b, "Cost – Near-term Years", "Cost – Long-term Years", http://www.itrs.net/Links/2007ITRS/ExecSum2007.pdf.

    2009-2022: *The International Technology Roadmap for Semiconductors*, 2009, Tabelas 7a e 7b, "Cost – Near-term Years", "Cost – Long-term Years", http://www.itrs.net/Links/ 2009ITRS/Home2009.htm.
14. Para tornar comparáveis todos os valores em dólar, os preços dos computadores em todos os anos foram convertidos a seu equivalente em dólares de 2000 usando os dados do Federal Reserve Board's CPI em http://minneapolisfed.org/research/data/us/calc/. Por exemplo, US$ 1 milhão em 1960 equivalem a US$ 5,8 milhões em 2000, e US$ 1 milhão em 2004 equivalem a US$ 0,91 milhão em 2000.

    1949: http://www.cl.cam.ac.uk/UoCCL/misc/EDSAC99/statistics.html, http://www.davros.org/misc/chronology.html.

    1951: Richard E. Matick, *Computer Storage Systems and Technology* (Nova York: John Wiley & Sons, 1977); http://inventors.about.com/library/weekly/aa062398.htm.

    1955: Matick, *Computer Storage Systems and Technology*; OECD, 1968, http://members.iinet.net.au/~dgreen/timeline.html.

1960: ftp://rtfm.mit.edu/pub/usenet/alt.sys.pdp8/PDP-8_Frequently_Asked_Questions_%28posted_every_other_month%29; http://www.dbit.com/~greeng3/pdp1/pdp1.html #INTRODUCTION.

1962: ftp://rtfm.mit.edu/pub/usenet/alt.sys.pdp8/PDP-8_Frequently_Asked_Questions_%28posted_every_other_month%29.

1964: Matick, *Computer Storage Systems and Technology*; http://www.research.microsoft.com/users/gbell/craytalk; http://www.ddj.com/documents/s=1493/ddj0005hc/.

1965: Matick, *Computer Storage Systems and Technology*; http://www.fourmilab.ch/documents/univac/config1108.html; http://www.frobenius.com/univac.htm.

1968: Data General.

1969, 1970: http://www.eetimes.com/special/special_issues/millennium/milestones/whittier.html.

1974: Scientific Electronic Biological Computer Consulting (SCELBI).

1975-1996: anúncios na revista *Byte*.

1997-2000: anúncios na revista *PC Computing*.

2001: www.pricewatch.com (http://www.jc-news.com/parse.cgi?news/pricewatch/raw/pw-010702).

2002: www.pricewatch.com (http://www.jc-news.com/parse.cgi?news/pricewatch/raw/pw-020624).

2003: http://sharkyextreme.com/guides/WMPG/article.php/10706_2227191_2.

2004: http://www.pricewatch.com (17/11/04).

2008: http://www.pricewatch.com (02/10/08) (US$ 16,61).

15. Dataquest/Intel e Pathfinder Research:

Ano	US$	Log ($)
1968	1.00000000	0
1969	0.85000000	−0.16252
1970	0.60000000	−0.51083
1971	0.30000000	−1.20397
1972	0.15000000	−1.89712
1973	0.10000000	−2.30259
1974	0.07000000	−2.65926
1975	0.02800000	−3.57555

Ano	US$	Log ($)
1976	0.01500000	−4.19971
1977	0.00800000	−4.82831
1978	0.00500000	−5.29832
1979	0.00020000	−6.21461
1980	0.00130000	−6.64539
1981	0.00082000	−7.10621
1982	0.00040000	−7.82405
1983	0.00032000	−8.04719
1984	0.00032000	−8.04719
1985	0.00015000	−8.80488
1986	0.00009000	−9.31570
1987	0.00008100	−9.42106
1988	0.00006000	−9.72117
1989	0.00003500	−10.2602
1990	0.00002000	−10.8198
1991	0.00001700	−10.9823
1992	0.00001000	−11.5129
1993	0.00000900	−11.6183
1994	0.00000800	−11.7361
1995	0.00000700	−11.8696
1996	0.00000500	−12.2061
1997	0.00000300	−12.7169
1998	0.00000140	−13.4790
1999	0.00000095	−13.8668
2000	0.00000080	−14.0387
2001	0.00000035	−14.8653
2002	0.00000026	−15.1626
2003	0.00000017	−15.5875
2004	0.00000012	−15.9358
2005	0.000000081	−16.3288
2006	0.000000063	−16.5801
2007	0.000000024	−17.5452
2008	0.000000016	−17.9507

16. Steve Cullen, In-Stat, setembro de 2008, www.instat.com.

Ano	Mbits	Bits
1971	921.6	9.216E+08
1972	3788.8	3.789E+09
1973	8294.4	8.294E+09
1974	19865.6	1.987E+10
1975	42700.8	4.270E+10
1976	130662.4	1.307E+11
1977	276070.4	2.761E+11
1978	663859.2	6.639E+11
1979	1438720.0	1.439E+12
1980	3172761.6	3.173E+12
1981	4512665.6	4.513E+12
1982	11520409.6	1.152E+13
1983	29648486.4	2.965E+13
1984	68418764.8	6.842E+13
1985	87518412.8	8.752E+13
1986	192407142.4	1.924E+14
1987	255608422.4	2.556E+14
1988	429404979.2	4.294E+14
1989	631957094.4	6.320E+14
1990	950593126.4	9.506E+14
1991	1546590618	1.547E+15
1992	2845638656	2.846E+15
1993	4177959322	4.178E+15
1994	7510805709	7.511E+15
1995	13010599936	1.301E+16
1996	23359078007	2.336E+16
1997	45653879161	4.565E+16
1998	85176878105	8.518E+16
1999	1.47327E+11	1.473E+17
2000	2.63636E+11	2.636E+17

Ano	Mbits	Bits
2001	4.19672E+11	4.197E+17
2002	5.90009E+11	5.900E+17
2003	8.23015E+11	8.230E+17
2004	1.32133E+12	1.321E+18
2005	1.9946E+12	1.995E+18
2006	2.94507E+12	2.945E+18
2007	5.62814E+12	5.628E+18

17. "Historical Notes about the Cost of Hard Drive Storage Space", http://www.littletechshoppe.com/ns1625/winchest.html; anúncios na revista *Byte*, 1977-1998; anúncios na revista *PC Computing*, 3/1999; *Understanding Computers: Memory and Storage* (Nova York: Time Life, 1990); http://www.cedmagic.com/history/ibm-305-ramac.html; John C. McCallum, "Disk Drive Prices (1955-2012)", http://www.jcmit.com/diskprice.htm; IBM, "Frequently Asked Questions", http://www-03.ibm.com/ibm/history/documents/pdf/faq.pdf; IBM, "IBM 355 Disk Storage Unit", http://www-03.ibm.com/ibm/history/exhibits/storage/storage_355.html; IBM, "IBM 3380 Direct Access Storage Device", http://www.03-ibm.com/ibm/history/exhibits/storage/storage_3380.html.
18. "Without Driver or Map, Vans Go from Italy to China", *Sydney Morning Herald*, 29 de outubro de 2010, http://www.smh.com.au/technology/technology-news/without-driver-or-map-vans-go-from-italy-to-china-20101029-176ja.html.
19. KurzweilAI.net.
20. Adaptado sob permissão de Amiram Grinvald e Rina Hildesheim, "VSDI: A New Era in Functional Imaging of Cortical Dynamics", *Nature Reviews Neuroscience* 5 (novembro de 2004): 874-85.

As principais ferramentas para mapeamento do cérebro estão apresentadas neste diagrama. Suas capacidades são indicadas pelos retângulos sombreados.

A resolução espacial refere-se à menor dimensão que pode ser medida com uma técnica. A resolução temporal é o tempo ou duração da tomada de imagem. Há vantagens e desvantagens em cada técnica. Por exemplo, o EEG (eletroencefalograma), que mede "ondas cerebrais" (sinais elétricos dos neurônios), pode medir ondas cerebrais muito rápidas (que ocorrem em breves intervalos de tempo), mas só podem captar sinais próximos da superfície do cérebro.

Em contraste, a IRMf (imagem por ressonância magnética funcional), que usa uma máquina especial de IRM para medir o fluxo sanguíneo aos neurônios (indicando atividade neuronal), pode atingir uma profundidade bem maior no cérebro (e na coluna vertebral) e com resolução maior, chegando a dezenas de mícrons (milionésimos de metro). No entanto, a IRMf opera muito lentamente em comparação com o EEG.

Estas são técnicas não invasivas (que não exigem cirurgia ou remédios). O MEG (magnetoencefalograma) é outra técnica não invasiva. Ele detecta campos magnéticos gerados pelos neurônios. O MEG e a EEG podem indicar eventos com uma resolução temporal de 1 milissegundo, mas são melhores do que a IRMf, que, na melhor hipótese, pode indicar eventos com uma resolução de várias centenas de milissegundos. O MEG também localiza com precisão fontes nas áreas primárias da audição, somatossensorial e motora.

O mapeamento óptico cobre quase toda a gama de resoluções espaciais e temporais, mas é invasivo. Os VSDI (sigla em inglês para corantes sensíveis a voltagem) são o método mais sensível de medição da atividade cerebral, mas limitam-se a medidas próximas da superfície do córtex dos animais.

O córtex exposto é coberto por uma câmara selada e transparente; depois de ser tingido com um corante sensível à voltagem apropriada, ele é iluminado por luzes e uma sequência de imagens é tirada com uma câmera de alta velocidade. Outras técnicas ópticas usadas no laboratório incluem imagens iônicas (tipicamente íons de cálcio ou de sódio) e sistemas de mapeamento fluorescente (imagens confocais e imagens multifotônicas).

Outras técnicas de laboratório incluem o PET (sigla em inglês para tomografia por emissão de pósitrons, uma técnica de mapeamento da medicina nuclear que produz uma imagem em 3D), 2-DG (histologia pós-morte por 2-deoxiglucose, ou análise de tecidos), lesões (envolve danos aos neurônios num animal, observando-se os efeitos), grampeamento de membrana (para medir correntes iônicas através das membranas biológicas) e microscopia eletrônica (usando um feixe de elétrons para examinar tecidos ou células numa escala muito fina). Essas técnicas também podem ser integradas com mapeamento óptico.

21. Resolução espacial da IRM em mícrons (µm), 1980-2012:

Ano	Resolução em mícrons	Citação	URL
2012	125	"Characterization of Cerebral White Matter Properties Using Quantitative Magnetic Resonance Imaging Stains"	http://dx.doi.org/10.1089/brain.2011.0071
2010	200	"Study of Brain Anatomy with High-Field MRI: Recent Progress"	http://dx.doi.org/10.1016/j.mri.2010.02.007
2010	250	"High-Resolution Phased-Array MRI of the Human Brain at 7 Tesla: Initial Experience in Multiple Sclerosis Patients"	http://dx.doi.org/101111/j.1552-6569.2008.00338.x
1994	1.000	"Mapping Human Brain Activity in Vivo"	http://www.ncbi.nlm.nih.gov/pmc/articles/PMC1011409/
1989	1.700	"Neuroimaging in Patients with Seizures of Probable Frontal Lobe Origin"	http://dx.doi.org/10.1111/j.1528-1157.1989.tb05470.x
1985	1.700	"A Study of the Septum Pellucidum and Corpus Callosum in Schizophrenia with RM Imaging"	http://dx.doi.org/10.1111/j.1600-0447.1985.tb02634.x
1983	1.700	"Clinical Efficiency of Nuclear Magnetic Resonance Imaging"	http://radiology.rsna.org/content/146/1/123.short
1980	5.000	"In Vivo NMR Imaging in Medicine: The Aberdeen Approach, Both Physical and Biological [and Discussion]"	http://dx.doi.org/10.1098/rsth.1980.0071

22. Resolução espacial em nanômetros (nm) de técnicas destrutivas de mapeamento, 1983-2011:

Ano	res x-y (nm)	Citação	URL	Técnica	Notas
2011	4	"Focused Ion Beam Milling and Scanning Electron Microscopy of Brain Tissue"	http://dx.doi.org/10.3791/2588	Microscópio eletrônico de varredura por feixe de íons focalizados (FIB/SEM)	
2011	4	"Volume Electron Microscopy for Neuronal Circuit Reconstruction"	http://dx.doi.org/10.1016/j.conb.2011.10.022	Microscópio eletrônico de varredura (SEM)	
2011	4	"Volume Electron Microscopy for Neuronal Circuit Reconstruction"	http://dx.doi.org/10.1016/j.conb.2011.10.022	Microscópio eletrônico de transmissão (TEM)	
2004	13		http://dx.doi.org/10.1371/journal.pbio.0020329	Microscópio eletrônico de varredura serial *block-face* (SBF-SEM)	Resultado citado em http://faculty.cs.tamu.edu/choe/ftp/publications/choe.hpc08-preprint.pdf, apresentado por Yoonsuck Choe.

Ano	res x-y (nm)	Citação	URL	Técnica	Notas
2004	20	"Wet SEM: A Novel Method for Rapid Diagnosis of Brain Tumors"	http://dx.doi.org/10.1080/01913120490515603	Microscópio eletrônico de varredura "úmida" (SEM úmido)	
1998	100	"A Depolarizing Chloride Current Contributes to Chemoelectrical Transduction in Olfactory Sensory Neurons in Situ"	http://www.jneurosci.org/content/18/17/6623.full	Microscópio eletrônico de varredura por transmissão (STEM)	
1994	2000	"Enhanced Optical Imaging of Rat Gliomas and Tumor Margins"	http://journals.lww.com/neurosurgery/Abstract/1994/11000/Enhanced_Optical_Imaging_of_Rat_Gliomas_and_Tumor.19.aspx	Imagem óptica realçada	Com resolução espacial das imagens ópticas inferior a 20 mícrons 2/pixel (22).
1983	3000	"3D Imaging of X-Ray Microscopy"	http://www.scipress.org/e-library/sof2/pdf/0105.pdf	Projeção microscópica	Ver a fig. 7 no artigo

23. Resolução espacial em mícrons (μm) de técnicas de mapeamento não destrutivo em animais, 1985-2012:

Ano	Descoberta	
2012	Resolução	0.07
	Citação	Sebastian Berning at el., "Nanoscopy in a Living Mouse Brain". *Science* 335, n. 6068 (3 de fevereiro de 2012): 551.
	URL	http://dx.doi.org/10.1126/science.1215369
	Técnica	Nanoscopia fluorescente por exaustão de emissão estimulada (STED)
	Nota:	Maior resolução adquirida *in vivo* até agora
2012	Resolução	0.25
	Citação	Sebastian Berning at el., "Nanoscopy in a Living Mouse Brain". *Science* 335, n. 6068 (3 de fevereiro de 2012): 551.
	URL	http://dx.doi.org/10.1126/science.1215369
	Técnica	Microscopia confocal e multifotônica
2004	Resolução	50
	Citação	Amiram Grinvald e Rina Hildesheim, "VSDI: A New Era in Functional Imaging of Cortical Dynamics", *Nature Reviews Neuroscience* 5 (novembro 2004): 874-85.
	URL	http://dx.doi.org/10.1038/nrn1536
	Técnica	Mapeamento baseado em corantes sensíveis à voltagem (VSDI)
	Notas	"VSDI proporcionou mapas em alta resolução, que correspondem a colunas corticais onde ocorrem picos, e oferece uma resolução espacial melhor do que 50 μm."
1996	Resolução	50
	Citação	Dov Malonek e Amiram Grinvald, "Interactions between Electrical Activity and Cortical Microcirculation Revealed by Imaging Spectroscopy: Implications for Functional Brain Mapping", *Science* 272, n. 5261 (26 de abril de 1996): 551-54.
	URL	http://dx.doi.org/10.1126/science.272.5261.551

Ano	Descoberta	
	Técnica	Espectroscopia por imageamento
	Notas	"O estudo das relações espaciais entre cada coluna cortical numa área específica do cérebro tornou-se viável com imageamento óptico com base em sinais intrínsecos, com uma resolução espacial de cerca de 50 µm."
1995	Resolução	50
	Citação	D. H. Turnbull et al., "Ultrasound Backscatter Microscope Analysis of Early Mouse Embryonic Brain Development", *Proceedings of the National Academy of Sciences* 92, n. 6 (14 de março de 1995): 2239-43.
	URL	http://www.pnas.org/content/92/6/2239.short
	Técnica	Microscópio por ultrassom retroespalhado
	Notas	"Demonstramos a aplicação de um método de imageamento em tempo real, chamado microscópio por ultrassom retroespalhado, para a visualização de tubos neurais e corações de embriões precoces de camundongos. Esse método foi usado para estudar embriões vivos no útero entre 9,5 e 11,5 dias de embriogênese, com resolução espacial próxima a 50 µm."
1985	Resolução	500
	Citação	H. S. Orbach, L. B. Cohen e A. Grinvald, "Optical Mapping of Electrical Activity in Rat Somatosensory and Visual Cortex", *Journal of Neuroscience* 5, n. 7 (1º de julho de 1985): 1886-95.
	URL	http://www.jneurosci.org/content/5/7/1886.short
	Técnica	Métodos ópticos

Capítulo 11: Objeções

1. Paul G. Allen e Mark Greaves, "Paul Allen: The Singularity Isn't Near", *Technology Review*, 12 de outubro de 2011, http://www.technologyreview.com/blog/guest/27206/.
2. ITRS, "International Technology Roadmap for Semiconductors", http://www.itrs.net/Links/2011ITRS/Home2011.htm.

3. Ray Kurzweil, *The singularity is near* (Nova York: Viking, 2005), capítulo 2.
4. A nota 2 de Allen e Greaves, "The Singularity Isn't Near", diz o seguinte: "Estamos começando a nos aproximar do poder de computação de que poderíamos precisar para apoiar esse tipo de simulação cerebral maciça. Computadores da classe petaflop (tal como o BlueGene/P da IBM, usado no sistema do Watson) estão disponíveis comercialmente agora.

   Computadores da classe exaflop já estão na prancheta. Esses sistemas poderiam produzir a capacidade computacional bruta necessária para simular os padrões de disparo de todos os neurônios de um cérebro, embora hoje isso aconteça muitas vezes mais lentamente do que aconteceria num cérebro real".
5. Kurzweil, *The singularity is near*, capítulo 9, seção intitulada "The Criticism from Software" (pp. 435-42).
6. Ibid., capítulo 9.
7. Embora não seja possível determinar com precisão o conteúdo de informações do genoma, em função dos pares de bases repetidos, ele é claramente muito menor do que os dados totais não comprimidos. Eis duas abordagens para estimar o conteúdo comprimido de informação do genoma, ambas demonstrando que uma faixa de 30 a 100 milhões de bytes é conservadoramente alta.

   1. Em termos de dados não comprimidos, há 3 bilhões de degraus de DNA no código genético humano, cada um codificando 2 bits (pois há quatro possibilidades para cada par de bases de DNA). Logo, o genoma humano tem cerca de 800 milhões de bytes não comprimidos. O DNA não codificante era chamado antes de "DNA lixo", mas hoje fica claro que ele tem um papel importante na expressão genética. Contudo, ele tem uma codificação pouco eficiente: há redundâncias maciças (por exemplo, a sequência chamada "ALU" repete-se centenas de milhares de vezes), algo de que os algoritmos de compressão podem tirar proveito.

   Com a recente explosão de bancos de dados genéticos, há muito interesse na compressão de dados genéticos. Trabalhos recentes sobre a aplicação de compressão de dados-padrão a dados genéticos indicam que é viável reduzir os dados em 90% (para uma compressão perfeita de bits). Hisahiko Sato et al., "DNA Data Compression in the

Post Genome Era", *Genome Informatics* 12 (2001): 512-14, http://www.jsbi.org/journal/GIW01/GIW01P130.pdf.

Logo, podemos comprimir o genoma para uns 80 milhões de bytes sem perda de informações (o que significa que podemos reconstruir perfeitamente o genoma não comprimido com todos os seus 800 milhões de bytes).

Agora, pense que mais de 98% do genoma não codifica proteínas. Mesmo depois de uma compressão de dados-padrão (que elimina redundâncias e usa a consulta a dicionários para as sequências comuns), o conteúdo algorítmico das regiões não codificadas parece ser muito baixo, o que significa que é provável que possamos codificar um algoritmo que realizaria a mesma função com menos bits. Entretanto, como ainda estamos no início do processo de engenharia reversa do genoma, não podemos fazer uma estimativa confiável sobre essa redução adicional com base num algoritmo funcionalmente equivalente. Portanto, estou usando uma faixa de 30 a 100 milhões de bytes de informação comprimida no genoma. A parte superior dessa faixa presume apenas a compressão de dados e nenhuma simplificação do algoritmo. Apenas uma porção (embora seja a maior) dessa informação caracteriza o projeto do cérebro.

2. Outra linha de raciocínio é a seguinte. Apesar de o genoma humano conter cerca de 3 bilhões de bases, só uma pequena porcentagem, como mencionado acima, codifica proteínas. Pelas estimativas atuais, há 26 mil genes codificando proteínas. Se presumirmos que esses genes têm, em média, 3 mil bases de dados úteis, isso totaliza apenas 78 milhões de bases. Uma base de DNA exige apenas 2 bits, o que se traduz em cerca de 20 milhões de bytes (78 milhões de bases dividido por quatro). Na sequência de codificação de proteínas de um gene, cada "palavra" (códon) de três bases de DNA se traduz num aminoácido. Há, portanto, 4^3 (64) códigos de códons possíveis, cada um consistindo em três bases de DNA. Há, porém, apenas 20 aminoácidos em ação, mais um códon de parada (sem aminoácido) entre os 64. O resto dos 43 códigos é usado como sinônimo dos 21 úteis. Embora sejam necessários 6 bits para codificar as 64 combinações possíveis, só 4,4 ($\log_2 21$) bits são necessários para codificar 21 possibilidades, uma economia de 1,6 em 6 bits (cerca de 27%), o que nos deixa cerca de 15 milhões de bytes. Além disso, é viável aqui um pouco de compressão-padrão com base em sequências repetidas, apesar

de ser possível muito menos compressão nessa porção codificadora de proteínas do DNA do que no chamado DNA lixo, que tem redundâncias maciças. Logo, isso deve deixar o número abaixo de 12 milhões de bytes. Todavia, agora temos de acrescentar informações para a porção não codificada do DNA que controla a expressão genética. Apesar de essa porção do DNA formar a maior parte do genoma, ela parece ter um nível mais baixo de conteúdo de informações, e está repleta de redundâncias. Estimando que se iguale ao número aproximado de 12 milhões de bytes de DNA codificador de proteínas, chegamos novamente a cerca de 24 milhões de bytes. Segundo essa perspectiva, a estimativa de 30 a 100 milhões de bytes é conservadoramente alta.

8. Dharmendra S. Modha et al., "Cognitive Computing", *Communications of the ACM* 54, n. 8 (2011): 62-71, http://cacm.acm.org/magazines/2011/8/114944-cognitive-computing/fulltext.
9. Kurzweil, *The singularity is near*, capítulo 9, seção intitulada "The Criticism from Ontology: Can a Computer Be Conscious?" (pp. 458-69).
10. Michael Denton, "Organism and Machine: The Flawed Analogy", in *Are We Spiritual Machines? Ray Kurzweil vs. the Critics of Strong AI* (Seattle: Discovery Institute, 2002).
11. Hans Moravec, *Mind Children* (Cambridge, MA: Harvard University Press, 1988).

Epílogo

1. "In U. S., Optimism about Future for Youth Reaches All-Time Low", *Gallup Politics*, 2 de maio de 2011, http://www.gallup.com/poll/147350/optimism-future-youth-reaches-time-low.aspx.
2. James C. Riley, *Rising Life Expectancy: A Global History* (Cambridge: Cambridge University Press, 2001).
3. J. Bradford DeLong, "Estimating World GDP, One Million b.C.–Present", 24 de maio de 1998, http://econ161.berkeley.edu/TCEH/1998_Draft/World_GDP/Estimating_World_ GDP.html, e http://futurist.typepad.com/my_weblog/2007/07/economic-growth.html. Ver também Peter H. Diamandis e Steven Kotler, *Abundance: The Future Is Better Than You Think* (Nova York: Free Press, 2012). [*Abundância: o futuro é melhor do que você imagina*. São Paulo: HSM, 2012.]
4. Martine Rothblatt, *Transgender to Transhuman* (edição privada, 2011). Ela explica como uma trajetória similarmente rápida de aceitação deve

ocorrer para os "trans-humanos", por exemplo, mentes não biológicas, mas convincentemente conscientes, conforme discutido no capítulo 9.

5. O trecho a seguir de *The singularity is near*, capítulo 3 (pp. 133-35), de Ray Kurzweil (Nova York: Viking, 2005), discute os limites da computação com base nas leis da física:

Os limites extremos dos computadores são profundamente elevados. Com base no trabalho do professor Hans Bremermann da Universidade da Califórnia em Berkeley e do teórico da nanotecnologia Robert Freitas, Seth Lloyd, professor do MIT, estimou a capacidade máxima de computação, de acordo com as leis conhecidas da física, de um computador pesando um quilo e ocupando um volume de um litro – mais ou menos o peso e o tamanho de um pequeno laptop – que ele chamou de "o laptop supremo".

[Nota: Seth Lloyd, "Ultimate Physical Limits to Computation", *Nature* 406 (2000): 1.047-54.

[Um dos primeiros trabalhos sobre os limites da computação foi escrito por Hans J. Bremermann em 1962: Hans J. Bremermann, "Optimization Through Evolution and Recombination", *in* M. C. Yovits, C. T. Jacobi, C. D. Goldstein, orgs., *Self-Organizing Systems* (Washington, D.C.: Spartan Books, 1962), pp. 93-106.

[Em 1984, Robert A. Freitas Jr. tomou por base o trabalho de Bremermann em seu "Xenopsychology", Robert A. Freitas Jr., *Analog* 104 (abril de 1984): 41-53, http://www.rfreitas.com/Astro/Xenopsychology.htm#SentienceQuotient.]

A quantidade potencial de computação aumenta com a energia disponível. Podemos compreender o vínculo entre energia e capacidade computacional conforme segue. A energia de uma quantidade de matéria é a energia associada com cada átomo (e partícula subatômica). Assim, quanto mais átomos, mais energia. Como dito antes, cada átomo tem o potencial para ser usado na computação. Assim, quanto mais átomos, mais computação. A energia de cada átomo ou partícula aumenta com a frequência de seu movimento: quanto mais movimento, mais energia. A mesma relação existe para o potencial de computação: quanto maior a frequência do movimento, mais computação cada componente (que pode ser um átomo) pode realizar. (Vemos isso nos chips atuais: quanto maior a frequência do chip, maior a velocidade de computação.)

Assim, existe uma relação direta e proporcional entre a energia de um objeto e seu potencial para realizar computação. A energia potencial num quilo de matéria é muito grande, como sabemos em função da equação de Einstein $E = mc^2$. A velocidade da luz ao quadrado é um número bem grande: aproximadamente 10^{17} metros^2/segundo^2. O potencial de computação da matéria também é governado por um número muito pequeno, a constante de Planck: $6,6 \times 10^{-34}$ joule-segundo (um joule é uma medida de energia). Essa é a menor escala à qual podemos aplicar a energia para computação. Obtemos o limite teórico para que um objeto compute, dividindo a energia total (a energia média de cada átomo ou partícula vezes o número dessas partículas) pela constante de Planck.

Lloyd mostra que a capacidade potencial de computação de um quilo de matéria é igual a pi vezes a energia dividido pela constante de Planck. Como a energia é um número muito grande e a constante de Planck é tão pequena, essa equação gera um número extremamente grande: cerca de 5×10^{50} operações por segundo.

[Nota: $\varpi \times$ energia máxima (10^{17} kg $\times$ metro^2/segundo^2) / ($6,6 \times 10^{-34}$ joule-segundo) = ~ 5×10^{50} operações/segundo.]

Se relacionarmos esse valor com a estimativa mais conservadora da capacidade do cérebro humano (10^{19} cps e 10^{10} humanos), ele representa o equivalente a cerca de 5 bilhões de trilhões de civilizações humanas.

[Nota: 5×10^{50} cps equivale a 5×10^{21} (5 bilhões de trilhões) de civilizações humanas (cada uma requerendo 10^{29} cps).]

Se usarmos o valor de 10^{16} cps que, creio, será suficiente para a emulação funcional da inteligência humana, o laptop supremo funcionaria com o equivalente ao poder cerebral de 5 trilhões de trilhões de civilizações humanas.

[Nota: Dez bilhões (10^{10}) de humanos a 10^{16} cps cada totalizam 102^6 cps para a civilização humana. Logo, 5×10^{50} cps equivalem a 5×10^{24} (5 trilhões de trilhões) de civilizações humanas.]

Esse laptop poderia realizar o equivalente a todo pensamento humano dos últimos 10 mil anos (ou seja, 10 bilhões de cérebros humanos operando durante 10 mil anos) em um décimo milésimo de nanossegundo.

[Nota: Essa estimativa adota a premissa conservadora de que tivemos 10 bilhões de humanos nos últimos 10 mil anos, o que obviamente não é o caso. O número de seres humanos tem aumentado gradualmente desde o passado, atingindo cerca de 6,1 bilhões em 2000. Um ano tem 3×10^7 segundos, e há 3×10^{11} segundos em 10 mil anos. Assim, usando a estimativa de 10^{26} cps para a civilização humana, o pensamento humano durante 10 mil anos certamente equivale a não mais do que 3×10^{37} cálculos. O laptop supremo realiza 5×10^{50} cálculos num segundo. Logo, para simular 10 mil anos de pensamentos de 10 bilhões de seres humanos, ele levaria cerca de 10^{-13} segundos, que é um décimo milésimo de nanossegundo.]

Mais uma vez, é preciso fazer algumas advertências. Converter toda a massa de nosso laptop de um quilo em energia é, basicamente, o que acontece numa explosão termonuclear. Naturalmente, não queremos que o laptop exploda, mas que mantenha sua dimensão de um litro. Isso vai exigir uma embalagem bastante caprichada, para dizer o mínimo. Analisando a entropia máxima de tal aparelho, Lloyd mostra que tal computador teria uma capacidade teórica de memória de 10^{31} bits. É difícil imaginar tecnologias que chegariam a atingir esse limite. Mas podemos imaginar prontamente tecnologias que chegam razoavelmente próximo dele. Como o projeto da Universidade de Oklahoma mostra, já demonstramos a capacidade de armazenar pelo menos 50 bits de informação por átomo (embora apenas num pequeno número de átomos, até agora). Armazenar 10^{27} bits de memória nos 10^{25} átomos de um quilo de matéria, portanto, pode ser viável com o tempo.

Mas, como muitas propriedades de cada átomo podem ser exploradas para o armazenamento de informações – como sua posição precisa, seu spin e o estado quântico de todas as suas partículas –, provavelmente podemos nos sair melhor do que 10^{27} bits. O neurocientista Anders Sandberg estima a capacidade total de armazenamento de um átomo de hidrogênio como sendo da ordem de 4 milhões de bits. Essas densidades ainda não foram demonstradas, porém, e por isso usaremos a estimativa mais conservadora.

[Nota: Anders Sandberg, "The Physics of the Information Processing Superobjects: Daily Life Among the Jupiter Brains", *Journal of Evolution and Technology* 5 (22 de dezembro de 1999), http://www.transhumanist.com/volume5/Brains2.pdf.]

Como discutido acima, 10^{42} cálculos por segundo podem ser atingidos sem se produzir calor significativo. Com o emprego pleno de técnicas de computação reversíveis, usando-se projetos que geram baixos níveis de erros e permitindo uma quantidade razoável de dissipação de energia, devemos chegar em algum ponto entre 10^{42} e 10^{50} cálculos por segundo.

O terreno de projeto entre esses dois limites é complexo. Examinar as questões técnicas que surgem quando passamos de 10^{42} para 10^{50} está além do escopo deste capítulo. Devemos lembrar, porém, que o modo como isso vai se dar não será começando pelo limite final de 10^{50} e recuando com base em diversas considerações práticas. Na verdade, a tecnologia vai continuar a avançar, sempre usando sua realização mais recente para progredir até o nível seguinte. Assim, quando chegarmos a uma civilização com 10^{42} cps (para cada quilo), os cientistas e os engenheiros dessa época vão usar sua inteligência não biológica essencialmente vasta para descobrir como chegar a 10^{43}, depois 10^{44} e assim por diante. Minha expectativa é que vamos nos aproximar muito dos limites supremos.

Mesmo com 10^{42} cps, um "computador portátil supremo" de um quilo seria capaz de realizar o equivalente a todo pensamento humano dos últimos 10 mil anos (presumindo-se 10 bilhões de cérebros humanos por 10 mil anos) em 10 microssegundos.

[Nota: Ver nota acima. 10^{42} cps é um fator de 10^{-8} vezes menos do que 10^{50} cps, e assim, um décimo milésimo de nanossegundo torna-se 10 microssegundos.]

Se examinarmos a tabela de Crescimento Exponencial da Computação (capítulo 2), veremos que se estima que essa quantidade de computação estará disponível por mil dólares em 2080.

• Índice remissivo •

Os números das páginas em *itálico* referem-se a gráficos e ilustrações.

aborto, 258
Abundância (Diamandis e Kotler), 334
Ackerman, Diane, 219
ACTH (adrenocorticotropina), 136
adrenalina, 136
Age of intelligent machines,
   The (Kurzweil), 16, 203, 308-9
Aiken, Howard, 231
aleatoriedade, determinismo e, 284
Alexander, Richard D., 271
algoritmos evolutivos (genéticos)
   (AGs), 182-89, 212
algoritmos inteligentes, 19
Allen, Paul, 220, 319-27
Allman, John M., 219
Alzheimer, Mal de, 131
amígdala, 96, *103*, 136, 138
amor, 148-52
   metas evolutivas e, 151
   módulos de identificação de
      padrões e, 151-52
   mudanças bioquímicas associadas
      a, 149-150
Anjos bons da nossa natureza, Os
   (Pinker), 334
aprendizado, 84-89, 154, 191, 328
   ambiente e, 151
   base neurológica do, 106
   condicionantes do, 89
   de padrões, 86-87, 118
   e a dificuldade de compreender
      mais de um nível conceitual de
      cada vez, 88-89
   em redes neurais, 166
   hebbiano, 106
   hierárquico, 201-2, 238, 240
   identificação simultânea com, 86
   identificação de padrões como
      unidade básica do, 107-8
   no neocórtex digital, 160-61, 214-15
   processamento simultâneo no,
      86, 181

aptidão, 141-43
área sensório-motora, *103*
áreas de associação cortical, 81
arganaz-da-montanha, 150
arganaz-das-pradarias, 150
armazenamento magnético de dados, crescimento do, *313*, 362n-64n
arranjo de portas programável em campo (FPGA), 110
associação auditiva, *103*
associação visual, *103*
átomos de carbono, estruturas de informação baseadas em, 14
Audience, Inc., 125-26
autoassociação, 82-84, 166, 212
autômatos celulares, 285-88
automóveis autodirigidos, 20, 195, 313, 328
axônios, 55, *62*, 63-64, 90, 91, 118, 129, 144, 186, 212
  como processadores digitais, 233

Babbage, Charles, 231-2
Bainbridge, David, 220
bases de conhecimento
  como ideias recursivamente ligadas, 15
  como intrinsecamente hierárquicas, 266
  crescimento exponencial das, 15
  do neocórtex digital, 217
  linguagem e, 15-16, 19-20
  profissional, 59-60
  sistemas de IA e, 16-17, 209-10, 296, 297
Bedny, Marina, 115
Bell System Technical Journal, 224
Berger, Theodore, 131
Berners-Lee, Tim, 211
Bierce, Ambrose, 89
BINAC, 231

Bing, 210
biologia, 57
  DNA como teoria unificadora da, 32
  engenharia reversa da, 17-18
biomedicina, LRA e, 302, *303*, 304
Blackmore, Susan, 257
Blade Runner (filme), 256
Blakeslee, Sandra, 98, 192
Bombe, 229
Bostrom, Nick, 162-4, 269
Boyden, Ed, 158
Bremermann, Hans, 378n
Brodsky, Joseph, 243
Burns, Eric A., 144
Butler, Samuel, 85, 244, 271, 299, 300
Byron, Ada, 232, 233

"CALO", projeto, 199
caminho auditivo, *125*
caminho sensorial tátil, 83, 122-27, *128*
caminho visual, *123*
campos de probabilidade, 265, 284
Carroll, Lewis, 139
casamento entre pessoas do mesmo sexo, 334
células, substituição das, 295, 296
células ganglionares, 123
Cem anos de solidão (García Márquez), 341n-43n
cerebelo, 20, *77*, 132-33
  estrutura uniforme do, 132
cérebro, evolução do, 14-15
cérebro humano
  complexidade do, 21-22, 222, 326
  computação analógica no, 328
  engenharia reversa do, *ver* cérebro humano, emulação por computador do; neocórtex digital
  estrutura do, *103*
  hemisférios do, *103*, 271-97
  implantes digitais no, 293

LRA aplicada ao, 313-15, *316*, 317
neocórtex digital como extensão do, 211, 330-31
predição pelo, 301
redundância do, 22
cérebro humano, emulação por computador do, 18, 20, 219-41, 327-28, 336-37
invariância e, 240
processamento paralelo na, 240
redundância na, 240
requisitos de memória da, 239-40
singularidade e, 237
teste de Turing e, 196-97, 207, 208, 218, 233, 259, 260, 281, 330, 358n
velocidade de processamento na, 238-39
von Neumann sobre, 233-38
ver também neocórtex digital
cérebro mamífero
neocórtex no, 104, 121, 345n
pensamento hierárquico como algo único do, 15, 54
cérebro novo, *ver* neocórtex
cérebro primitivo, 86, 96, 118, 121-38
caminho sensorial no, 122-27
neocórtex como modulador do, 121-22, 134, 137
Chalmers, David, 245-7, 264, 290
"chatbots", 198
chimpanzés
linguagem e, 16, 61
uso de ferramentas por, 61
chips neuromórficos, 237, 239
chips SyNAPSE, 237, 239
Chomsky, Noam, 78, 195
Church, Alonzo, 227
Church-Turing, tese de, 227-8
ciência
baseada em medições objetivas, 256
especialização na, 146
circuitos integrados, *112*, 321

circuitos neurais, inconfiabilidade dos, 226
Cockburn, David, 259-60
cóclea, 125, *126*, 169, 172
codificação esparsa, 124-25, 169-75
Cold Spring Harbor Laboratory, 161
Colossus, 229, 230
colunas neocorticais, 55-56, 58, 118, 157
compatibilismo, 282
complexidade, 241, 281
do cérebro humano, 21-22, 222, 326
modelagem e, 57
verdadeira *vs.* aparente, 24
comportamento animal, evolução do, 154
comportamento viciante, 135, 150
computação na nuvem, 147-48, 155-56, 296-97, 336
computação
pensamento comparado com, 43
quântica, 253-54, 328
relação preço/desempenho da, 17, 302, 309, *309*, 321, 362n-64n
universalidade da, 43, 222-23, 226, 230, 234, 252
Computador e o cérebro, O (von Neumann), 233
computador Z-3, 231
computadores
algoritmos inteligentes empregados por, 19
base de conhecimentos expandida por, 16, 307
cérebro emulado por, *ver* cérebro humano, emulação por computador do
confiabilidade da comunicação por, 223-26, 233
consciência e, 254-57, 259-61, 270
memória em, 226, *259*, *260*, 322, 362n-64n, 367n-68n

portas lógicas em, 226
ver também neocórtex digital
"Computing Machinery and
  Intelligence" (Turing), 233
comunicação, confiabilidade da,
comutação *crossbar*, 112
condicionantes, 89, 94, 189, 231, 232
"conectoma", 314
conexionismo, 167, 234
confabulação, 94-95, 263, 274-75,
  276, 277
conhecimento profissional, 60
conjunto de Mandelbrot, *23*, 24
consciência, 24, 243-54
  como algo não confirmável
    cientificamente, 250, 256, 275
  como construção espiritual, 269-70
  como construção filosófica, 245-54
  como experiência subjetiva, 256
  como meme, 257, 283
  computadores e, 254-57, 259-61,
    270, 281
  de formas de vida não humanas,
    259-60
  Descartes sobre, 268
  experimento mental de Kurzweil
    sobre, 255
  experimento mental do zumbi e, 246
  hemisférios cerebrais e, 273-77
  livre-arbítrio e, 281-83
  memória e, 45-46, 251, 263
  qualia e, 248-50, 256
  salto de fé, visão da, 254-55, 281
  sistemas morais e legais baseados
    na, 257-58
  visão panprotopsiquista da,
    247, 258
  visões dualistas da, 247-48
  visões orientais *vs.* ocidentais da,
    264-70
  Wittgenstein sobre, 267-68
consciência da anestesia, 251

construção de ferramentas, por
  humanos, 15, 44, 331, 335
conversa, IA e, 207
convicções, coragem das, 24, 38-39,
  143, 148
corpo caloso, 94, *103*, 273, 274
córtex auditivo, 20, *103*, *125*, 161
córtex cerebral, 20-21
  ver também neocórtex
córtex motor, 55, 116, *128*
córtex sensorial, *128*
córtex visual, 20, *103*, 111, 113, *123*, 236
  de pessoas cegas de nascença, 115
  estrutura hierárquica do, 113
  região V1, 111, 115, *123*, 128
  região V2 do, 111, 115, *123*
  região V5 (MT) do, 111, *123*
  simulação digital do, 161
cortisol, 136
Craig, Arthur, 128
crescimento exponencial, *ver* lei dos
  retornos acelerados
criatividade, 143-48
  e expansão do neocórtex, 147-48
Crick, Francis, 31-2
"crítica da incredulidade", 319-26
Curtiss, Susan, 272
Curto-Circuito (filme), 256
Cybernetics (Wiener), 146
Cyc, projeto, 200, 202

dados determinados *vs.* previsíveis,
  42, 287-88
Dalai Lama, 139
Dalrymple, David, 156, 350n
DARPA, 199, 201
Darwin, Charles, *30*
  experimentos mentais de, 28-30, 38
  influência de Lyell sobre, 28-29,
    144, 217
de Bode, Stella, 272

Deep Blue, 58, 204
DeMille, Cecil B., 143
dendritos, 62, 64, 90, 118, 186
   apicais, 140
   como processadores analógicos, 233-34
Dennett, Daniel, 250, 278, 282-3
Denton, Michael, 330
Descartes, René, 268, 289
determinismo, 280-81
   aleatoriedade e, 284
   livre-arbítrio e, 280-81, 282
Deus, conceito de, 270
Devil's Dictionary, The (Bierce), 89
Diamandis, Peter, 334
Diamond, Marian, 41
Dickinson, Emily, 13
Diógenes Laércio, 296
direitos civis, 334
DNA, 23
   codificação da informação no, 14, 32
   como teoria unificadora da biologia, 32
   comportamento animal codificado no, 154
   descoberta e descrição do, 31-32
   ver também genoma humano
dopamina, 134-35, 137, 149
Dostoiévski, Fiódor, 243
Dragon Dictation, 188
Dragon Go!, 199, 202
Dragon Naturally Speaking, 188
Drave, Scott, 185

$E = mc^2$, 37, 379n
Eckert, J. Presper, 230-1
EDSAC, 231
EDVAC, 229, 230-1
Einstein, Albert, 24, 41, 54, 95
   experimentos mentais de, 34-39, 144, 148

Electric Sheep, 185
Emerson, Ralph Waldo, 28
emoções
   como produtos tanto do cérebro primitivo como do neocórtex, 137-38
   nível superior, 139-40
energia, equivalente em massa da, 37-38
engenharia reversa
   de sistemas biológicos, 17
   do cérebro humano, *ver* cérebro humano, emulação por computador do; neocórtex digital
ENIAC, 220-231
EPAM (perceptor e memorizador elementar), 57
Era das máquinas espirituais, A (Kurzweil), 16, 308-9, 320
escrita, como sistema de duplicação de segurança, 156
especialistas, conhecimento central dos, 60
especialização, crescimento, 146
espectrogramas, 169, *170, 171*
estrogênio, 150
estruturas de informação, com base no carbono, 14
Eu, Robô (filme), 256
evento de extinção
   Cretáceo-Paleogeno, 106
evolução, 102-6
   codificação de informações e, 14
   como processo espiritual, 270
   de organismos simulados, 182-89
   do neocórtex, 54-55
   inteligência como meta da, 102-4, 333, 335
   LRA e, 16
   sobrevivência como meta da, 104, 134, 291

teoria de Darwin sobre, 28-31
ver também seleção natural
existencialismo, 267
experimento Michelson-Morley, 34, 55-56, 144
experimentos mentais, 144
　"quarto chinês", 209-10, 329-30
　de Darwin, 28-30, 38
　de Einstein, 34-39, 144, 148
　de Turing, 226-28, 230
　sobre a mente, 243-97
　sobre consciência de computadores, 246, 255-56
　sobre identidade, 291-97
　sobre o pensamento, 39, 41-51
êxtase religioso, 150
Exterminador do Futuro, O, filmes, 256

Far Side, The, 333
Feldman, Daniel E., 115
Felleman, Daniel J., 113
feniletilamina, 149
feto, cérebro do, 85
física das partículas, *ver* mecânica quântica
física, 56
　capacidade computacional e, 337, 378n-81n
　leis da, 56-57, 320
　modelo-padrão da, 14
　ver também mecânica quântica
fonemas, 83-84, 169, 171, 180-81, 187
Forest, Craig, 158
formantes, 169, *171*
fótons, 35-36
fractais, 22, 23-24, *23*
Franklin, Rosalind, *31*, 32
Freitas, Robert, 378n
Freud, Sigmund, 89, 96
Friston, K. J., 101

função de onda, colapso da, 265, 284
funções básicas, 132-33

García Márquez, Gabriel, 16, 341n-43n
Gazzaniga, Michael, 273-76, 283
Gene D2, 135
General Electric, 184
genoma humano, 17, 132, 304
　informação de projeto codificada no, 118, 182, 191, 325, 375n-77n
　redundância no, 325, 375n-77n
　sequenciamento do, LRA e, *303*, 304
　ver também DNA
George, Dileep, 62, 98, 192
gerenciadores especialistas, 205, 206
Ginet, Carl, 282
giro fusiforme, 114, 117, *123*, 142
glândula pituitária, *103*, 136
glândula suprarrenal, 136
Gödel, Kurt, 228
　teorema da incompletude de, 228, 252-53
Good, Irvin J., 337
Google, 336
carros autodirigidos do, 20, 195, 313, 328
Google Translate, 163
Google Voice Search, 97, 199
Greaves, Mark, 320-26
Grossman, Terry, 345n
Grötschel, Martin, 323
Guerra nas Estrelas, filmes 256
Guia do mochileiro das galáxias, O (Adams), 161

Hameroff, Stuart, 251, 253, 328
Hamlet (Shakespeare), 254
Harnad, Stevan, 319

Harry Potter e o Enigma do Príncipe (Rowling), 149
Harry Potter e o Prisioneiro de Azkaban (Rowling), 153
Hasson, Uri, 113
Havemann, Joel, 41
Hawkins, Jeff, 62, 98, 192
Hebb, Donald O., 106-7
hemisferectomia, 272
hipocampo, 86, 87, *103*, 130-31
Hobbes, Thomas, 334
Hock, Dee, 143
Horwitz, B., 101
Hubel, David H., 53
Human Connectome Project, 162
humanos
   capacidade de construção de ferramentas dos, 15, 44, 331, 335
   fusão da tecnologia inteligente com, 319-26, 330-31, 335-39
Hume, David, 283
humor, regulação do, 135

IBM, 19, 137, 161, 203-4, 206
   Cognitive Computing Group da, 237
ideias, associação recursiva de, 15
identidade, 23, 25, 290-97
   como continuidade de padrões, 296, 297
   experimentos mentais sobre, 291-97
identificação de padrões, 238
   aprendizado simultâneo com, 86-87
   baseada na experiência, 71-72, 118, 328
   combinação de listas na, 83-84
   como unidade básica do aprendizado, 107-8
   de conceitos abstratos, 80-82
   de imagens, 69
   distorções e, 47
   fluxo bidirecional da informação na, 73-74, 80, 92
   hierárquica, 50-51, 118, 171, 176
   invariância e, *ver* invariância na identificação de padrões
   movimento do olho e, 98
   no neocórtex, *ver* módulos de identificação de padrões
   redundância na, 59-60, 79, 83, 87, 226
implantes cocleares, 293
implantes neurais, 293, 295
incompatibilismo, 282, 284
incompletude, teorema de Gödel da, 228, 252
informação, codificação da
   evolução e, 14
   no DNA, 14, 32, 154
   no genoma humano, 118, 182, 191, 325, 375n-77n
Inglaterra, Batalha da, 229
inibidores seletivos da recaptação da serotonina, 136
Instituto Salk, 117
ínsula, 127, 128, *128*, 140
Intel, 321-22
inteligência, 13-14
   como capacidade de solução de problemas, 333
   como meta evolutiva, 102-4, 333, 335
   emocional, 141, 237, 246, 258
   evolução da, 216
Inteligência Artificial (filme), 256
inteligência artificial (IA), 20, 57, 71-72, 317, 336-37
   Allen sobre, 323-24
   bases de conhecimentos e, 16, 19-20, 209, 296, 297
   codificação esparsa na, 124-25
   como extensão do neocórtex, 211, 331
   conversação e, 207-8

jogo de xadrez e, 19, 58, 203-4, 207, 308
linguagem e processamento de fala na, 97, 120, 146-47, 154-55, 161, 169-75, 176-81, *180*, 184-85, 187-88, 193-211
medicina e, 19, 59, 137, 192, 198
métodos biológicos para, 327
onipresença da, 195
otimização da identificação de padrões em, 142
ver também neocórtex digital
inteligência moral, 246
International Dictionary of Psychology (Sutherland), 257
"International Technology Roadmap for Semiconductors", 321
Internet, crescimento exponencial da, *305, 306*
Interpretação dos sonhos, A (Freud), 89
intuição, natureza linear da, 319
invariância, na identificação de padrões, 47, 82-84, 166, 168, 169, 214
  e emulação do cérebro em computador, 240
  quantização vetorial e, 176
  representações unidimensionais de dados e, 176
inventores, senso de oportunidade e, 305, 306
Investigações filosóficas (Wittgenstein), 267
IRM (imagem por ressonância magnética), 162
  resolução espacial da, *315*, 317, 370n

James, William, 102, 127
Jeffers, Susan, 134
Jennings, Ken, 194, 195, 203

Jeopardy! (programa de TV), 19-20, 137, 194-95, 197, 203, 204, 205, 206, 207, 208, 211, 218, 280-81, 324
jogo, 135
Jornada nas Estrelas: A Nova Geração (programa de TV), 256
Joyce, James, 77
junção neuromuscular, *128*

K Computer, 239
Kasparov, Garry, 58-59, 204
Kodandaramaiah, Suhasa, 158
Koene, Randal, 117
Koltsov, Nikolai, 31
Kotler, Steven, 334
Kurzweil Applied Intelligence, 178
Kurzweil Computer Products, 154
Kurzweil Voice, 197
KurzweilAI.net, 198

largura de banda, da Internet, *305-6*
Larson, Gary, 333
"Law of Accelerating Returns, The" (Kurzweil), 320
lei de Cooper, 304-5
lei de Moore, 302, 307, 321
lei dos retornos acelerados (LRA), 16, 19, 20, 61, 155
  aplicada ao cérebro humano, 314-15, *315*, *316*, 317
  biomedicina e, 302-4, *303*
  capacidade de computação e, 337-38, 378n-81n
  e a improbabilidade de outra espécie inteligente, 17-18
  objeções à, 319-39
  predições baseadas na, 308-9, *309*, *310*, *311*, *312*, *313*
  tecnologia da comunicação e, 304-5, *305*, *306*

tecnologia da informação e, 16, 300-9, *303*, *309*, *310*, *311*, *312*, 313, *313*
Leibniz, Gottfried Wilhelm, 54, 270
Lenat, Douglas, 200
Leviatã (Hobbes), 334
Lewis, Al, 121
Libet, Benjamin, 277-78, 279, 282
linguagem
 chimpanzés e, 16, 61
 como metáfora, 146
 como tradução do pensamento, 78, 92
 e aumento da base de conhecimentos, 16
 natureza hierárquica da, 78, 196, 199-200, 201
LISP (LISt Processor), 189-92, 200
 módulos de identificação de padrões comparados com, 190, 191
livre-arbítrio, 24, 271-89
 como meme, 283
 consciência e, 281-82
 definição de, 279-80
 determinismo e, 280-81, 282-83
 responsabilidade e, 283
Lloyd, Seth, 378n, 379n, 380n
lobo frontal, 55, 61, *103*
lobo occipital, 55
Loebner, Hugh, 358n
lógica, 58
Lois, George, 144
"Love Is the Drug", 150
luz, velocidade da, 338
 experimentos mentais de Einstein sobre a, 33-39
Lyell, Charles, 28-29, 144, 217

magnetoencefalografia, 162, 369n
Manchester Small-Scale Experimental Machine, 231

Máquina Analítica, 231-32
máquina de codificação Enigma, 229
máquina de von Neumann, 229-31, 232-33, 235-36
Marconi, Guglielmo, 304
Mark 1 Perceptron, 164-66, 167, *168*
Markov, Andrei Andreyevich, 177
Markram, Henry, 107-9, 157-59, 161
Mathematica, 210
"Mathematical Theory of Communication, A" (Shannon), 224
Mauchly, John, 230-1
Maudsley, Henry, 271
Maxwell, James Clerk, 35
Maxwell, Robert, 272
McCarthy, John, 189
McClelland, Shearwood, 272
McGinn, Colin, 244
Mead, Carver, 237
mecânica quântica, 265-66
 aleatoriedade *vs.* determinismo na, 284
 observação na, 265-66, 283-84
mecanismo "lutar ou fugir", 137, 149
mecanismos de inferência, 200
medicina, IA e, 19, 59, 137, 192, 198
medo, no cérebro primitivo e no novo, 133-38
medula espinhal, 55, *128*
memes
 consciência como, 257, 283
 livre-arbítrio como, 283
memória, memórias, humana(s)
 capacidade da, 235
 como sequências organizadas de padrões, 44-46, 75-76
 computadores como extensões da, 208
 conceitos abstratos na, 81
 consciência *vs.*, 45-46, 251-52, 263
 hipocampo e, 130-31
 operacional, 130

recordação inesperada de, 49, 76, 92-93
redução da, 46, 82
redundância da, 82
memória de acesso aleatório (RAM)
 aumento da, *311*, *312*, 362n-64n, 367n-68n
 tridimensional, 322
memória em computadores, 226, *311*, *312*, 322, 362n-64n, 367n-68n
memória hierárquica
 digital, 192-93
 temporal, 98
memória operacional, 130
memória RAM dinâmica, crescimento da, *311*, 362n-64n
Memórias do subsolo (Dostoiévski), 243
Menabrea, Luigi, 232
mente, 24
 experimentos mentais sobre a, 243-97
 teoria da mente baseada em reconhecimento de padrões (TMRP), 18-19, 21, 25, 53-99, 106, 120, 141-42, 211, 263
metacognição, 244, 246
metáforas, 28-29, 144-48, 216-17
Michelson, Albert, 33, 34, 55, 144
microtúbulos, 251, 252, 253, 295, 328
Miescher, Friedrich, 30-31
Minsky, Marvin, 85, 167-68, *168*, 243, 275
MIT Artificial Intelligence Laboratory, 167
MIT Picower Institute for Learning and Memory, 130
MobilEye, 196
modelagem, complexidade e, 56-57
Modelos Hierárquicos Ocultos de Markov (HHMMs), 72, 92, 97, 99, 178-81, 185, 187-89, 191, 192, 199, 201, 206, 238, 323, 324

poda de conexões não utilizadas por, 179, 182, 191
Modelos Ocultos de Markov (HMMs), 92, 176-78, *177*, *179*, *180*, 182, 199
Modha, Dharmendra, 161, 237, 325-26
módulos de identificação de padrões, 54-61, *62*, 118, 240
 algoritmo universal dos, 142, 329-30
 amor e, 150-52
 autoassociação nos, 82-84
 axônios dos, *62*, 64, 90-91, 144, 212
 como conjuntos neuronais, 107-8
 conexões neurais entre, 118
 de sons, 69
 dendritos dos, *62*, 64, 90
 digital, 212-13, 214-15, 238
 disparos simultâneos dos, 79-80, *80*, 181
 estrutura geneticamente determinada dos, 107
 fluxo bidirecional da informação para e do tálamo, 129-30
 inputs nos, 62-63, *62*, 74-82
 limiares dos, 69, 74, 83, 90, 91, 142, 212
 número total de, 58, 60, 61, 144, 155, 336-37
 "parâmetro de Deus" nos, 182
 parâmetros de importância nos, *62*, 70, 83, 90, 91
 parâmetros de tamanho nos, *62*, 71, 83, 84, 90, 91, 98-99, 119-20, 212
 parâmetros de variabilidade de tamanho nos, *62*, 91, 98-99, 119-20, 212
 predição dos, 72, 74, 80, 83, 90
 processamento sequencial da informação nos, 319
 redundância dos, 63, *63*, 69, 119
 representação unidimensional de dados multidimensionais nos, 74-75, 90, 119, 176

sinais de expectativa (excitação)
nos, *62*, 73-74, 76, 82, 91, 97, 113,
119, 129, 142, 212, 215, 239-40
sinais inibidores nos, *62*, 74, 91,
113, 119, 129, 212
momento, 35-36
conservação do, 36-37
Money, John William, 150, 151
Moore, Gordon, 302
Moravec, Hans, 238
Morley, Edward, 33, 34, 55, 144
Moskovitz, Dustin, 192
Mountcastle, Vernon, 55, 56, 122
movimento ocular, identificação de padrões e, 98
Mozart, Leopold, 142
Mozart, Wolfgang Amadeus, 141, 142, 143
MT (V5) região do córtex visual, 111, *123*
Muckli, Lars, 272
música, como universal na cultura humana, 85
mutações, simuladas, 183

não mamíferos, raciocínio em, 345n
National Institutes of Health, 162
Nature, 123
neocórtex, 15, 20, *103*, *105*
   algoritmo universal de processamento do, 114, 116, 119, 188, 326
   atividade inconsciente no, 275, 279, 281
   capacidade total do, 60, 337
   cérebro primitivo modulado por, 121-22, 134, 137, 138
   como exclusivo do cérebro dos mamíferos, 121-22, 345n
   como máquina de metáfora, 144
   como mecanismo de sobrevivência, 104, 301
   engenharia reversa da IA, *ver* neocórtex digital
   estrutura do, 54-56, 57, 101-20
   estrutura regular de grade do, 109, 110, *111*, *112*, 162, 314
   evolução do, 54-56
   expansão do, mediante colaboração, 147
   expansão do, mediante IA, 211, 319-26, 330-31
   fluxo bidirecional da informação no, 111, 113, 119
   identificação de padrões no, *ver* identificação de padrões
   identificadores de padrões no, *ver* módulos de identificação de padrões
   input sensorial no, 81, 83
   modelo unificado do, 39, 53-99
   número total de neurônios no, 278
   ordem hierárquica do, 61-74
   organização linear do, 301
   plasticidade do, *ver* plasticidade do cérebro
   poda de conexões não utilizadas no, 110, 118, 178, 213
   predição pelo, 72, 73, 80, 83, 90-91, 301
   processamento simultâneo de informações no, 236
   processo de aprendizado no, *ver* aprendizado
   redundância no, 22, 271
   representações unidimensionais de dados multidimensionais no, 74-75, 90, 119, 176
   simplicidade estrutural do, 24
   tálamo como portal do, 128-30

tipos específicos de padrões
associados com regiões do, 114,
117-18, 119, 142, 188
TMRP como algoritmo básico do,
18
uniformidade estrutural do, 55-56
vazamento neural no, 186
ver também córtex cerebral
neocórtex digital, 19-21, 61, 147-48,
153-218, 238
aprendizado no, 160-61, 215
bases de conhecimento do, 217
benefícios do, 155-56, 297
como capaz de ser copiado, 296
como extensão do cérebro
humano, 211, 331
conexões neurais virtuais no, 213
educação moral do, 217-18
estrutura do, 211-18
estrutura hierárquica do, 213
fluxo bidirecional de informações
no, 212-13
HHMMs no, 214
módulo de pensamento crítico
para, 215, 240
módulo metafórico de pesquisa
no, 216-17
pesquisa simultânea no, 217
redundância de padrão no, 214
nervo auditivo, *125*, 161
redução de dados no, 172
nervo óptico, *123*, 128
canais do, 122-23, *124*
nervos motores, *128*
nervos sensoriais, *128*
neurônios, 14-15, 55, 58, 64,
106-7, 211
neurônios da lâmina I, 127
neurônios fusiformes, 140-41
neurotransmissores, 135-37
new kind of science, A (Wolfram),
285, 288

Newell, Allen, 220
Newton, Isaac, 122
Nietzsche, Friedrich, 148
nomes, recordação de, 49
noradrenalina, 136
norepinefrina, 149
Nuance Speech Technologies, 19-20,
137, 154, 188, 198, 199, 207
núcleo accumbens, *103*, 134
núcleo geniculado lateral, *123*, 128
núcleo geniculado medial, *125*, 129
núcleo ventromedial posterior
(VMpo), 127-28, *128*
Numenta, 192
NuPIC, 192

Oluseun, Oluseyi, 248
OmniPage, 154
On intelligence (Hawkins e Blakeslee),
98, 192
organismos simulados, evolução dos,
182-89
órgãos sensoriais, 81
origem das espécies, A (Darwin),
29-30
oxitocina, 150-51

pacientes com cérebro partido, 94,
273-74
padrões
aprendizado dos, 86-87, 118
áreas específicas do neocórtex
associadas com, 113-15, 117-18,
119, 142, 188
armazenamento dos, 87-88
estrutura dos, 61-74
input dos, *62*, *62*, 64, 90-91
nome dos, 63-64
organização hierárquica dos, 61-74
output dos, *62*, 64, 90-91

padrões de nível superior ligados
  a, 64, 66, 90-91
 redundância e, 87-88
pálido ventral, 134
pâncreas, 57
panprotopsiquismo, 247, 258
Papert, Seymour, 167, *168*
parâmetros, na identificação de
  padrões
 "Deus", 182
 importância, *62*, 70, 83, 90, 91
 tamanho, *62*, 71, 83, 84, 90, 91,
   98-99, 119-20, 212
 variabilidade do tamanho, *62*, 71,
   91, 98-99, 119
Parker, Sean, 192
Parkinson, Mal de, 293, 295
Pascal, Blaise, 148
Patterns, Inc., 193
Pavlov, Ivan Petrovich, 262
Penrose, Roger, 252-53, 328
pensamento
 como análise estatística, 209
 computação comparada com, 42-43
 crítico, 18, 215, 240
 desordem do, 77, 93
 experimentos mentais sobre, 39,
   41-51
 limitações do, 39, 43
 linguagem como tradução do,
   78-79, 92
 não direcionado *vs.* direcionado,
   76-77, 92-93
 probabilidade estatística e, 324
 redundância e, 79
 ver também pensamento hierárquico
pensamento hierárquico, 21, 93, 134,
   148, 189, 216-17, 281, 345n
 como exclusivo do cérebro de
   mamíferos, 54
 como mecanismo de sobrevivência,
   104

fluxo bidirecional da informação
  em, 73-74
 identificação de padrões como, 50,
   61-74
 linguagem e, 78, 196, 199, 200
 no cérebro de mamíferos, 15
 recursão no, 15, 20-21, 78, 89, 119,
   140, 192, 217
 tarefas de rotina e, 49-50
percepções, como influenciadas por
  expectativas e interpretações, 48
perceptrons, 164-68
Perceptrons (Minsky e Papert),
  167-68, *168*
"pessimismo do cientista", 326-27
Pinker, Steven, 102-3, 104, 334
plasticidade do cérebro, 106, 114-17,
  119, 222, 236, 240, 272-73, 336
 como evidência do processamento
   neocortical universal, 114,
   115-16, 188
 limitações da, 116-17
Platão, 268, 279, 290
poder do supercomputador, aumento
  do, *310*, 362n-64n
Poggio, Tomaso, 113, 196
portas lógicas, 226
positivismo lógico, 226, 267
prazer, no cérebro primitivo e no
  novo, 133-38
preço/desempenho, da computação,
  16-17, 301-2, 309, *309*, 321-22,
  362n-64n
Prêmio Loebner, 358n
President's Council of Advisors on
  Science and Technology, 322
Primeira Guerra Mundial, 334-35
"Primeiro Esboço de um Relatório
  sobre o EDVAC" (von Neumann),
  229
Principia Mathematica (Russell e
  Whitehead), 220

princípio de Bernoulli, 18, 21
problema do castor atarefado, 252-53
problema do sobreajuste, 186
problema mente-corpo, 268
problemas insolúveis, teorema de
  Turing dos, 228, 252-53
processadores digitais
  emulação do processamento
    analógico em, 237, 328
  ver também computadores;
    neocórtex digital
processamento analógico, emulação
  digital do, 237, 328
processamento da informação visual,
  122-25
processamento de informações
  auditivas, 125-26, *125*
processamento neural
  emulação digital do, 237-40
  paralelismo maciço do, 234, 235, 238
  velocidade do, 234-35, 238
programação linear, 88
Projeto Blue Brain, 86, 107, 157-61, *158*
Projeto do Genoma Humano, 304, 327
proteínas, engenharia reversa das, 17

qualia, 248-50, 255, 256
qualidade de vida, percepção da,
  333-34
quantização vetorial, 169, 172-73, 180
  invariância e, 176
química, 14, 56
Quinlan, Karen Ann, 129

racionalização, ver confabulação
radiômetro de Crookes, 36-35, *36*
Ramachandran, Vilayanur
  Subramanian "Rama", 278
realidade, natureza hierárquica da,
  17, 78, 118, 122, 211

receptores sensoriais, *128*
reconhecimento óptico de caracteres
  (OCR), 154
recursividade, 15, 20-21, 78, 89, 119,
  189, 192, 217, 230
redes neurais, 164-68, 178-79, 191
  algoritmo das, 251n-58n
  alimentação avante, 167, *168*
  aprendizado nas, 166
  redução de dados em, 138
redundância, 22, 59-60, 87-88, 225,
  226, 240, 271
  de memórias, 82
  de módulos de identificação de
    padrões, 63, *63*, 69, 119
  no genoma, 325, 375n-77n
  pensamento e, 79
"Report to the President and
  Congress, Designing a Digital
  Future" (President's Council of
  Advisors on Science and
  Technology), 322
reprodução sexual, 150
  simulada, 183
resultados previsíveis vs. resultados
  determinados, 42, 288
retina, *123*
robótica da fixação de membrana,
  157-58, *159*
Rosenblatt, Frank, 164, 166, 167, *168*,
  234
Roska, Boton, 123
Rothblatt, Martine, 334
Rowling, J. K., 149, 153
Roxy Music, 150
Russell, Bertrand, 133, 220, 266
Rutter, Brad, 203

sacadas, 98
Sandberg, Anders, 162-63, 380n
Schopenhauer, Arthur, 283, 289

Science, 109-10
Searle, John, 208-9, 245, 250
  experimento mental do "quarto chinês" de, 209, 329-30
Segunda Guerra Mundial, 38, 229, 334
Seinfeld (programa de TV), 101
seleção natural, 102
  processo geológico como metáfora da, 28-29, 144-45, 217
  ver também evolução
"senso comum", 60
serotonina, 134, 135, 136, 137, 149
Seung, Sebastian, 23
Sex and the City (programa de TV), 149
Shakespeare, William, 59, 145, 254
Shannon, Claude, 224-26, 233
Shashua, Amnon, 196
Shaw, J. C., 220
Simon, Herbert A., 57, 220
simulações de cérebros, 156-64- 314
sinais de expectativa (excitação), *62*, 73-74, 76, 82, 91, 97, 113, 119, 129, 142, 212, 215, 239-40
sinais inibidores, *62*, 74, 91, 113, 119, 129, 212
singularidade, 237
Singularity is near, The (Kurzweil), 16, 17, 238, 302, 304, 308, 309, 320, 321-23, 325, 329, 378n-81n
"Singularity Isn't Near, The" (Allen e Greaves), 320-26
Siri, 20, 97, 147, 155, 188-189, 198-99, 202, 207, 210
sistema nervoso do nematódeo, simulação do, 156
sistema olfativo, 129
sistemas auto-organizados, 178-79, 182, 184, 186, 191, 199, 206, 210-11, 214, 215, 240, 324
sistemas de reconhecimento visual, 75
sistemas hierárquicos, 16-17, 54

sistemas legais, consciência como base dos, 257-58
sistemas morais, consciência como base dos, 257-58
sistemas não biológicos capazes de ser copiados, 296-97
sistemas nervosos, 14
Skinner, B. F., 27
Smullyan, Raymond, 290
sobrevivência
  como meta evolutiva, 104, 134, 291
  como meta individual, 291
sociedade da mente, A (Minsky), 85, 243
software de linguagem, 72, 97, 120, 146-47, 155, 179-80, *180*, 193, 193-211, 214, 324
  gerenciadores especialistas em, 205
  HHMMs na, 206
  regras codificadas à mão no, 202-3, 204, 206
  sistemas hierárquicos na, 199-203
software de reconhecimento de fala, 70-71, 72, 75, 83-84, 97-99, 120, 146-47, 154-55, 161, 169-81, *180*, 241, 328
  AGs em, 184-86, 187-88
  HHMM em, 184-85, 187-89
Soneto 73 (Shakespeare), 145
sonhos
  como pensamentos não direcionados, 94-96
  pensamento consciente *vs.*, 95-97
  tabus e, 95-96
sonhos lúcidos, 72, 287n–88n
SOPA (Stop Online Piracy Act), 336
Sperry, Roger W., 264
Stanford Encyclopedia of Philosophy, The, 280
Sutherland, Stuart, 257
Szent-Györgyi, Albert, 121

tabus, sonhos e, 95-96
tálamo, 55, *103*, *123*, *125*, 127-30
 como portal do neocórtex,
 128-30
tarefas de rotina, como séries de
 etapas hierárquicas, 50-51
Taylor, J. G., 101
tear de Jacquard, 231, 232
Technology Review, 320
técnicas de imageamento destrutivas,
 316, 317, 370n-72n
técnicas de imageamento não
 destrutivas, 160, 162, *316*,
 373n-74n
tecnologia como compensadora da
 limitação humana, 15, 44, 331,
 335-36
tecnologia da comunicação, LRA e,
 304-5, *305*, *306*
tecnologias de informação
 rescimento exponencial das, 335
 LRA e, 16, 301-9, *303*, *309*, *310*,
 311, *312*, 313, *313*
Tegmark, Max, 253
tempo, experimentos mentais de
 Einstein sobre o, 34-35
teoria da mente baseada em
 reconhecimento de padrões
 (TMRP), 18-19, 21, 25, 53-99, 106,
 120, 141-42, 211, 263
teoria do éter, refutação por
 Michelson-Morley, 32-33, 55-56,
 144-45
termodinâmica, 217
 leis da, 56-57, 320
tese de Hameroff-Penrose, 253
testosterona, 150
Thiel, Peter, 192
Thrun, Sebastian, 195
Tractatus Logico-Philosophicus
 (Wittgenstein), 266
tractografia de difusão, 162

tráfego de dados na Internet, 305
*Transcend: Nine Steps to Living Well
 Forever* (Kurzweil e Grossman),
 345n-47n
Transformers, filmes, 256
transístores
 por chip, aumento dos, *310*, *312*,
 362n-64n
 redução de preço dos, 365n-66n
 tridimensionais, 322
transtornos obsessivo-compulsivos,
 149
tronco encefálico, 55, *128*
Turing, Alan, 153, 196-97, 226, 233
 experimentos mentais de,
 226-28, 229
 teorema do problema insolúvel de,
 228, 252-53
Turing, máquina de, 226-29, *227*, 230,
 234, 252-53
Turing, teste de, 196-97, 207, 208, 218,
 233, 259, 260, 281, 330, 358n

UIMA (Unstructured Information
 Management Architecture), 205-6
Ulam, Stan, 236
"Última viagem do fantasma, A"
 (García Márquez), 16
unitarismo, 268
Universidade da Califórnia
 (Berkeley), 116
universalidade da computação, 43,
 222-23, 226, 230, 234, 252
University College (Londres), 149
universo, como capaz de codificar
 informações, 14

variabilidade de parâmetros de
 tamanho, *62*, 71, 91, 98-99, 119
variação estocástica, 22

varredura cerebral, 20, *315*, 368n-69n
  destrutiva, 160, 162, *316*, 373n-74n
  diagrama de Venn da, *314*
  LRA e, *315*, *316*, 317
  não destrutiva, 160, 162, *316*,
    373n-74n
  não invasiva, 327
vasopressina, 150, 151
velocidade da luz, 338
  experimentos mentais de Einstein
    sobre a, 33-39
"Vermelho" (Oluseun), 248
Viagem do Beagle, A (Darwin), 29
Vicarious Systems, 192
von Neumann, John, 220, 228-31,
  232, 238
  comparação entre cérebro e
    computador, 233-38
  programa armazenado, conceito
    de, 228, 229

Watson (computador da IBM), 19-20,
  137, 194-95, 196, 197, 203, 204,
  205-7, 210, 211, 218, 245, 280-81,
  288, 297, 317, 323-24, 328
Watson, James D., 21-22, 31-32
Watts, Lloyd, 125
Wedeen, Van J., 109-10, 118, 162, 314
Werblin, Frank S., 123-24
Whitehead, Alfred North, 220
Whole brain emulation: a roadmap
  (Sandberg e Bostrom), 162-63, *163*,
  164
Wiener, Norbert, 146, 178
Wikipédia, 19, 193, 204, 209, 215, 280,
  324, 336
Wittgenstein, Ludwig, 266-67
Wolfram, Stephen, 209-10, 217,
  285-88
Wolfram Alpha, 198, 209-11, 217
Wolfram Research, 209-10

xadrez, sistemas de IA e, 19, 58,
  203-4, 207, 308

Young, Thomas, 32

Wall-E (filme), 256

Zuo, Yi, 117
Zuse, Konrad, 231

TIPOGRAFIA:
Cabin [texto]
Versailles [entretítulos]

PAPEL:
Pólen Natural 70 g/m² [miolo]
Cartão Supremo 250 g/m² [capa]

IMPRESSÃOI:
Ipsis Gráfica [Julho de 2024]

1ª EDIÇÃO:
Junho de 2014

2ª EDIÇÃO:
Julho de 2024